高等职业教育土建专业系列教材

U0162844

建设工程招投标与合同管理

（第三版）

主　编　刘冬峰　颜彩飞　韩小川
副主编　郝　攀　幸文成　阮丁彬
　　　　寇美侠　项盼云　马宏宇
　　　　何　洋
参　编　张喻超

南京大学出版社

内容提要

　　本书根据《中华人民共和国民法典》《中华人民共和国招标投标法》等最新法律规范,吸收了近年来建筑工程招投标与合同管理方面研究和实践的新成果编写而成。全书共分为八个项目,内容包括绪论,建设工程招标,建设工程投标,建设工程招投标的开标、评标与定标,国际工程招投标,建设工程合同,建设工程施工索赔,FIDIC 土木工程施工合同条件。每项目后附有本章回顾和习题。

　　本书适用于高等职业院校建筑工程技术、建设工程管理、工程造价、建筑经济与管理等专业的课程教学,也适用于在职职工的岗位培训,还可作为广大建筑工程管理人员自学的参考书籍。

图书在版编目(CIP)数据

　　建设工程招投标与合同管理 / 刘冬峰,颜彩飞,韩
小川主编. — 3 版. — 南京 : 南京大学出版社,2022.8(2023.7 重印)
　　ISBN 978 - 7 - 305 - 25845 - 9

　　Ⅰ. ①建…　Ⅱ. ①刘…　②颜…　③韩…　Ⅲ. ①建筑工
程－招标－高等职业教育－教材　②建筑工程－投标－高等
职业教育－教材　③建筑工程－经济合同－管理－高等职业
教育－教材　Ⅳ. ①TU723

　　中国版本图书馆 CIP 数据核字(2022)第 092252 号

出版发行　南京大学出版社
社　　　址　南京市汉口路 22 号　　　　邮　　编　210093
出 版 人　王文军

书　　　名　**建设工程招投标与合同管理**
主　　编　刘冬峰　颜彩飞　韩小川
责任编辑　朱彦霖　　　　　　　编辑热线　025 - 83597482
照　　排　南京开卷文化传媒有限公司
印　　刷　盐城市华光印刷厂
开　　本　787×1092　1/16　印张 16.5　字数 431 千
版　　次　2022 年 8 月第 3 版　　2023 年 7 月第 2 次印刷
ISBN　978 - 7 - 305 - 25845 - 9
定　　价　45.00 元

网　　　址:http://www.njupco.com
官方微博:http://weibo.com/njupco
官方微信号:njutumu
销售咨询热线:(025)83594756

前　言

建设工程招投标与合同管理是工程建设中十分重要的工作,也是建筑施工企业(承包商)主要的生产经营活动之一。施工企业能否中标获得施工任务,并通过完善的合同管理及其他方面的管理而取得好的经济效益,关系到企业的生存与发展。因此,招投标与合同管理在企业整个经营管理活动中具有十分重要的地位和作用。

《建设工程招投标与合同管理》系按照本课程教学大纲的要求,根据《中华人民共和国招标投标法》(2017年修正)、《房屋建筑和市政工程标准施工招标资格预审文件》(2010年版)、《房屋建筑和市政工程标准施工招标文件》(2010年版)、《建设工程施工合同(示范文本)》(GF—2017—0201)、《建设工程工程量清单计价规范》(GB 50500—2013)等最新法律规范,贯彻落实党的二十大精神,参考作者收集整理的国内外招投标与合同管理有关资料,结合多年的教学实践,在原专业系列教材的基础上重新编写的。本教材对建筑市场的建立、发展与管理,工程招投标与合同管理相关的基本法律,工程项目施工招标与投标,投标报价的组成、计算和编制方法,投标报价策略与投标技巧,建设工程合同的主要内容、签订与管理,施工索赔的程序、计算方式和报告文件的编写及FIDIC《土木工程施工合同条件》等内容,都进行了比较全面、详细的阐述。教材中还列入了部分实际计算问题的应用范例,并附有各种应用图表与参考数据,可供读者学习应用时参考。本教材具有较强的针对性、实用性和通读性,可作为高等职业院校建筑工程技术、建设工程管理、工程造价、建筑经济与管理等专业的课程教学,也适用于在职职工的岗位培训,还可作为广大建筑工程管理人员自学的参考书籍。

本书由山东水利职业学院刘冬峰、娄底职业技术学院颜彩飞、贵州水利水电职业技术学院韩小川担任主编;由江西交通职业技术学院郝攀,云南能源职业技术学院幸文戎、阮丁彬,武汉城市学院寇美侠、项盼云,山东水利职业学院马宏宇,水发上善集团有限公司何洋担任副主编;由云南锡业职业技术学院张喻超任参编。全书由刘冬峰负责统稿。

本书在编写过程中参考了大量国内外同领域的科研成果与文献资料,在此谨向原书作者表示衷心的感谢!

由于编者水平有限,不足及疏漏之处在所难免,敬请广大读者批评指正。

编者
2023 年 6 月

全书习题答案

目　　录

项目一 绪 论

学习目标

知识目标：
(1) 熟悉工程承发包相关知识；
(2) 熟悉建筑市场的基本知识；
(3) 了解工程招标投标的产生和发展；
(4) 掌握建设工程招标投标的概念、分类、特点；
(5) 掌握建设工程招标投标主体及其权利、义务。

技能目标：
(1) 能分辨建筑市场的主体、客体；
(2) 能界定招标人、投标人、招标代理机构及其权利、义务；
(3) 能运用不同的承发包方式。

思政目标：
(1) 培养法治意识和诚信品质；
(2) 学会认识和把握事物客观发展规律。

任务一 建设工程承发包

建设工程承发包

一、工程承发包的概念

承发包是一种经营方式，是指交易的一方负责为交易的另一方完成某项工作或供应一批货物，并按一定的价格取得相应报酬的一种交易行为。工程承发包是指根据协议，作为交易一方的建筑施工企业，负责为交易的另一方建设单位完成某项工程的全部或其中的一部分工作，并且取得报酬的交易行为。发包方与承包方通过依法订立书面合同明确双方的权利和义务。

我国在工程建设中所采取的经营方式有自营和承包两种。承包方式可分为指定承包、协议承包和招标承包等三种。

自营方式是指建设单位自己组织施工力量，直接领导组织施工，完成所需进行的建筑安装工程。这种方式在我国新中国成立后的国民经济恢复时期采用得较多，此方式不能适应大规模生产建设的需要，现在已基本不采用。

指定承包是指国家对建筑施工企业下达工程施工任务，建筑施工企业接收任务并完成。

协议承包是指建设单位与建筑施工企业就工程内容及价格进行协商，签订承包合同。

招标承包是指由三家以上建筑施工企业进行承包竞争，建设单位择优选定建筑施工企业,并与其签订承包合同。

二、工程承发包业务的形成与发展

(一)国际工程承发包业务的形成与发展

最早进入国际承包市场的是一些发达资本主义国家的建筑企业。早在 19 世纪末,发达资本主义国家为了争夺生产材料和谋求最大利润,向其殖民地和经济不发达国家大量输出资本,他们的营造企业同时进入其投资国家的建筑市场,利用当地的廉价劳动力承包建筑工程,牟取利润,当然也带来了现代机具设备、施工技术和以竞争为核心的工程承包的管理体制。二次世界大战后,由于许多国家战后重建规模巨大,建筑业得以迅猛发展。但是到了 20 世纪 50 年代中后期,一些发达国家在战后恢复时期发展起来的建筑公司,因其国内建设任务的减少而不得不转向国外的建筑市场。

到了 20 世纪 70 年代,世界石油价格大幅度上涨,石油生产腹地——中东地区各产油国家的石油外汇收入急剧增长。为了改变长期落后的经济面貌,这些发展中国家制定了大规模的发展计划,大兴土木,进行国内各项经济建设,这无疑为当时已经发展成熟的发达资本主义国家的建筑承包业提供了难得的建筑工程承包市场。各国的咨询设计、建筑施工,各类设备和材料的供应商及数百万名外籍劳工涌入中东,使这一地区成了国际工程承包商竞争角逐的中心,这一时期成了国际工程承包史上的黄金时代。

从 20 世纪 80 年代开始,东亚和东南亚地区经济发展良好,促进了本国建筑业的迅速发展,同时又吸引了许多西方建筑公司的参与。这些又促进了国际建筑市场的发展。

根据美国《工程新闻纪录》杂志(ENR)统计,世界较大的工程承包公司有 225 家。无论是公司数量,还是这些公司所占市场份额,发达国家在国际工程建筑市场中都占有绝对优势,包括美国、加拿大、欧洲各国和日本在内的发达国家,在 1997 年和 1998 年分别有 161 家和 155 家公司被列入全球最大的 225 家之列,其国外营业额分别占其营业总额的 85.9% 和 85%;而同期,发展中国家和新兴工业化国家只拥有 225 家中的 64 家和 70 家,其国外营业额占其营业总额的比重也只有 14.1% 和 15%。这种状况与发达国家雄厚的经济实力密切相关。首先,发达国家公司本身的经济和技术实力是其争取招标项目的有力保障;其次,发达国家对外援助和投资能力较强,有助于带动本国工程建筑业的出口;另外,发达国家对本国、本区域市场的某些保护措施,特别是一些技术壁垒,也阻碍了较不发达国家公司的进入。据美国《工程新闻记录》2006 年 8 月份统计发布的"2005 年度 ENR 全球最大 225 家国际承包商"的榜单中,中国公司 46 家,排在榜单前 100 名的中国公司有中国建筑工程总公司、中国交通建设集团有限公司、中国机械工业集团、中国石油工程建设集团公司、上海建工(集团)总公司、中国铁路工程总公司、中国水利水电建设集团公司、中国铁道建筑总公司、中国土木工程集团公司等。入榜的 46 家中国企业在 2005 年度完成的国际承包工程业务营业额高达 100.67 亿美元,与上一届入选企业完成对外工程承包营业额 88.32 亿美元相比,增加了 12.35 亿美元,增长了 14%,高于 225 强的整体增长幅度,这充分反映出我国企业对外承包工程竞争力的进一步增强。目前,我国对外承包工程已经基本形成了"亚洲为主,发展非洲,拓展欧美、拉美和南太平洋"的多元化市场格局;业务涵盖建筑、石油化工、交通运输、水利电力、资源开发、电子通信等国民经济的诸多领域;大项目不断增多,并不断向 EPC、BOT 等更高层次发展,技术含量日益提高。

近几年来,随着我国加入世界贸易组织,并在政策上鼓励大力发展铁路、公路、水利、电力等基础设施方面的建设,许多国外的承包商,也纷纷来我国进行工程承包。

(二)国内工程承发包业务的形成与发展

我国工程承发包业务起步较晚,但发展速度较快,大致可划分为四个阶段。

1. 鸦片战争至新中国成立

鸦片战争后外国建筑承包商进入中国,包揽官方及私营的土建工程。我国从 19 世纪 80 年代开始,才在上海陆续开办了一些营造厂(建筑企业),如 1880 年杨斯盛氏在上海创办的"杨瑞记"营造厂。此后,国人自营或与外资合营的营造厂在各大城市相继成立,逐渐形成了沿袭资本主义国家管理模式的建筑承包业。到 20 世纪初,我国建筑业已初步具有一般民用建筑设计与施工的活动能力。但是到新中国成立前夕,由于国民党政府的腐败和连年发动内战,许多营造厂濒于破产倒闭,没有能力到国外去承包业务,这个时期建筑业处于停滞状态。1949 年新中国成立之际,全国建筑业仅有营造厂职工和分散的个体劳动者约 20 万人。

2. 新中国成立以后至 1958 年

由于新中国成立初期百废待兴,国家要建设,工业要发展,建设任务极其繁重,但此时施工力量都非常薄弱。在此情况下建筑业的经营管理方式主要是推行承发包制,即由基本建设主管部门按照国家计划,把建设单位的工程任务以行政指令方式分配给建筑施工企业承包。工程承发包实行了包工包料制度,在当时的历史条件下,虽然工程任务是以行政手段分配,建筑业的发展受计划的控制,但仍起到了较大的积极作用,建筑业也处于逐年发展之中。实践证明,此期间内建设的工程项目建设周期和工程质量都能达到国家的要求,建筑设计和施工技术也都接近当时的国际水平。

3. 1958 年至 1976 年

在这期间,我国取消了承包合同制、法定利润和建设单位与建筑施工企业双方的承发包关系,建立了现场指挥部,建设单位与建筑施工企业双方均属现场指挥部管理。这实际上是不承认建筑施工企业是一个物质生产部门,不承认建筑工程是商品。由于上述错误的做法违背了建筑生产的客观经济规律,违反了基本建设程序,结果大大削弱了建筑业的经营管理水平,造成工期拖延,经济效益低下,企业亏损严重。这一时期建筑施工业处于徘徊不前的状态。

4. 1978 年至今

我国建筑业在党的改革开放、搞活经济的方针政策指引下,认真总结经验教训,率先实行全面改革。在此期间建立、推行、完善了四项工程建设基本制度:

(1)颁布和实施了合同法(已于 2021 年 1 月 1 日废止)、建筑法、招标投标法、民法典等法律法规,为建筑业的发展提供了法制基础;

(2)制定和完善了建设工程合同示范文本,贯彻合同管理制;

(3)大力推行招标投标制,把竞争机制引入建筑市场;

(4)创建了建设监理制,改革建设工程的管理体制。

这些改革措施有力地调动了建筑施工企业和全体职工的积极性,使其向着现代化施工与管理的目标不断前进。

随着改革的不断深入,建筑施工企业迅速发展。建筑施工企业之间的激烈竞争,迫使其努力提高企业职工素质、改善施工条件,加速施工现代化的进程;迫使一些技术力量雄厚、现代化程度高、施工技术先进的大型施工企业走出国门,奔向世界去承包工程。

三、工程承发包的内容

工程承发包的内容非常广泛,可以对工程项目建设的全过程进行总承发包,也可以分别对工程项目的项目建议书、可行性研究、勘察设计、材料及设备采购供应、建筑安装工程施工、生产准备和竣工验收等阶段进行阶段性承发包。

(一)项目建议书

项目建议书是建设单位向国家提出的要求建设某一项目的建设文件,主要内容为项目的性质、用途、基本内容、建设规模及项目的必要性和可行性分析等。项目建议书可由建设单位自行编制,也可委托工程咨询机构代为编制。

(二)可行性研究

项目建议书经批准后,应进行项目的可行性研究。可行性研究是国内外广泛采用的一种研究工程建设项目的技术先进性、经济合理性和建设可能性的科学方法。

可行性研究的主要内容是对拟建项目的一些重大问题,如市场需求、资源条件、原料、燃料、动力供应条件、厂址方案、拟建规模、生产方法、设备选型、环境保护、资金筹措等,从技术和经济两方面进行详尽的调查研究、分析计算和进行方案比较。并对这个项目建成后可能取得的技术效果和经济效益进行预测,从而提出该项工程是否值得投资建设和怎样建设的意见,为投资决策提供可靠的依据。此阶段的任务,可委托工程咨询机构完成。

(三)勘察设计

勘察与设计两者之间既有密切联系,又有显著的区别。

1.工程勘察

工程勘察的主要内容为工程测量、水文地质勘查和工程地质勘查。其任务是查明工程项目建设地点的地形地貌、地层土壤岩性、地质构造、水文条件等自然地质条件,并做出鉴定和综合评价,为建设项目的选址、工程设计和施工提供科学的依据。

2.工程设计

工程设计是工程建设的重要环节,它是从技术和经济上对拟建工程进行全面规划的工作。大中型项目一般采用两阶段设计,即初步设计和施工图设计;重大型项目和特殊项目,采用三阶段设计,即初步设计、技术设计和施工图设计;对一些大型联合企业、矿区和水利水电枢纽工程,为解决总体部署和开发问题,还需进行总体规划设计和总体设计。

该阶段可通过方案竞选、招标投标等方式选定勘察设计单位。

(四)材料及设备的采购供应

建设项目所需的材料和设备,涉及面广、品种多、数量大。材料及设备采购供应是工程建设过程中的重要环节。建筑材料的采购供应方式有公开招标、询价报价、直接采购等。设备供应方式有委托承包、设备包干、招标投标等。

(五)建筑安装工程施工

建筑安装工程施工是工程建设过程中的一个重要环节,是把设计图纸付诸实施的决定性阶段。其任务是把设计图纸变成物质产品,如工厂、矿井、电站、桥梁、住宅、学校等,使预期的生产能力或使用功能得以实现。建筑安装施工内容包括施工现场的准备工作,永久性工程的建筑施工、设备安装及工业管道安装工程等。此阶段主要采用招标投标的方式进行工程的承发包。

（六）生产准备

基本建设的最终目的,就是形成新的生产能力。为了使新建项目建成后交付使用、投入生产,在建设期间就要准备合格的生产技术工人和配套的管理人员。因此,需要组织生产职工培训。这项工作通常由建设单位委托设备生产厂家或同类企业进行,在实行总承包的情况下,由总承包单位负责,委托适当的专业机构、学校、工厂完成。

（七）建设工程监理

建设工程监理是指监理单位受项目业主的委托,依据国家批准的工程项目建设文件、有关工程建设的法律法规和工程建设监理合同及其他工程建设合同,对工程建设实施的监督和管理。

专门从事工程监理的机构,其服务对象是建设单位,接受建设主管部门委托或建设单位委托,对建设项目的可行性研究、勘察设计、设备及材料采购供应、工程施工、生产准备直至竣工投产,实行总承包或分阶段承包。他们代表建设单位与设计、施工各方打交道,在设计阶段选择设计单位,提出设计要求,估算和控制投资额,安排和控制设计进度等;在施工阶段组织招标,选择施工单位,安排施工合同并监督检查其执行,直至竣工验收。

四、工程承发包方式

（一）工程承发包方式分类

工程承发包方式,是指发包人与承包人双方之间的经济关系形式。从发包承包的范围、承包人所处的地位、合同计价方式、获得任务的途径等不同的角度,可以对工程承发包方式进行不同的分类,其主要分类如下。

建设工程
承发包方式

1. 按承发包范围（内容）划分

按承发包范围划分,工程承发包方式可分为以下几种:

（1）建设全过程承发包;

（2）阶段承发包;

（3）专项（业）承发包。

阶段承发包和专项承发包方式还可划分为包工包料、包工部分包料、包工不包料三种方式。

2. 按承包人所处的地位划分

按承包人所处的地位划分,工程承发包方式可分为以下几种:

（1）总承包;

（2）分承包;

（3）独立承包;

（4）联合承包;

（5）直接承包。

3. 按合同计价方法划分

按合同计价方式划分,工程承发包方式可分为以下几种:

（1）固定价格合同;

（2）可调价格合同;

（3）成本加酬金合同。

4. 按获得承包任务的途径划分

按获得承发包任务的途径划分,工程承发包方式可分为以下几种:

(1) 计划分配;

(2) 投标竞争;

(3) 委托(协商)承包;

(4) 指令承包。

(二) 按承发包范围(内容)划分承发包方式

1. 建设全过程承发包

建设全过程承发包又叫统包、一揽子承包、交钥匙合同。它是指发包人一般只要提出使用要求、竣工期限或对其他重大决策性问题做出决定,承包人就可对项目建议书、可行性研究、勘察设计、材料及设备采购供应、建筑安装工程施工、生产准备、竣工验收,直到投产使用和建设后评估等全过程,实行全面总承包,并负责对各项分包任务和必要时被吸收参与工程建设有关工作的发包人的部分力量,进行统一组织、协调和管理。

建设全过程承发包,主要适用于大中型建设项目。大中型建设项目由于工程规模大、技术复杂,要求工程承包公司必须具有雄厚的技术经济实力和丰富的组织管理经验,通常由实力雄厚的工程总承包公司(集团)承担。这种承包方式的优点是:由专职的工程承包公司承包,可以充分利用其丰富的经验,还可进一步积累建设经验,节约投资、缩短建设工期并保证建设项目的质量,提高投资效益。

2. 阶段承发包

阶段承发包是指发包人、承包人就建设过程中某一阶段或某些阶段的工作,如勘察、设计或施工、材料设备供应等,进行发包承包。例如,由设计机构承担勘察设计,由施工企业承担工业与民用建筑施工,由设备安装公司承担设备安装任务。其中,施工阶段承发包,还可依承发包的具体内容,细分为以下三种方式:

(1) 包工包料,即工程施工所用的全部人工和材料由承包人负责。其优点是便于调剂余缺,合理组织供应,加快建设速度,促进施工企业加强企业管理,精打细算,厉行节约,减少损失和浪费;有利于合理使用材料,降低工程造价,减轻了建设单位的负担。

(2) 包工部分包料,即承包人负责提供施工的全部人工和一部分材料,其余部分材料由发包人或总承包人负责供应。

(3) 包工不包料,又称包清工,实质上是劳务承包,即承包人(大多是分包人)仅提供劳务而不承担任何材料供应的义务。

3. 专项承发包

专项承发包是指发包人、承包人就某建设阶段中的一个或几个专门项目进行发包承包。专项承发包主要适用于可行性研究阶段的辅助研究项目;勘察设计阶段的工程地质勘查、供水水源勘察、基础或结构工程设计、工艺设计,供电系统、空调系统及防灾系统的设计;施工阶段的深基础施工、金属结构制作和安装、通风设备和电梯安装;建设准备阶段的设备选购和生产技术人员培训等专门项目。由于专门项目专业性强,常常是由有关专业承包商承包,所以专项发包承包也称作专业发包承包。

（三）按承包人所处的地位划分承发包方式

1. 总承包

总承包简称总包，是指发包人将一个建设项目建设全过程或其中某一个或某几个阶段的全部工作，发包给一个承包人承包，该承包人可以将自己承包范围内的若干专业性工作，再分包给不同的专业承包人去完成，并对其统一协调和监督管理。各专业承包人只同总承包人发生直接关系，而不与发包人发生直接关系。

总承包主要有两种情况：一是建设全过程总承包，二是建设阶段总承包。建设阶段总承包主要分为以下几种：

（1）勘察、设计、施工、设备采购总承包；

（2）勘察、设计、施工总承包；

（3）勘察、设计总承包；

（4）施工总承包；

（5）施工、设备采购总承包；

（6）投资、设计、施工总承包，即建设项目由承包商贷款垫资，并负责规划设计、施工，建成转让给发包人；

（7）投资、设计、施工、经营一体化总承包，通称 BOT 方式，即发包人和承包人共同投资，承包人不仅负责项目的可行性研究、规划设计、施工，而且建成后还负责经营几年或几十年，然后再转让给发包人。

采用总承包方式时，可以根据工程具体情况，将工程总承包任务发包给有实力的具有相应资质的咨询公司、勘察设计单位、施工企业及设计施工一体化的大建筑公司等承担。

2. 分承包

分承包简称分包，是相对于总承包而言的，指从总承包人承包范围内分包某一分项工程，如土方、模板、钢筋等分项工程，或某种专业工程，如钢结构制作和安装、电梯安装、卫生设备等。分承包人不与发包人发生直接关系，而只对总承包人负责，在现场上由总承包人统筹安排其活动。

分承包人承包的工程，不能是总承包范围内的主体结构工程或主要部分（关键性部分），主体结构工程或主要部分必须由总承包人自行完成。

分承包主要有两种情形：一是总承包合同约定的分包，总承包人可以直接选择分包人，经发包人同意后与之订立分包合同；二是总承包合同未约定的分包，须经发包人认可后总承包人方可选择分包人，与之订立分包合同。可见，分包事实上都要经过发包人同意后才能进行。

3. 独立承包

独立承包是指承包人依靠自身力量自行完成承包任务的承发包方式。此方式主要适用于技术要求比较简单、规模不大的工程项目。

4. 联合承包

联合承包是相对于独立承包而言的，指发包人将一项工程任务发包给两个及两个以上承包人，由这些承包人联合共同承包。联合承包主要适用于大型或结构复杂的工程。参加联合承包的各方，通常是采用成立工程项目合营公司、合资公司、联合集团等联营体形式，推选承包代表人，协调承包人之间的关系，统一与发包人（建设单位）签订合同，共同对发包人承担连带责任。参加联营的各方都是各自独立经营的企业,只是就共同承包的工程项目必须事先达成联合协议,以明确各个联合承包人的义务和权利,包括投入的资金数额、工人和管理人员的派遣、机械设备种类、临时设施的费用分摊、利润的分享及风险的分担等。

在市场竞争日趋激烈的形势下,采取联合承包的方式,优势十分明显,表现在以下几方面:

(1) 可以有效地减弱多家承包商之间的竞争,化解和防范承包风险;

(2) 促进承包商在信息、资金、人员、技术和管理上互相取长补短,有助于充分发挥各自的优势;

(3) 增强共同承包大型或结构复杂的工程的能力,增加了中大标、中好标,共同获取更丰厚利润的机会。

5. 直接承包

直接承包是指不同的承包人在同一工程项目上,分别与发包人(建设单位)签订承包合同,各自直接对发包人负责。各承包商之间不存在总承包、分承包的关系,现场上的协调工作由发包人自己去做,或由发包人委托一个承包商牵头去做,也可聘请专门的项目经理去做。

(四) 按合同计价方法划分承发包方式

1. 固定价格合同

(1) 固定总价合同。固定总价合同又称总价合同,是指发包人要求承包人按商定的总价承包工程。这种方式通常适用于规模较小、风险不大、技术简单、工期较短的工程。其主要做法是:以图纸和工程说明书为依据,明确承包内容和计算承包价,总价一次包死,一般不予变更。这种方式的优点是,因为有图纸和工程说明书为依据,发包人、承包人都能较准确地估算工程造价,发包人容易选择最优承包人。其缺点主要是对承包商有一定的风险。因为如果设计图纸和说明书不太详细,未知数比较多;或者遇到材料突然涨价、地质条件变化和气候条件恶劣等意外情况,承包人承担的风险就会增大,风险费加大不利于降低工程造价,最终对发包人也不利。

(2) 固定单价合同。固定单价合同又可分为估算工程量单价合同与纯单价合同两种。

估算工程量单价合同是指以工程量清单和单价表为计算承包价依据的承发包方式。通常的做法是:由发包人或委托具有相应资质的中介咨询机构提出工程量清单,列出分部、分项工程量,由承包商根据发包人给出的工程量,经过复核并填上适当的单价,再算出总造价,发包人只要审核单价是否合理即可。这种承发包方式,结算时单价一般不能变化,但工程量可以按实际工程量计算,所以承包商只承担所报单价的风险,发包人承担工程量变动带来的风险。

纯单价合同是指发包方只向承包方给出发包工程的有关分部分项工程及工程范围,不对工程量做任何规定(即在招标文件中仅给出工程内各个分部分项工程一览表、工程范围和必要的说明,而不必提供实物工程量),承包方在投标时只需要对这类给定范围的分部分项工程报出单价,合同实施过程中按实际完成的工程量进行结算的一种承发包方式。

2. 可调价格合同

可调价格合同是指合同总价或者单价,在合同实施期内可根据合同约定,对因资源价格因素的变化而调整价格的合同形式。

(1) 可调总价合同。可调总价合同是指在报价及签约时,按招标文件的要求和当时的物价来计算合同总价,在合同执行过程中,按照合同中约定的调整办法,对由于通货膨胀造成的成本增加,对合同总价进行相应的调整的一种合同形式。

(2)可调单价合同。可调单价合同是在合同中签订的单价,根据合同约定的条款,如在工程实施过程中物价发生变化时可做调整的合同形式。有的工程在签约时,因某些不确定因素而在合同中暂定某些分部分项工程的单价,在工程结算时,再根据实际情况和合同约定对合同单价进行调整,确定实际结算单价。

3. 成本加酬金(费用)合同

成本加酬金合同又称成本补偿合同,是指按工程实际发生的成本结算外,发包人另加上商定好的一笔酬金(总管理费和利润)支付给承包人的一种承发包方式。工程实际发生的成本,主要包括人工费、材料费、施工机械使用费及管理费等。合同主要的做法有成本加固定酬金、成本加固定百分数酬金、成本加浮动酬金、目标成本加奖罚等。

(1)成本加固定酬金。这种承包方式工程成本实报实销,但酬金是事先商量好的一个固定数目。其计算式为

$$C = C_d + F$$

式中:C——工程总造价;

C_d——实际发生的工程成本;

F——固定酬金(通常是按估算的工程成本的一定百分比确定)。

从上式中可以看出,这种承包方式,酬金不会因成本的变化而改变,它不能鼓励承包商降低成本,但可鼓励承包商为尽快取得酬金而缩短工期。有时,为鼓励承包人更好地完成任务,也可在固定酬金之外,再根据工程质量、工期和降低成本情况另加奖金,且奖金所占比例的上限可以大于固定酬金。

(2)成本加固定百分数酬金。这种承包方式工程成本实报实销,但酬金是事先商量好的以工程成本为计算基础的一个百分数。其计算式为

$$C = C_d(1 + P)$$

式中:C——工程总造价;

C_d——实际发生的工程成本;

P——固定的百分数。

这种承包方式,对发包人不利,因为工程总造价 C 随工程成本 C_d 增大而相应增大,不能有效地鼓励承包商降低成本、缩短工期。现在这种承包方式已很少被采用。

(3)成本加浮动酬金。这种承包方式的做法,通常是由双方事先商定工程成本和酬金的预期水平,然后将实际发生的工程成本与预期水平相比较,如果实际成本恰好等于预期成本,工程造价就是成本加固定酬金;如果实际成本低于预期成本,则增加酬金;如果实际成本高于预期成本,则减少酬金。上述三种情形的计算式分别为

如 $C_d = C_0$,则

$$C = C_d + F$$

如 $C_d < C_0$,则

$$C = C_d + F + \Delta F$$

如 $C_d > C_0$，则

$$C = C_d + F - \Delta F$$

式中：C——工程总造价；

　　　C_d——实际发生的工程成本；

　　　C_0——预期工程成本；

　　　F——固定酬金；

　　　ΔF——酬金增减部分(可以是一个百分数,也可以是一个固定数值)。

采用这种承包方式,优点是对发包人、承包人双方都没有太大风险,同时也能促使承包商降低成本和缩短工期;缺点是在实践中估算预期成本比较困难,要求承发包双方都具有丰富的经验。

(4) 目标成本加奖罚。这种承包方式是在初步设计结束后,工程迫切开工的情况下,根据粗略估算的工程量和适当的概算单价表编制概算,作为目标成本,随着设计逐步具体化,目标成本可以调整。另外,以目标成本为基础规定一个百分数作为酬金,最后结算时,如果实际成本高于目标成本并超过事先商定的界限(例如 5%),则减少酬金;如果实际成本低于目标成本(也有一个幅度界限),则增加酬金。其计算式为

$$C = C_d + P_1 C_e + P_2(C_e - C_d)$$

式中：C——工程总造价；

　　　C_d——实际发生的工程成本；

　　　C_e——目标成本；

　　　P_1——基本酬金百分数；

　　　P_2——奖罚酬金百分数。

此外,还可另加工期奖罚。这种承发包方式的优点是可促使承包商关心降低成本和缩短工期;由于目标成本是随设计的进展而加以调整才确定下来的,所以发包人、承包人双方都不会承担多大风险。缺点是目标成本的确定要求发包人、承包人都必须具有比较丰富的经验。

(五) 按获得任务的途径划分承包方式

1. 计划分配

在传统的计划经济体制下,由中央或地方政府的计划部门分配建设工程任务,由设计、施工单位与建设单位签订承包合同。

2. 投标竞争

通过投标竞争,中标者获得工程任务,与建设单位签订承包合同。我国现阶段的工程任务承包方式以投标竞争为主。

3. 委托承包

委托承包即由建设单位与承包单位协商,签订委托其承包某项工程任务的合同。主要用于某些投资限额以下的小型工程。

4. 指令承包

指令承包是由政府主管部门依法指定工程承包单位。这种承包方式仅适用于某些特殊情况,如少数特殊工程或偏僻地区工程,施工企业不愿投标的,可由项目主管部门或当地政府指定承包单位。

五、工程招标投标的产生和发展

工程招标投标是工程承发包的产物,前者是随着后者的发展而产生和逐步完善的。

世界最早的"招投标制度"

（一）国外工程招标投标的产生和发展

工程招标投标是在承包业的发展中产生的。早在 19 世纪初期,各主要资本主义国家为了巩固和发展他们的经济实力,需要进行大规模的经济建设,为满足经济建设的需要,就大力发展建筑业,导致了承包商的数量越来越多。经济发展必然导致社会对工程的功能,工程的质量,建设速度,设计、施工的技术水平的要求不断提高,投资者为了满足这种要求,就需要从众多的承包商中选择出自己满意的承包商,这就导致了招标投标交易方式的出现。1830 年,英国政府明令工程承发包要采用招标投标的方法,即利用招标投标形式选择承包商。

当资本主义国家的经济建设发展到顶峰时,由于其国内的承包业务不足,就促使承包商转向国外进行工程承包,这样就推动了国际招标投标的发展。

落后的国家为了繁荣本国的经济,改变落后面貌,也要想方设法进行力所能及的经济建设,在发展本国的工程承包业的同时,对一些规模大、技术复杂的建设项目承招有能力的国外承包商来承包,也有力地促进了国际招标投标的发展。

（二）我国招标投标制的产生与发展

1840 年鸦片战争以后,随着外国资本的侵入,我国的社会生产力和商品经济有所发展。由于资本主义市场竞争激烈,上海营造厂间的竞争也日趋激烈。那时,上海也是采用投标竞争来争取承包业务的。通过竞争有的营造厂保存下来了,有些技术落后、施工能力弱的营造厂倒闭了。招标承包制逐渐成为我国建筑业经营的主要方式,这一经营方式一直沿用到新中国成立初期,前后近百年历史。

新中国成立以后的一段时期内,我国一直都采用行政手段指定施工单位,层层分配任务的办法,这种计划分配任务的办法,在当时为我国摆脱帝国主义的封锁,促进国民经济全面发展曾起过重要作用,也曾为我国的社会主义建设做出过重大贡献。在这个时期我国没有开展工程招标投标工作。

用行政手段分配任务,在那个时期是可行的,也是必然的,但是,随着社会的发展,这种方式已经不能满足飞速发展的经济需要。1980 年,国务院在《关于开展和保护社会主义竞争的暂行规定》中首次提出:"对一些适宜承包的生产建设项目和经营项目,可以实行招标投标的办法。"1981 年期间,吉林省吉林市和经济特区深圳市率先试行招标投标,收效良好,对全国产生了示范性的影响。1983 年 6 月,城乡建设环境保护部颁布了《建筑安装工程招标投标试行办法》,它是我国第一个关于工程招标投标的部门规章,对推动全国范围内实行工程招投标起到了重大作用。1984 年 5 月,全国人大六届二次会议的《政府工作报告》中明确指出:"要积极推行以招标承包为核心的多种形式的经济责任制。"同年 9 月,国务院根据人大六届二次会议关于改革建筑业和基本建设管理体制的精神,制定颁布了《关于改革建筑业和基本建设管理体制若干问题的暂行规定》,该规定提出了"要改革单纯用行政手段分配建设任务的老办法,实行招标投标。由发包单位择优选定勘察设计单位、建筑安装企业",同时要求大力推行工程招标承包制,规定了招标投标的原则办法,这是我国第一个关于工程招标投标的国家级法规。同年 11 月,国家发改委和城乡建设环境保护部联合制定了《建设工程招标投标暂行规定》共 6 章 30 条。此后,自 1985 年起,全国各省市自治区及国务院有关部门,先后以上述国家规定为依据,相继出台地方、部门性的工程招标投标管理办法。直至 1999 年 8 月 30 日全国人大九届十一次会议通过了《中华人民共和国招标投标法》,这部法律的颁布实施,标志着我国建设工程招标投标步入了法制化的轨道。至此,我国的建设工程招标投标工作经历了观念确立和试点(1980—1983)、大力推行(1984—1991)、全面推开(1992—1999)三个阶段。经过这些年的发展,工程招投标的立法建制已逐步趋于完善。

任务二　建筑市场

如何理解建设
全国统一大市场

一、市场

(一)市场概述

1. 市场的含义

市场是商品经济的产物。凡是有商品生产和商品交换的地方,就必然有市场。市场是买卖双方采取不同交易形式,使商品或劳务发生转移的场所。建筑市场没有固定的场所,它随建筑产品的建造地点不同而变化。

随着商品经济的发展,市场概念有了丰富的内涵。现在市场的概念除上述含义外,还包括某一种商品在某一特定区域内需求的程度。如果说某一种商品在某一地区没有市场,即是说这一商品在这一地区没有需求或需求较少。因此,现代建筑市场概念,主要突出用户(建设单位)的投资能力和投资意向。所谓市场大小,是指用户多寡、投资能力强弱和企业满足用户意向的程度,即指商品交换关系的总和。它反映了社会生产和社会需求之间、建筑商品可供量和投资能力之间、生产者和消费者之间、国民经济各部门之间的经济联系。研究和掌握这些联系,对于建筑商品的生产以及指导企业的生产经营活动具有重大意义。

2. 市场的特征

市场的特征,主要表现在以下几个方面:

(1)市场作为沟通商品生产者和消费者的桥梁,是双方发生经济联系、转移价值与使用价值的必要场所;

(2)市场是在一定的时间和空间内,集中可供交易的商品或劳务;

(3)市场活动的中心内容是商品交易,因而必须具备供应能力、消费者的购买力、购买意向或欲望等几个要素,并且只有通过这些要素的结合,才能产生买卖行为;

(4)现代市场交易的内容,广泛而复杂,大体可分为有形交易和无形交易两大类。

3. 市场的功能

市场的功能是市场具有的客观职能,它表现为市场所从事的具体活动,如交换商品、传递信息等。市场的功能有以下几种:

(1)交换功能;

(2)供给功能;

(3)辅助功能。

4. 市场的分类

对市场可从不同的角度研究,从而也可从不同的角度对市场进行分类。

(1) 按购买者的购买目的和身份来划分,市场可分为消费者市场、生产商市场、转卖者市场、政府市场;

(2) 按市场的竞争状况划分,市场可分为完全竞争市场、完全垄断市场、垄断竞争市场、寡头垄断市场;

(3) 按照区域范围划分,市场可分为国际市场、国内市场。

还有其他分类方法,在此不一一列举。

5. 市场的作用

作为市场的一般功能,社会主义市场与资本主义市场是基本相同的。但由于社会经济制度、市场环境的不同,在市场发挥作用的性质、范围和程度等方面存在着较大的差异。

我国市场在社会主义经济建设中的作用表现为以下几个方面:

(1) 市场是进行商品生产的必要条件;

(2) 市场是联系生产和消费者的纽带;

(3) 市场是企业间竞争的场所;

(4) 市场能促进社会分工和技术进步。

(二) 市场的构成

市场的有效运行依赖于构成市场的各个要素的有机联系和相互作用。市场的构成要素一般包括五个部分。

1. 市场主体

市场主体是指在市场中从事商品交易的组织和个人。按照市场主体参与商品交易的目的不同,市场主体又可分为商品生产者、商品消费者和中介机构。

2. 市场客体

市场客体是指一定量的可供交换的商品和服务,客体即主体权利义务所指对象,它可以是行为和财物。它包括有形的物质产品和无形的服务及各种商品化的资源要素(如资金、技术、信息和劳动力等)。市场活动的基本内容是商品交换,若没有交换客体,就不存在市场,具备一定量的可供交换的商品和服务,是市场存在的物质条件。

3. 市场规则

市场规则是有关机构(政府、立法机构、行业协会等)按照市场运行的客观要求制定的或在市场交易中沿袭下来的并由法律、法规、制度所规定的行为准则。市场规则大致包括以下内容:

(1) 市场进入规则;

(2) 市场竞争规则;

(3) 市场交易规则。

4. 市场价格

市场价格是商品价值的货币表现,而商品价值则是生产商品所花费的社会必要劳动力。在市场运行的过程中,价格具有多种功能,主要有以下几种:

(1) 传导信息的功能;

(2) 配置资源的功能;

（3）促进技术进步，降低社会平均必要劳动量的功能。

5. 市场机制

市场机制是指在一定的市场形态下，价格、利率、工资、供求、竞争等因素相互制约、互为因果所形成的自动连接系统和调节方式。它是市场经济的基本机制，是价值规律作用的基本实现形式。正是通过市场机制的作用，使得市场具有自我调节、自我发展的功能，从而确保市场的健康发展。

二、建筑市场

（一）建筑市场概述

1. 建筑市场的含义

建筑市场是进行建筑商品及相关要素交换的市场，是市场体系中的重要组成部分。它是以建筑产品的承发包活动为主要内容的市场，是建筑产品各种交换关系的总和。

同一般的市场概念一样，建筑市场同样可以从狭义和广义两方面来理解。狭义的建筑市场是指以建筑产品为交换内容的市场，主要表现为项目建设单位与建筑产品供给者通过招标投标方式形成承发包的商品交换关系。广义的建筑市场指有形建筑市场和无形建筑市场，如与建设工程有关的技术、租赁、劳务等要素市场，为建设工程提供专业中介服务机构体系，包括各种建筑交易活动，还包括建筑商品的经济联系和经济关系，可以说是交换关系的总和，是指参与商品或劳务的现实或潜在的交易活动的所有买卖之间的交换关系。它是生产与流通、供给与需求之间各种经济关系的总和，是价值实现、使用价值转移的枢纽。市场表现为对某种商品的消费需求，企业的一切生产经营活动最终都是为了满足消费者和用户的需求。

2. 建筑市场的特点

建筑市场的范围广，变化大。凡是有生产或有人生活的地方，都需要建筑产品。它具有以下特点：

（1）建筑市场的交换关系复杂；

（2）建筑产品订货交易的直接性；

（3）建筑产品交易的长期性和阶段性；

（4）建筑市场定价方式的独特性；

（5）建筑市场的风险性。

3. 建筑市场分类

（1）按交易对象分为建筑商品市场、建筑业资金市场、建筑业劳务市场、建材市场、建筑业租赁市场、建筑业技术市场和咨询服务市场等；

（2）按市场投标业务类型范围分为国际工程市场和国内工程市场、境内国际工程市场；

（3）按有无固定交易场所划分为有形建筑市场和无形建筑市场；

（4）按固定资产投资主体不同分为国家投资形成的建筑市场、事业单位自有资金投资形成的建筑市场、企业自筹资金投资形成的建筑市场、私人住房投资形成的市场和外商投资形成的建筑市场等；

（5）按建筑商品的性质分为工业建筑市场、民用建筑市场、公用建筑市场、市政工程市场、道路桥梁市场、装饰装修市场、设备安装市场等。

（二）建筑市场的构成

1. 建筑市场的主体

与一般的市场构成一样,建筑市场的主体由三部分组成:

(1) 建筑产品需求者;

(2) 建筑产品生产者(建筑企业);

(3) 建筑中介组织。

2. 建筑市场的客体

建筑市场的客体一般称作建筑产品(有形的建筑产品和无形的产品及服务)。客体凝聚着承包商的劳动,业主投入资金,取得使用价值。在不同的生产交易阶段,建筑产品客体表现的形态有:中介机构提供的咨询报告、意见或服务,勘察设计单位的勘察报告、设计方案或图纸,生产厂家提供的混凝土构件,施工企业提供的建筑物和构筑物。建筑市场的客体是建筑市场的交易对象,包括有形建筑产品和无形产品(各类智力型服务)。

3. 建筑市场的运行机制

建筑市场的运行机制包括以下方面:

(1) 价格机制;

(2) 竞争机制;

(3) 供求机制;

(4) 风险机制。

任务三　建设工程招投标概述

一、招标投标

招标投标是在市场经济条件下进行工程建设、货物买卖、中介服务等经济活动的一种竞争方式和交易方式,其特征是引入竞争机制以求达成交易协议或订立合同。它是指招标人对工程建设、货物买卖、中介服务等交易业务事先公布采购条件和要求,吸引愿意承接任务的众多投标人参加竞争,招标人按照规定的程序和办法择优选定中标人的活动。

二、建设工程招标投标

建设工程招标投标,是指建设单位或个人(即业主或项目法人)通过招标的方式,将工程建设项目的勘察、设计、施工、材料设备供应、监理等业务,一次或分步发包,由具有相应资质的承包单位通过投标竞争的方式承接。

建设工程招标投标最突出的优点是:将竞争机制引入工程建设领域,将工程项目的发包方、承包方和中介方统一纳入市场,实行交易公开,给市场主体的交易行为赋予了极大的透明度,鼓励竞争,防止和反对垄断,通过平等竞争,优胜劣汰,最大限度地实现投资效益的最优化;通过严格、规范、科学合理的运作程序和监管机制,有力地保证了竞争过程的公平、公正和交易安全。

建设工程招标投标的目的是在工程建设中引入竞争机制,择优选定勘察、设计、设备安装、施工、装饰装修、材料设备供应、监理和工程总承包单位,以保证缩短工期、提高工程质量和节约建设资金。

工程招标投标总的特点是：

(1) 通过竞争机制，实行交易公开；

(2) 鼓励竞争、防止垄断、优胜劣汰，实现投资效益；

(3) 通过科学合理和规范化的监管机制与运作程序，可有效地杜绝不正之风，保证交易的公正和公平。

中国招标投标
公共服务平台

但由于各类建设工程招标投标的内容不尽相同，因而它们有不同的招标投标意图或侧重点，在具体操作上也有细微的差别，呈现出不同的特点。

(一) 工程勘察设计招标投标的特点

1. 工程勘察招标投标的主要特点

(1) 有批准的项目建议书或者可行性研究报告、规划部门同意的用地范围许可文件和要求的地形图；

(2) 采用公开招标或邀请招标方式；

(3) 申请办理招标登记，招标人自己组织招标或委托招标代理机构代理招标，编制招标文件，对投标单位进行资格审查，发放招标文件，组织勘查现场和进行答疑，投标人编制和递交投标书，开标、评标、定标，发出中标通知书，签订勘察合同；

(4) 在评标、定标上，着重考虑勘察方案的优劣，同时也考虑勘察进度的快慢，勘察收费依据与收费的合理性、正确性，以及勘察资历和社会信誉等因素。

2. 工程设计招标投标的主要特点

(1) 工程设计招标在招标的条件、程序、方式上与工程勘察招标相同；

(2) 在招标的范围和形式上，主要实行设计方案招标，可以是一次性总招标，也可以分单项、分专业招标；

(3) 在评标、定标上，强调把设计方案的优劣作为择优、确定中标的主要依据，同时也考虑设计经济效益的好坏、设计进度的快慢、设计费报价的高低以及设计者资历和社会信誉等因素；

(4) 中标人应承担初步设计和施工图设计，经招标人同意也可以向其他具有相应资格的设计单位进行一次性委托分包。

(二) 施工招标投标的特点

就施工招标投标本身而言，其特点主要有以下几方面：

(1) 在招标条件上，比较强调建设资金的充分到位；

(2) 在招标方式上，强调公开招标、邀请招标，议标方式受到严格限制甚至被禁止；

(3) 在投标和评标定标中，要综合考虑价格、工期、技术、质量、安全、信誉等因素，价格因素所占分量比较突出，可以说是关键的一环，常常起到决定性作用。

(三) 工程建设监理招标投标的特点

工程建设监理是指具有相应资质的监理单位和监理工程师，受建设单位或个人的委托，独立对工程建设过程进行组织、协调、监督、控制和服务的专业化活动。工程建设监理招标投标的特点主要有以下几方面：

(1) 在性质上，属于工程咨询招标投标的范畴；

(2) 在招标的范围上，可以包括工程建设过程中的全部工作，如项目建设前期的可行性

研究、项目评估等,项目实施阶段的勘察、设计、施工等,也可以只包括工程建设过程中的部分工作,通常主要是施工监理工作;

（3）在评标定标上,综合考虑监理规划（或监理大纲）、人员素质、监理业绩、监理取费、检测手段等因素,但其中最主要的考虑因素是人员素质,分值所占比重较大。

（四）材料设备采购招标投标的特点

建设工程材料设备是指用于建设工程的各种建筑材料和设备。材料设备采购招标投标的特点主要有以下几方面:

（1）在招标形式上,一般应优先考虑在国内招标;

（2）在招标范围上,一般为大宗的而不是零星的建设工程材料设备采购,如锅炉、电梯、空调等的采购;

（3）在招标内容上,可以就整个工程建设项目所需的全部材料设备进行总招标,也可以就单项工程所需材料设备进行分项招标或者就单件（台）材料设备进行招标,还可以进行从项目的设计,材料设备生产、制造、供应和安装调试到试用投产的工程技术材料设备的成套招标;

（4）在招标中,一般要求做标底,标底在评标定标中具有重要意义;

（5）允许具有相应资质的投标人就部分或全部招标内容进行投标,也可以联合投标,但应在投标文件中明确一个总牵头单位承担全部责任。

（五）工程总承包招标投标的特点

工程总承包,简单地讲,是指对工程全过程的承包。

工程总承包招标投标的特点主要有以下几个方面:

（1）它是一种带有综合性的全过程的一次性招标投标;

（2）投标人在中标后应当自行完成中标工程的主要部分（如主体结构等）,对中标工程范围内的其他部分,经发包人同意,有权作为招标人组织分包招标投标或依法委托具有相应资质的招标代理机构组织分包招标投标,并与中标的分包投标人签订工程分包合同;

（3）分承包招标投标的运作一般按照有关总承包招标投标的规定执行。

三、建设工程招标投标活动的基本原则

建设工程招标投标活动的基本原则是:合法原则,统一、开放原则,公开、公平、公正原则,诚实信用原则,求效、择优原则,招标投标权益不受侵犯原则。

任务四　建设工程招投标主体

招投标主体的
权利与义务

一、建设工程招标人

建设工程招标人是指依法提出招标项目,进行招标的法人或者其他组织。通常为该建设工程的投资人即项目业主或建设单位。建设工程招标人在建设工程招标投标活动中起主导作用。

（一）建设工程招标人的招标资质

建设工程招标人的招标资质（又称招标资格）,是指建设工程招标人能够自己组织招标

活动所必须具备的条件和素质。由于招标人自己组织招标是通过其设立的招标组织进行的,因此,招标人的招标资质实质上就是招标人设立的招标组织的资质。

建设工程招标人自行办理招标必须具备的两个条件:一是有编制招标文件的能力,二是有组织评标的能力。

从条件要求来看,主要是指招标人必须设立专门的招标组织或者拥有三名以上专职招标业务人员,必须有与招标工程规模和复杂程度相适应的工程技术、预算、财务和工程管理等方面的专业技术力量,有从事同类工程建设招标的经验,熟悉和掌握招标投标法及有关法规规章。凡符合上述要求的,招标人应向招标投标管理机构备案后组织招标。招标投标管理机构可以通过申报备案制度审查招标人是否符合条件。招标人不符合上述条件的,不得自行组织招标,只能委托招标代理机构代理组织招标。

(二) 建设工程招标人的权利和义务

1. 建设工程招标人的权利

(1) 自行组织招标或者委托招标的权利;

(2) 进行投标资格审查的权利;

(3) 择优选定中标人的权利;

(4) 享有依法约定的其他各项权利。

2. 建设工程招标人的义务

(1) 遵守法律、法规、规章和方针、政策的义务;

(2) 接受招标投标管理机构管理和监督的义务;

(3) 不侵犯投标人合法权益的义务;

(4) 委托代理招标时向代理机构提供招标所需资料、支付委托费用等义务;

(5) 保密的义务;

(6) 与中标人签订并履行合同的义务;

(7) 承担依法约定的其他各项义务。

二、建设工程投标人

建设工程投标人是建设工程招标投标活动中的另一主体,它是指响应招标并购买招标文件参加投标的法人或其他组织。

投标人应当具备承担招标项目的能力。参加投标活动必须具备一定的条件,不是所有感兴趣的法人或其他组织都可以参加投标。

投标人通常应具备的基本条件是:

第一,必须有与招标文件要求相适应的人力、物力和财力;

第二,必须有符合招标文件要求的资质证书和相应的工作经验与业绩证明;

第三,符合法律、法规规定的其他条件。

建设工程投标人主要是指勘察设计单位、施工企业、建筑装饰装修企业、工程材料设备供应(采购)单位、工程总承包单位以及咨询、监理单位等。

(一) 建设工程投标人的投标资质

建设工程投标人的投标资质(又称投标资格),是指建设工程投标人参加投标所必须具备的条件和素质,包括资历、业绩、人员素质、管理水平、资金数量、技术力量、技术装备、社会信誉等几个方面的因素。

对建设工程投标人的投标资质进行管理,主要是政府主管机构对建设工程投标人的投标资质提出认定和划分标准,确定具体等级,发放相应证书,并对证书的使用进行监督检查。

1. 工程勘察设计单位

工程勘察设计单位参加建设工程勘察设计招标投标活动,必须持有相应的勘察设计资质证书,并在其资质证书许可的范围内进行。工程勘察设计单位的专业技术人员参加建设工程勘察设计招标投标活动,应持有相应的执业资格证书,并在其执业资格证书许可的范围内进行。

2. 施工企业和项目经理

施工企业参加建设工程招标投标活动,应当在其资质等级证书所许可的范围内进行。少数市场信誉好、素质较高的企业,经征得业主同意和工程所在地省、自治区、直辖市建设行政主管部门批准后,可适度超出资质证书所核定的承包工程范围,投标承揽工程。施工企业的专业技术人员参加建设工程施工招标投标活动,应持有相应的执业资格证书,并在其执业资格证书许可的范围内进行。

3. 建设监理单位的投标资质

建设监理单位参加建设工程监理招标投标活动,必须持有相应的建设监理资质证书,并在其资质证书许可的范围内进行。建设监理单位的专业技术人员参加建设工程监理招标投标活动,应持有相应的执业资格证书,并在其执业资格证书许可的范围内进行。

4. 建设工程材料设备供应单位的投标资质

建设工程材料设备供应单位,包括具有法人资格的建设工程材料设备生产、制造厂家,材料设备公司,设备成套承包公司等。目前,我国对建设工程材料设备供应单位实行资质管理的,主要是混凝土预制构件生产企业、商品混凝土生产企业和机电设备成套供应单位。

5. 工程总承包单位的投标资质

工程总承包又称工程总包,是指业主将一个建设项目的勘察、设计、施工、材料设备采购等全过程或者其中某一阶段或多个阶段的全部工作发包给一个总承包商,由该总承包商统一组织实施和协调,对业主负全面责任。工程总承包是相对于工程分承包(又称分包)而言的,工程分承包是指总承包商把承包工程中的部分工程发包给具有相应资质的分承包商,分承包商不与业主发生直接经济关系,而是在总承包商统筹协调下完成分包工程任务,对总承包商负责。

(二)建设工程投标人的权利和义务

1. 建设工程投标人的权利

(1)有权平等地获得和利用招标信息;

(2)有权按照招标文件的要求自主投标或组成联合体投标;

(3)有权要求招标人或招标代理机构对招标文件中的有关问题进行答疑;

(4)有权确定自己的投标报价;

(5)有权参与投标竞争或放弃参与竞争;

(6)有权要求优质优价;

(7)有权控告、检举招标过程中的违法、违规行为。

2. 建设工程投标人的义务

(1) 遵守法律、法规、规章和方针、政策;

(2) 接受招标投标管理机构的监督管理;

(3) 保证所提供的投标文件的真实性,提供投标保证金或其他形式的担保;

(4) 按招标人或招标代理人的要求对投标文件的有关问题进行答疑;

(5) 中标后与招标人签订合同并履行合同;

(6) 履行依法约定的其他各项义务。

三、建设工程招标代理机构

(一)建设工程招标代理概述

1. 建设工程招标代理的概念

建设工程招标代理,是指建设工程招标人将建设工程招标事务委托给相应中介服务机构,由该中介服务机构在招标人委托授权的范围内以委托的招标人的名义同他人独立进行建设工程招标投标活动,由此产生的法律效果直接归属于委托的招标人的一种制度。

2. 建设工程招标代理的特征

(1) 建设工程招标代理人必须以被代理人的名义办理招标事务。

(2) 建设工程招标代理人具有独立进行意思表示的职能,这样才能使建设工程招标活动得以顺利进行。

(3) 建设工程招标代理行为应在委托授权的范围内实施。这是因为建设工程招标代理在性质上是一种委托代理,即基于被代理人的委托授权而发生的代理。建设工程中介服务机构未经建设工程招标人的委托授权,就不能进行招标代理,否则就是无权代理。建设工程中介服务机构已经建设工程招标人委托授权的,不能超出委托授权的范围进行招标代理,否则也是无权代理。

(4) 建设工程招标代理行为的法律效果归属于被代理人。

(二)建设工程招标代理机构的权利和义务

1. 建设工程招标代理机构的权利

(1) 组织和参与招标活动。招标人委托代理人的目的,是让其代替自己办理有关招标事务。组织和参与招标活动,既是代理人的权利,也是代理人的义务。

(2) 依据招标文件要求审查投标人资质。代理人受委托后即有权按照招标文件的规定审查投标人资质。

(3) 按规定标准收取代理费用。建设工程招标代理人从事招标代理活动,是一种有偿的经济行为,代理人要收取代理费用。代理费用由被代理人与代理人按照有关规定在委托代理合同中协商确定。

(4) 招标人授予的其他权利。

2. 建设工程招标代理机构的义务

(1) 遵守法律、法规和规章。建设工程招标代理机构的代理活动必须依法进行,违法、违规或违章的行为,不仅不受法律保护,而且还要承担相应的法律责任。

(2) 维护委托的招标人的合法权益。

(3) 组织编制、解释招标文件,对代理过程中提出的技术方案、计算数据、技术经济分析结论等的科学性、正确性负责。

（4）接受招标投标管理机构的监督管理和招标行业协会的指导。

（5）履行依法约定的其他义务。

中央纪委、国家监委
曝光这些工程
招投标领域的猫腻

四、建设工程招标投标行政监管机关

建设工程招标投标涉及国家利益、社会公共利益和公众安全,因而必须对其实行强有力的政府监管。建设工程招标投标活动及其当事人应当接受依法实施的监督管理。

（一）建设工程招标投标监管体制

各级建设行政主管部门作为本行政区域内建设工程招标投标工作的统一归口监督管理部门,其主要职责有以下几方面:

（1）从指导全社会的建筑活动、规范整个建筑市场、发展建筑产业的高度,研究制定有关建设工程招标投标的发展战略、规划、行业规范和相关方针、政策、行为规则、标准和监管措施,组织宣传、贯彻有关建设工程招标投标的法律、法规、规章,进行执法检查监督。

（2）指导、检查和协调本行政区域内建设工程的招标投标活动,总结交流经验,提供高效率的规范化服务。

（3）负责对当事人的招标投标资质、中介服务机构的招标投标中介服务资质和有关专业技术人员的执业资格的监督,开展招标投标管理人员的岗位培训。

（4）会同有关专业主管部门及其直属单位办理有关专业工程招标投标事宜。

（5）调解建设工程招标投标纠纷,查处建设工程招标投标中的违法、违规行为,否决违反招标投标规定的定标结果。

（二）建设工程招标投标分级管理

建设工程招标投标分级管理,是指省、市、县三级建设行政主管部门依照各自的权限,对本行政区域内的建设工程招标投标分别实行管理,即分级属地管理。

这是建设工程招标投标管理体制内部关系中的核心问题。实行这种建设行政主管部门系统内的分级属地管理,是现行建设工程项目投资管理体制的要求,也是进一步提高招标工作效率和质量的重要措施,有利于更好地实现建设行政主管部门对本行政区域建设工程招标投标工作的统一监管。

（三）建设工程招标投标监管机关

1. 建设工程招标投标监管机关的性质

各级建设工程招标投标监管机关从机构设置、人员编制来看,性质通常都是代表政府行使行政监管职能的事业单位。建设行政主管部门与建设工程招标投标监管机关之间是领导与被领导关系。省、市、县(市)招标投标监管机关的上级与下级之间有业务上的指导和监督关系。这里必须强调的是,建设工程招标投标监管机关必须与建设工程交易中心和建设工程招标代理机构实行机构分设,职能分离。

2. 建设工程招标投标监管机关的职权

（1）办理建设工程项目报建登记。

（2）接受招标人申报的招标申请书,对招标工程应当具备的招标条件、招标人或招标代理机构具备的招标条件、采用的招标方式进行审查认定。

（3）接受招标人申报的招标文件，对招标文件进行审查认定，对招标人要求变更发出后的招标文件进行审批。

（4）对投标人的投标资质进行复查。

（5）对标底进行审定，可以直接审定，也可以将标底委托建设银行以及其他有能力的单位审核后再审定。

（6）对评标定标办法进行审查认定，对招标投标活动进行全过程监督，对开标、评标、定标活动进行现场监督。

（7）核发或者与招标人联合发出中标通知书。

（8）审查合同草案，监督承发包合同的签订和履行。

（9）调解招标人和投标人在招标投标活动中或履行合同过程中发生的纠纷。查处建设工程招标投标方面的违法行为，依法受委托实施相应的行政处罚。

项目回顾

本项目讲述了工程承发包的概念，国内外工程承发包业务的形成与发展，工程承发包的内容及方式，工程招标投标的产生和发展；讲述了建筑市场的概念及构成；重点讲述了建设工程招标投标的概念、分类及各类建设工程招标投标的特点，参与各方在招标投标活动中应遵守的基本原则。通过本项目的学习，应达到对我国的承发包制度、建筑市场的运作程序及招标投标的概念有一个较深刻的认识。

思考题

1. 简述工程承发包的概念。

2. 简述工程承发包的方式。

3. 我国在工程建设中所采取的经营方式有几种？

4. 简述建筑工程市场的组成和交易内容。

5. 简述建设工程招投标活动遵循的基本原则。

6. 我国建设工程招投标如何分类？

7. 简述招标人、投标人、招标代理机构的概念。

8. 招标人和投标人的权利和义务有哪些？

9. 招标代理人的权利和义务有哪些？

10. 我国现行的招投标法律制度有哪些？

11. 简述我国建设工程招投标分级管理体制。

12. 建设工程招投标监管机关的主要任务有哪些？

习题

一、单项选择题

1. 建筑施工企业项目管理人员应具备的从业资格为（　　　）。

A. 注册结构工程师　　B. 注册会计师　　　C. 注册建造师　　　D. 注册建筑师

2. 施工许可证由（　　　）申请办理。

A. 建设单位　　　　　B. 施工单位　　　　C. 监理单位　　　　D. 设计单位

二、填空题

1. 我国建设工程招投标活动应当遵循＿＿＿＿＿、＿＿＿＿＿、＿＿＿＿＿、＿＿＿＿＿的原则。

2. 根据《建筑业企业资质管理规定》,我国建筑业企业资质分为＿＿＿＿＿＿＿＿＿、＿＿＿＿＿＿＿＿＿、＿＿＿＿＿＿＿＿＿三个序列。

3. 建筑市场的主体包括＿＿＿＿＿＿＿＿＿＿＿＿＿、＿＿＿＿＿＿＿＿＿、＿＿＿＿＿＿＿＿＿＿＿。

4. 建筑市场的客体即建筑产品,包括＿＿＿＿＿＿＿和＿＿＿＿＿＿＿。

5. 从事建筑活动的专业技术人员,应当依法取得相应的＿＿＿＿＿＿＿＿,并在＿＿＿＿＿＿＿＿＿＿＿许可的范围内从事建筑活动。

（注:扫描前言二维码获取全书习题答案）

 思政园地

规避招标的违法方式

（1）"化整为零",肢解工程规避招标。建设单位将造价高的单项工程肢解为多个造价低于招标限额的子项工程,从而规避招标,如某办公楼装修工程肢解为楼地面装修、天棚装修等子项工程对外单独发包。

（2）"划分标段",肢解工程规避招标。建设单位将造价高的单项工程利用划分为多个小标段限制或者排斥投标,从而规避招标。

（3）"大吨小标",规避招标。建设单位将工程造价降低到招标限额以下,通过非招标方式确定施工单位后,再进行项目工程内容调整,最后按实际工程量结算,如某工程先以简化的施工图设计进行议标,确定施工单位后又细化设计,最后工程结算价远超过招标限额。

（4）"分期实施",规避招标。建设单位利用项目的时间差来规避招标,如某工程先进行操场跑道的施工议标,然后在增加足球场施工内容,最后工程造价超过招标限额。

分析:招投标是市场竞争的重要方式,让众多投标人进行公平竞争,以较低或最低的价格获得最优的货物、工程或服务,不仅提高经济效益和社会效益,还促进企业技术和管理的进步,提高生产服务质量和效率。根据《招标投标法》第四条规定,任何单位和个人不得将依法必须进行招标的项目化整为零或者以其他任何方式规避招标。规避招标是一种违法行为,应按照《招标投标法》第四十九条依法处理。更重要的是,规避招标不利于工程造价的控制,不能实现成本节约,造成资源浪费。因此,我们要树立法治意识,培养诚信品质,加大企业法治建设和信用建设,维护建筑市场经济秩序,实现公平交易,才能保护市场主体的合法权益。

项目二 建设工程招标

 学习目标

知识目标：

（1）了解建设工程招标的范围、建设工程标底的编制要求、编制方法；

（2）熟悉建设工程招标的方式；

（3）掌握建设工程招标的程序及内容；

（4）掌握建设工程招标文件的内容构成和编制方法。

技能目标：

（1）能办理招标手续；

（2）能编制招标公告（投标邀请书）；

（3）能编制合理的资格审查文件和招标文件。

思政目标：

（1）培养严谨细致和团队协作的职业态度；

（2）树立遵纪守法和公平公正的职业精神；

（3）强化社会责任感和家国情怀。

任务一 建设工程招标概述

一、建设工程招标的概念

建设工程招标，是指招标人（或发包人）将拟建工程对外发布信息，吸引有承包能力的单位参与竞争，按照法定程序优选承包单位的行为。

招标是招标人通过招标竞争机制，从众多投标人中择优选定一家承包单位作为建设工程承建者的一种建筑商品的交易方式。

从合同订立过程来分析，建设工程招标文件在性质上属于一种要约邀请（要约引诱），其目的在于唤起投标人的注意，希望投标人能按照招标人的要求向招标人发出要约。凡不满足招标文件要求的投标书，将被招标人拒绝。

二、建设工程招标投标制度

招标投标制度是在承发包制基础上发展起来的一种建立承发包关系的方法的规定。建设单位不可能直接在建筑市场中购得建筑商品的成品，也无法全部由自己组织兴建，因此产生了承发包制——由建设单位提出购买要求，建筑企业按要求进行加工。最初的承发包制只是经过协商建立承发包关系，实现建筑商品交易，但缺乏竞争，未能解决工期、质量、价格

优化等问题。招标投标作为一种商品交易方式,与承发包制相结合,形成带有竞争性质的建筑商品交易方式,这就是招投标承包制。

招标投标的目的和实质是通过建筑企业的竞争由招标人择优选择承包者。

三、建设工程招标投标的作用及特点

(一)建设工程招标投标的作用

(1)督促建设单位重视并做好工程建设的前期工作,从根本上改正了"边勘察、边设计、边施工"的做法,促进了落实征地、设计、筹资等工作。

(2)有利于节约建设资金,提高投资的经济效益。建筑市场的竞争,迫使建筑企业降低工程成本,进而降低工程投标报价。同时,明确了承发包双方的经济责任,也促使建设单位加强建设管理,控制投资总额。

(3)增强了设计单位的经济责任,促使设计人员注意设计方案的经济性。设计方案不仅要考虑技术上可行,还要考虑经济上合理。设计方案已从建设工程的量上规定了建设工程的建造成本(价格是由市场决定的)。

(4)增强了监理单位的责任感。建设工程质量实行设计、施工、监理终身责任制,在承发包合同中做了明确规定。

(5)促使建筑企业改善经营管理,在市场竞争中求得生存和发展。竞争,既要注意经济效益,又应重视社会效益和企业信誉。致力于提高工程质量、缩短工期、降低成本、提高劳动生产率、加强售后服务,是建筑企业在竞争中取胜的法宝。

(6)使建筑产品交换走上商品化轨道,确立了建筑产品是商品的地位。

(二)建设工程招标投标的特点

(1)招标投标是在国家宏观计划指导和政府监督下的竞争。建设工程投资受国家宏观计划指导,工程价格在国家宏观计划指导下浮动,建筑队伍的规模受国家基本建设投资规模的控制。

(2)招标投标是在平等互利基础上的竞争。在国家法律和政策的约束下,建筑企业以平等的法人身份参加竞争。为了防止竞争中可能出现不法行为,国家颁布了《中华人民共和国招标投标法》,并详细规定了具体做法。

(3)竞争的目的是相互促进,共同提高。投标竞争,促进建筑企业改善经营管理,技术进步,提高劳动生产率,保证国家、企业、个人的经济利益都得到提高。因此,建设工程招标投标有竞争的一面,也有统一的一面。竞争并不排斥互助联合,互相联合寓于竞争之中。

(4)对投标人的资格审查避免了不合格的承包商参与承包。

四、建设工程招标投标中政府的职能

建筑工程招标投标属于招标人和投标人自主的市场交易活动,但为保证项目建设符合国家或地方的经济发展计划,项目能达到预期的投资目的,招标投标活动及其当事人应依法接受建设行政主管部门及其委托的招标投标监督机构的监督。政府在建设工程招标投标活动中将开展下述监督工作。

(一)监督工程施工是否经过招投标程序签订合同

按照招标投标法的要求,工程施工应通过招标投标程序选择承包人并签订工程承发包合同。只有属于下列情形之一,经县级以上地方人民政府建设行政主管部门或者受其委托

的工程招标投标监督管理机构批准,可以不进行招标:

(1)涉及国家安全、国家机密的工程;

(2)抢险救灾工程;

(3)利用扶贫资金实行以工代赈或使用农民工的特殊情况;

(4)停建或缓建后恢复建设,且承包人未发生变更的单位工程;

(5)施工企业自建自用的工程,且该施工企业资质等级符合工程要求;

(6)在建工程追加的附属小型工程或者主体加层工程,且承包人未发生变更;

(7)法律、法规、规章规定的其他情形。

(二)招标前的监督

1. 是否具备自行招标的条件

招标项目除应当满足招投标法规定的外部条件,还要对招标人的招标能力进行监督。招投标法规定,依法必须进行招标的工程,建设单位如果有编制招标文件和组织评标的能力,可以自行招标;若不具备招标条件,建设单位应委托具有相应条件的建设工程招标代理机构代理招标。

2. 招标前的备案

备案程序要求建设单位自行办理招标事宜的,应在发布招标公告或者发出投标邀请书的5日前,向工程所在地的县级以上地方人民政府建设行政主管部门或受其委托的建设工程招投标监督管理机构备案,并报送相应资料。

(三)公开招标应当在有形建筑市场中进行

依法必须进行公开招标的建设工程,应当进入建设工程交易中心进行招投标活动。

公开招标的工程项目,招标公告须在国家和省(直辖市、自治区)规定的报刊或信息网等媒介上公开发布,同时在中国工程建设和建筑信息网上公开发布。

邀请招标的工程项目,招标人可向三个以上符合资质条件的投标人发出邀请书。

(四)招标文件的备案

依法必须招标的工程,招标人应在发出招标文件的同时,将招标文件报工程所在地县级以上地方人民政府建设行政主管部门备案。如果发现招标文件有违反法律、法规内容时,政府主管部门有权责令其改正。

对发出的招标文件,招标人可以依法进行必要的澄清或修改。澄清或修改的内容成为招标文件的组成部分,但应在招标文件要求的提交投标文件截止日期前(不能少于15日),以书面形式通知所有投标人,并同时报建设工程所在地建设行政主管部门备案,使其成为招标文件的有效内容。

(五)招标结果备案

依法招标的工程,招标人应在中标人确定之日起15日内,向建设工程所在地县级以上地方人民政府建设行政主管部门提交招投标情况的书面报告。报告内容如下:

1. 建设工程招投标的基本情况

建设工程招标基本情况的主要内容有:招标范围、招标方式、资格审查、开标和评标过程、确定中标人的方式及其理由等。

2. 相关文件资料

相关文件资料的主要内容包括招标公告或投标邀请书、投标报名表、资格预审文件、招标文件、评标委员会的评标报告(设有标底的,应附标底)、中标人的投标文件。委托代理招标的,应附建设工程招标代理委托书。已按招标管理规定办理了备案的文件资料,不需要重复提交。

(六)对重新进行建设工程招标的审查备案

当发生以下情况时,招标人可以宣布本次招标无效,依法重新招标:

(1)提交投标文件的投标人少于三个;

(2)经过评标委员会评审,认为所有投标文件都不符合招标文件要求而否决所有的投标书。

五、建设工程招标的范围和条件

(一)建设工程招标的范围

招标的范围

招投标法第三条规定,在中华人民共和国境内进行下列工程建设项目,包括项目勘察、设计、施工、监理以及与工程建设有关的重要设备、材料等的采购,必须依法进行招标。

国家计划发展委员会的《工程建设项目招标范围和规模标准规定》明确了招标的具体范围和规模标准:

(1)关系社会公共利益、公众安全的基础项目;

(2)关系社会公共利益、公众安全的公用事业项目;

(3)使用国有资金投资的项目;

(4)国家融资项目;

(5)使用国际组织或外国政府资金的项目。

以上规定范围内的各类工程建设项目,包括项目的勘察、设计、施工、监理以及与工程建设有关的重要设备、材料等的采购,达到下列标准之一的,必须进行招标:

① 施工单项合同估算价在 400 万元人民币以上;

② 重要设备、材料等货物的采购,单项合同估算价在 200 万元人民币以上;

③ 勘察、设计、监理等服务的采购,单项合同估算价在 100 万元人民币以上。同一项目中可以合并进行的勘察、设计、施工、监理以及与工程建设有关的重要设备、材料等的采购,合同估算价合计达到前款规定标准的,必须招标。

(二)建设工程招标的条件

为建立和维护建设工程招投标秩序,招标人必须在正式招标前做好必要的准备,满足招标条件。

建设工程招标的主要条件是:

(1)建设项目已正式列入政府的年度固定资产投资计划;

(2)已向建设工程招投标管理机构办理报建登记;

(3)概算已经批准,建设资金已经落实;

(4)建设占地使用权依法取得;

(5)招标文件经过审批;

(6)其他条件。

建设工程招标的内容不同,招标条件有些变化。

(1)建设项目勘察设计招标条件侧重于:① 设计任务书或可行性研究报告已获批准;② 具有设计所需的可靠的基础资料。

（2）建设工程施工招标条件侧重于：① 建设项目已列入年度投资计划；② 建设资金已按规定存入银行；③ 施工前期工作基本完成；④ 有施工图纸和有关设计文件。

（3）建设监理招标条件侧重于：① 设计任务书或初步设计已获批准；② 工程建设的主要技术工艺要求已确定。

（4）建设工程材料设备招标条件侧重于：① 建设项目已列入年度投资计划；② 建设资金已经到位；③ 具有批准的设计所附的设备清单,专用、非标准设备的设计图纸和技术资料。

（5）建设工程总承包招标条件侧重于：① 计划文件或设计任务书已获批准；② 建设资金和建设地点已经落实。

六、建设工程招标方式和方法

（一）建设工程招标方式

1. 公开招标

公开招标,又称无限竞争招标,指招标人以招标公告方式邀请不特定的法人或其他组织参与投标。招标公告内容包括招标人的名称、地址,招标项目的性质、数量、实施地点和时间以及获取招标文件的办法等事项。

公开招标向不特定的对象发出招标公告,凡符合招标工程资质要求者均可参加投标。它具有以下特点：涉及面广,竞争性极强,招标工作量大,所耗时间长。

2. 邀请招标

邀请招标,又称有限竞争招标,指招标人以投标邀请书的方式邀请特定法人或其他组织投标。邀请招标向特定投标人发出投标邀请书。采用这种方式,一般邀请信誉较好的企业,可以保证投标工程质量。一般要求被邀请企业不少于三家。投标邀请书的内容与公开招标中的招标公告相同。邀请招标具有以下特点：涉及面窄,竞争性不太强,招标工作量不大,所耗时间短。

3. 公开招标与邀请招标的主要区别

（1）发布信息方式不同。公开招标通过招标公告邀请投标,邀请招标通过投标邀请书邀请投标。

（2）竞争强弱不同。公开招标是向不特定对象发出公告,面向全社会,只要有竞争能力的法人和其他经济组织都可以参加,竞争性极强。邀请招标是向特定投标人发出邀请书,面向事先了解和掌握的企业法人,竞争性相对于公开招标要弱些。

（3）时间和费用不同。公开招标竞争者多,程序复杂,所耗时间长,工作量大,费用高；邀请招标的竞争者数量有限,所耗时间相对较短,工作量相对较小,费用相对较低。

（4）公开程度不同。公开招标必须按照规定程序和标准进行,透明度高；邀请招标的公开程度相对要低些。

（5）招标程序不同。公开招标必须对投标单位进行资格审查,审查其是否具有与工程要求相近的资质条件；而邀请招标对投标单位不进行资格预审。

（6）适用条件不同。邀请招标一般用于工程规模不大或专业性较强的工程。

（二）建设工程招标方法

1. 一次性招标

一次性招标指建设工程设计图纸、工程概算、建设用地、建筑许可证等均已具备后,全部工程只招一次标就建立全部工程的承发包关系的方法。

采用一次性招标方法,整个招标工作一次性完成,便于管理。但招标前须做好各项准备工作,故前期准备时间较长。若是大型工程采取此法,投资见效期就要向后推延。

2. 多次性招标

多次性招标是对建设项目实行分阶段招标,分阶段按单项工程、单位工程招标,也可按分部工程招标,例如基础、主体、装修、室外工程等分别进行招标。

多次性招标法适用于大型建设项目。由于分段招标,设计图纸、工程概算等技术经济文件可以分批供应,可以争取时间提前开工,缩短建设周期,投资早,见效快。但多次性招标法容易出现"边设计、边施工"的现象,容易造成施工脱节,引起矛盾。

3. 一次两段式招标

一次两段式招标指在设计图纸尚未出齐之前,先邀请数个建筑企业进行意向性招标,按约定的评标办法,择优选择一个承包单位,待施工图纸出齐以后再按图纸要求签订合同。一次两段式招标先由建筑企业根据概念设计或性能规格编制技术建议书,招投标双方进行技术和商务的澄清和调整,随后对招标文件做出修订再由建设单位选定承包人。

4. 两次报价招标

两次报价招标是在第一次公开招标后选择几个较满意的投标人再进行第二次投标报价。此法适用于建设单位在对建设项目不熟悉的情况下,第一次属于摸底性质,第二次作为正式报价。

上述招标方法仅是国内外招标中的常用方法,招标中具体采用哪种方法,必须符合当地招投标管理部门的规定,在规定的范围内选择。

任务二　建设工程招标程序

招投标的流程

本任务主要介绍国内建设工程招标程序。

工程建设招投标一般要经历招标准备、招标邀请、发售招标文件、现场勘察、标前会议、投标、开标、评标、定标、签约等过程,如图2-1所示。与邀请招标相比,公开招标程序仅仅是在招标准备阶段多了发布招标公告、进行资格预审的内容。

一、招标准备

招标准备包括三个方面,即招标组织准备、招标条件准备和招标文件准备。

1. 招标组织准备

招标活动必须有一个机构来组织,这个机构就是招标组织。如果招标人具有编制招标文件和组织评标的能力,则可以自行组织招标,并报建设行政监督部门备案;否则应先选择招标代理机构,与其签订招标委托合同,委托其代为办理招标事宜。

所谓的招标代理机构是具有从事招标代理业务的营业场所和相应的资金,拥有能够编制招标文件和组织评标的相应专业力量,依法设立、从事招标代理业务并提供相关服务的社会中介组织。

无论是自行办理招标事宜还是委托招标代理机构办理,招标人都要组织招标领导班子如招标委员会、招标领导小组等,以便能够对招标中的诸如确定投标人、中标人等重大问题进行决策。

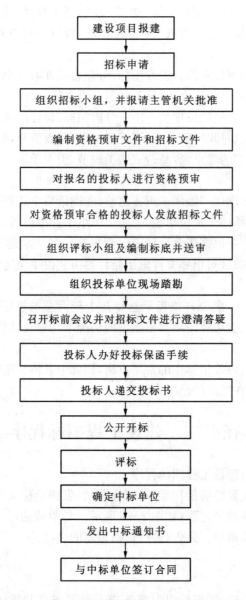

建设项目报建

招标申请

组织招标小组，并报请主管机关批准

编制资格预审文件和招标文件

对报名的投标人进行资格预审

对资格预审合格的投标人发放招标文件

组织评标小组及编制标底并送审

组织投标单位现场踏勘

召开标前会议并对招标文件进行澄清答疑

投标人办好投标保函手续

投标人递交投标书

公开开标

评标

确定中标单位

发出中标通知书

与中标单位签订合同

图 2-1　公开招标工作程序图

2. 招标条件的准备

招标项目如果按照国家有关规定需要履行项目审批手续的，应当先履行审批手续取得批准。同时，项目的现场条件、基础资料及资金等也要能满足相应阶段招标的要求。

3. 招标文件的准备

不同的招标方式和不同的招标内容采用的文件是不一样的，如公开招标用的文件中包括招标公告、资格预审、投标邀请、招标文件乃至中标通知书等在内的全部文件，而邀请招标用的文件中不含招标公告、投标资格预审等内容。

招标用文件准备也不一定要全部同时完成，可以随招标工作的进展而跟进，例如中标通知书、落标通知书就可以在评标的同时准备。

招标用文件的核心是发售给投标人作为投标依据的招标文件。招标文件编制的好坏攸关招标的成败,要予以特别的重视。最好由具备丰富招投标经验的工程技术专家、经济专家及法律专家合作编制。

二、招标邀请

招标方式不同,邀请的程序也不同。公开招标一般要经过招标公告、资格预审、投标邀请等环节,而邀请招标则可以直接发出投标邀请书。

(一)招标公告

招标公告由招标人通过国家指定的报刊、信息网络或者其他媒介发布。公告中要载明招标人的名称、地址,招标项目的名称、性质、数量、实施地点和时间,招标工作的时间安排,对投标人资格条件的要求及获取招标文件的办法。如果要进行资格预审的,还应写明申请投标资格预审办法。

在不经资格预审而直接发售招标文件的情况下,招标公告可以认为是没有特定潜在投标人的投标邀请书。

在建有工程建设招投标有形市场的地方,建设项目的公开招标应在工程建设招投标有形市场(如建设工程交易中心)发布信息,同时也可通过报刊、广播、电视等新闻媒介发布公告。进行资格预审的,刊登资格预审公告。按规定,有审批程序的,应先报招标投标管理部门批准,然后才能对外公布。

(二)投标资格预审

通过招标公告获得招标信息并有意参加投标的竞争者,按照招标公告中关于资格预审要求向招标人申请资格预审,领取资格预审文件,并按资格预审文件的时间、地点及内容要求提交资质证明文件、业绩材料及资格审查表。招标人在对资格材料审查并进行必要的实地考察后,对潜在投标人的履约能力及资信做出综合评价,从中择优选出若干个潜在的投标人,正式邀请其参加投标。

招标的内容不同,投标资格预审的内容就会不同;招标的内容相同,但招标对象的规模大小不同,投标资格预审的内容也会有所不同。不过,资格预审的基本内容是一样的,即投标人签约资格和履约能力。

1. 投标资格预审的主要内容

(1)签约资格,是指投标人按国家有关规定的承接招标项目必须具备的相应条件,如投标人是否是合法的企业或其他组织,有无与招标工程内容相适应的资质,是否正处于被责令停业或财产被接管、冻结或暂停参加投标的处罚期。

(2)履约能力,是指投标人完成招标项目任务的能力,如投标人的财务状况、商业信誉、业绩表现、技术管理水平、人员设备条件、完成类似项目的经验、履行中的合同数量等。

2. 资格预审程序

(1)资格预审文件的编制与审批。投标资格预审文件包括资格预审通知、资格预审须知、资格预审表等。

① 资格预审通知。资格预审通知一般都包含在公开招标的公告中,也就是在招标公告里载明资格预审的内容,索购资格预审文件的时间、地点及提出资格预审申请的最后期限。

② 资格预审须知。申请投标人是根据这个须知来填报资格预审表和准备有关文件资料,并最终决定是否申请参加投标的。所以资格预审须知应包括招标人名称、住所、电话,联

系人姓名、职务,招标项目详细介绍及招标日程安排,资格预审表的填写说明,对投标人资信、能力的基本要求及递交资格预审申请的时间、地址,有关的资信、业绩、能力的证明文件及资料要求。

③ 资格预审表。公开招标中招标人面临的潜在投标人少则几个、十几个,多则几十个、上百个。招标人是无法对众多投标人都逐一登门调查的,只能通过资格预审表来了解投标人的情况,审查其投标资格。所以资格预审表的内容要全面,确保有足够的信息量,条目的含义要明确,不会发生歧义。主要内容有:

a. 投标人的名称,住所,电话,Email(地址、网址),资质等级,内部组织结构,法定代表人姓名、职务、联系办法等。

b. 投标人的财务状况:注册资本、固定资产、流动资金、上年度产值额、可获得贷款额、能提供担保的银行或法人等。

c. 投标人的人员、设备条件:与招标项目有关的关键人员一览表(姓名、学历、职称、经验等),关键设备一览表(名称、性能、原值、已使用年限),职工总数等。

d. 投标人的业绩:投标人近年来在技术、管理、企业信誉、实力方面所取得的成绩,近年来完成的承包项目及履行中的合同项目情况(名称、地址、主要经济技术指标、交付日期、评价、业主名称、电话等),完成类似招标项目的经验。

e. 投标人在本招标项目上的优势。

f. 资格预审结论,由招标人在审查结束后填写。

g. 资格预审表附件,包括投标人法定资格的证书文件,如企业法人营业执照等;投标人资质等级证明文件,如资质等级证书;投标人近几年的财务报表,如资产负债表;证明投标人业绩、信誉、水平的证明文件,如完成项目的质量等级证书、获奖证书、资信等级证书、通过ISO9000 系列质量认证证书等。

④ 资格预审评分表。如果资格预审是通过招标领导班子或邀请专家采用评分法来选投标人的,则需要有一个评分表。评分的内容是资格预审表中所列的反映企业资信和能力的内容,如上面所列的(b)～(e)项内容。招标人根据招标项目的要求确定各评分项目的权重或最高分值,并将每一个评分项目分成若干个评分等级或从最高分到最低分确定若干分值。评分项目的权重或最高分大小是反映该评分项目对确定投标人投标资格的重要程度,而评分等级则反映潜在的投标人对该评分项目的满足程度。

⑤ 资格预审合格通知书。对资格预审合格的潜在投标人,要签发资格预审合格通知书,并邀请其参加投标,所以也可称之为投标邀请书。资格预审合格通知书的内容主要是告知其资格预审已通过,正式邀请其参加投标,并告之在何时到何地索购招标文件。

⑥ 致谢信。致谢信是发给资格预审不合格的资格预审申请人的通知书,主要内容是告知本次资格预审工作已经结束,投标人已经选定但其未能入选,致以歉意并感谢支持和参与,希望下次有机会合作。

按规定要审批的,编制好的资格预审文件应报招标投标有关主管部门批准。审查的主要内容为招标项目的合法性,对投标人资格要求的合理性、合法性。如国家对投标人的资格条件有规定的,招标人应以此为标准审查投标人的投标资格。国家规定有强制性标准的,投标人必须符合该标准。但招标人不得以不合理的条件限制或者排斥潜在投标人,不得对潜在投标人实行歧视待遇。

（2）发布投标资格预审通知。投标资格预审通知应在招标投标有关权力管理部门指定的媒介及一般的公共媒介上发布，所选的媒介要有足够大的传播面，确保能让招标人所希望范围的潜在投标人获得此信息。

一般情况下，投标资格预审通知是包含在公开招标公告中，作为公告的一项内容发布的。

（3）发放资格预审文件。潜在投标人获得招标项目信息后一般要做必要的调查，如对招标人的资信、招标项目背景、实施条件等进行初步了解并结合自身条件决定是否参与投标。有意参加投标的就按资格预审通知书上规定的时间和地址去申请领取或购买资格预审文件。所以，资格预审通知发布后要做好发放资格预审文件的准备。资格预审文件的发放可以是有偿的，也可以是无偿的，还可以是先收取押金待申请人提交全套的资格预审申请文件后退还押金。无论收费还是收押金都是一个目的：要求申请人事先认真考虑，以免出现索取资格预审文件的很多，提交正式资格预审申请文件的却很少的情况。

（4）申请人填写、递交资格预审申请文件。投标资格预审申请人获得资格预审文件后，应组织力量实事求是地填写并认真地准备好预审表附件。对预审文件中有疑问的，可以向招标人咨询。对于带有普遍性的问题，招标人应同时通知所有获得资格预审文件的申请人。无论是申请人的质疑还是招标人的回答，或对预审文件的修改、补充，都应以书面形式表达。

申请人完成资格预审表的填写和相关文件、资料的准备后，要写一个致招标人的函件，要求对提交的资格预审表和相关文件资料进行审查，并对其真实性负责。最后不要忘记表示：希望能够通过资格预审，有机会参加投标竞争，一旦投标资格通过预审，一定参加投标。同时还要表示一定尊重招标人的选择，且不要求招标人做出解释。落款由申请人的法定代表人或其代理人签字，并加盖公章。实际上，这是具有真正意义的资格审查申请书。

至此，投标资格预审申请文件就编制完成了。按投标资格预审须知上规定的时间、地址将资格预审申请文件送达招标人。

（5）审查与评议。一般项目招标的投标资格评审工作由招标人内部组成的招标工作班子完成；大项目招标的投标资格评审工作由招标人主持，邀请监理工程师及有关职能管理部门的专家参加，组成评审委员会来完成。

招标人首先要对资格预审申请文件的完整性和真实性进行审查，在可能的条件下还要做一些调查，在此基础上由评审委员会进行评审。评审办法可以事先拟订，并在资格预审通知中公布，也可以由评审委员会在评审前确定。采取事先拟订办法和资格预审通知一并报批、一并公布的办法更有助于资格预审的公正性。

评审可以采用简单多数法或评分法来确定投标人，但首先要确定计划选多少个申请人参加投标，如果采用评分法还应该确定入选的最低资格评议分。简单多数法是按申请人得票的多少优先入选；而评分法则是按申请人得分高低，从高到低优先入选。但即使名额未满，未达最低资格评议分的申请人，也不得入选。考虑到被批准的投标者不一定都来参加投标这一因素，所以要掌握分寸，不宜过严，选定的投标人一般以 5~9 个为宜。

按规定要报批的，应写成评审报告，附上拟选的投标人一览表报上级审批，并报招标投标管理部门备案。

（6）通知资格预审结果。对于获得投标资格者，发给资格预审合格通知书或投标邀请书；对于未能获得投标资格者，发出致谢信。

不进行资格预审的公开招标，将资格审查安排在开标后进行（称资格后审）。这样做要基于一个基本估计,即能满足招标公告中要求的资格条件,且有意参加投标的潜在投标人不会太多,否则开标后的资格审查工作量就会很大,费用也很高。

不进行资格预审的公开招标,投标人按照招标公告中规定的时间、地点直接索购招标文件。

三、发出投标邀请

无论是公开招标还是邀请招标,被邀请参加投标的法人或者其他组织都不能少于三家,且发出邀请投标的前提都是一样的,即被邀请人的履约能力及资信都是得到招标人认可的。因此,招标人发出投标邀请书必须是严肃的、负责任的行为,一般情况下是不能拒绝被邀请人投标的。

公开招标的投标邀请书是在投标资格预审合格后发出的,所以也可以以投标资格预审合格通知书的形式代替。但无论是投标邀请书还是投标资格预审通知书都要简单复述招标公告的内容,并突出关于获取招标文件的办法。

在邀请招标的情况下,被邀请人是通过投标邀请书了解招标项目的。所以投标邀请书对项目的描述要详细、准确,保证有必要的信息量,以利于被邀请人决定是否购买招标文件,参加投标竞争。

投标人收到投标邀请书后要以书面形式回复参加投标与否。若决定参加投标,就要立即组成投标班子并开始做投标准备。

四、发售招标文件

招标文件是投标人编制投标文件、进行报价的主要依据。所以招标文件应当根据招标项目的特点和需要编制。招标文件应当包括招标项目的技术要求、对投标人资格审查的标准、投标报价要求和评标标准等所有实质性要求和条件以及拟签订合同的主要条款。

国家对招标项目的技术、标准是有规定的,招标人应当按照其规定在招标文件中提出相应要求。

招标项目需要划分标段、确定工期的,招标人应当合理划分标段、确定工期,并在招标文件中载明。

招标文件一般都包括投标须知、合同条件、标的说明、技术规范要求、各种文件格式等主要内容。但不同的招标对象,具体内容也不一样,如施工招标,还包括图纸及工程表等。

招标文件的发放有两种形式:一是售给有投标资格的,也即受到投标邀请的投标人;另一种是无偿发给有投标资格的投标人。但习惯做法是收取一定的招标文件押金,待招标结束退还。

投标人收到招标文件,核对无误后要以书面形式确认。投标人要认真研究,若有疑问或不清楚的问题,应在规定时间里以书面形式要求招标人作澄清解释。招标人需对已发出的招标文件进行必要的澄清或者修改的,应当在招标文件要求提交投标文件截止时间至少 15 日前以书面形式通知所有招标文件收受人。该澄清或者修改的内容为招标文件的组成部分。

五、组织现场勘察

现场勘察是到现场进行实地考察。投标人通过对招标的工程项目踏勘,可以了解实施场地和周围的情况,获取其认为有用的信息;核对招标文件中的有关资料和数据并加深对招标文件的理解,以便对投标项目做出正确的判断,对投标策略、投标报价做出正确的决定。

招标人在投标须知规定的时间组织投标人自费进行现场踏勘。踏勘人员一般可由投标决策人员、拟派现场实施项目的负责人及投标报价人员组成。现场考察的主要内容包括交通运输条件及当地的市场行情、社会环境条件等。招标人通过组织投标人进行现场踏勘可以有效避免合同履行过程中投标人以不了解现场或招标文件提供的现场条件与现场实际不符为由推卸本应承担的合同责任。

六、召开标前会议

标前会议也称投标预备会或招标文件交底会,是招标人按投标须知规定时间和地点召开的会议。标前会议上招标单位除了介绍工程概况外,还可对招标文件中的某些内容加以修改或予补充说明,以及对投标人书面提出的问题和会议上即席提出的问题给予解答。会议结束后,招标人应将会议记录用书面通知的形式发给每一位投标人。

投标人研究招标文件和现场考察后会以书面形式提出某些质疑问题,招标人可以及时给予书面解答,也可以留待标前会议上解答。在标前会议上招标人可以和投标人共同商讨招标文件中或编标中遇到的共性问题,并达成共识,形成统一的处理办法或统一的编标口径,有利于评标,这也是标前会议的重要之处。

无论是会议纪要还是对个别投标人的问题的回答,都应以书面形式发给每一个获得招标文件的投标人,以保证招标的公平和公正。但对问题的答复不用说明问题的来源。

不管是招标单位以书面形式向投标单位发放的任何资料文件,还是投标单位以书面形式提出的问题,均应以书面形式予以确认。会议纪要和答复函件形成招标文件的补充文件,是招标文件的组成部分,与招标文件具有同等的法律效力。当补充文件与招标文件的规定不一致时,以补充文件为准。

为了使投标单位在编写投标文件时充分考虑招标单位对招标文件的修改或补充内容,以及投标预备会会议记录内容,招标单位可根据情况在标前会议上确定延长投标截止时间。

七、投标

投标人在获得招标文件后要组织力量认真研究招标文件的内容,并对招标项目的实施条件进行调查。在此基础上结合投标人的实际情况,按照招标文件的要求编制投标文件。投标文件应当对招标文件提出的实质性要求和条件做出响应。招标项目属于建设施工的,投标文件的内容应当包括拟派出的项目负责人与主要技术人员的简历、业绩和拟用于完成招标项目的机械设备等。

投标人根据招标文件载明的项目实际情况,拟在中标后将中标项目的部分非主体、非关键性工作进行分包的,应当在投标文件中载明。

两个以上法人或者其他组织可以组成一个联合体,以一个投标人的身份共同投标。

联合体各方均应具备承担招标项目的相应能力。国家有关规定或者招标文件对投标人资格条件有规定的,联合体各方均应当具备规定的相应资格条件。由同一专业的单位组成的联合体,按照资质等级较低的单位确定资质等级。联合体各方应当签订共同投标协议,明确约定各方拟承担的工作和责任,并将共同投标协议连同投标文件一并提交招标人。联合体中标的,联合体各方应当共同与招标人签订合同,就中标项目向招标人承担连带责任。但招标人不得强制投标人组成联合体共同投标,不得限制投标人之间的竞争。

投标人不得相互串通投标报价，不得妨碍其他投标人的公平竞争，损害招标人或者其他投标人的合法权益。投标人不得与招标人串通投标，损害国家利益、社会公共利益或者他人的合法权益。

投标人不得以低于成本的报价竞标，也不得以他人名义投标或者以其他方式弄虚作假，骗取中标。

投标人应当在招标文件要求提交投标文件的截止时间前，将投标文件送达招标文件规定的投标地点。招标人收到投标文件后，应当签收保存，不得开启。在招标文件中要求的提交投标文件的截止时间后送达的投标文件，招标人应当拒收。投标人在招标文件要求提交投标文件的截止时间前，可以补充、修改或者撤回已提交的投标文件，并书面通知招标人。补充、修改的内容为投标文件的组成部分。

提交有效投标文件的投标人少于三个的，招标人必须重新组织招标。

八、开标

开标是同时公开各投标人报送的投标文件的过程。开标使投标人知道其他竞争对手的要约情况，也限定了招标人只能在这个开标结果的基础上评标、定标。这是招标投标公开性、公平性原则的重要体现。

九、评标

1. 评标组织

评标由招标人依法组建的评标委员会负责。评标委员会由招标人的代表和有关技术、经济等方面的专家组成，其负责人由建设单位法定代表人或授权人担任，成员人数为五人以上的单数，其中技术、经济等方面的专家不得少于成员总数的三分之二。

2. 评标内容

评标一般要经过符合性审查、实质性审查和复审三个阶段，但不实行合理低价中标的评标，可不进行复评。

十、定标

定标是招标人享有的选择中标人的最终决定权、决策权。招标人一般在评标委员会推荐的中标候选人中权衡利弊，做出选择。

十一、签发中标通知

定标之后招标人应及时签发中标通知书。投标人在收到中标通知书后要出具书面回执，证实已经收到中标通知书。

中标通知书的主要内容有中标人名称，中标价，商签合同的时间、地点，提交履约保证的方式、时间。

中标通知书对招标人和中标人具有法律效力。中标通知书发出后，招标人改变中标结果的，或者中标人放弃中标项目的，应当依法承担法律责任。

十二、提交履约担保，订立书面合同

招标人和中标人应当自中标通知书发出之日30日内，按照招标文件和中标人的投标文件订立书面合同。招标人和中标人不得再行订立背离实质性内容的其他协议。

依法必须进行招标的项目,招标人应当自确定中标人之日起 15 日内向有关行政监督部门提交招标投标情况的书面报告。

任务三 建设工程施工的资格审查

招标人可以根据招标项目本身的特点和需要,要求潜在投标人或者投标人提供满足其资格要求的文件,对潜在投标人或者投标人进行资格审查。

一、资格审查的分类

资格审查的分类

资格审查分为资格预审和资格后审。

资格预审是指在投标前对潜在投标人进行的资格审查。资格预审是在招标阶段对申请投标人第一次筛选,目的是审查投标人的企业总体能力是否适合招标工程的需要。只有在公开招标时才设置此程序。

资格后审是指在开标后对投标人进行的资格审查。已进行资格预审的,一般不再进行资格后审,但招标文件另有规定的除外。资格后审适用于那些工期紧迫、工程较为简单的建设项目,审查的内容与资格预审基本相同。

二、资格审查的主要内容

资格审查应主要审查潜在投标人或者投标人是否符合下列条件:

(1)具有独立订立合同的权利。

(2)具有履行合同的能力,包括专业、技术资格和能力,资金、设备和其他物质设施状况,管理能力,经验、信誉和相应的从业人员。

(3)没有处于被责令停业,投标资格被取消,财产被接管、冻结,破产状态。

(4)在最近 3 年内没有骗取中标和严重违约行为及重大工程质量问题。

(5)法律、行政法规规定的其他资格条件。

对于大型复杂项目,尤其是需要有专门技术、设备或经验的投标人才能完成时,则应设置更加严格的条件,如针对工程所需的特别措施或工艺专长,专业工程施工经历和资质及安全文明施工要求等内容。但标准应适当,过高会使合格投标人过少影响竞争,过低会使不具备能力的投标人获得合同而导致不能按预期目标完成建设项目。

具体审查指标可参考《标准施工招标资格预审文件》(2010 年版)第三章内容。只要有一个因素不符合审查标准的,便不能通过资格预审。

三、资格审查的方法与程序

(一)资格审查的方法

资格审查方法一般分为合格制和有限数量制两种。合格制即不限定资格审查合格者数量,凡通过各项资格审查设置的考核因素和标准者均可参加投标。有限数量制则预先限定通过资格预审的人数,依据资格审查标准和程序,将审查的各项指标量化,最后按得分由高到低的顺序确定通过资格预审的申请人。通过资格预审的申请人不得超过限定的数量。

(二) 资格审查的程序

1. 初步审查

初步审查是一般符合性审查。

2. 详细审查

通过第一阶段的初步审查后,即可进入详细审查阶段。详细审查的重点是投标人的财务能力、技术能力和施工经验等内容。

资格审查的
内容和流程

3. 资格预审申请文件的澄清

在审查过程中,审查委员会可以以书面形式,要求申请人对所提交的资格预审申请文件中不明确的内容进行必要的澄清或说明。申请人的澄清或说明应采用书面形式,并不得改变资格预审申请文件的实质性内容。申请人的澄清和说明内容属于资格预审申请文件的组成部分。招标人和审查委员会不接受申请人主动提出的澄清或说明。

通过资格预审的申请人除应满足初步审查和详细审查的标准外,还不得存在下列任何一种情形:

(1) 不按审查委员会要求澄清或说明的。

(2) 在资格预审过程中弄虚作假、行贿或有其他违法违规行为的。

(3) 申请人存在下列情形之一:

① 为招标人不具有独立法人资格的附属机构(单位);

② 为本标段前期准备提供设计或咨询服务的,但设计施工总承包的除外;

③ 为本标段的监理人;

④ 为本标段的代建人;

⑤ 为本标段提供招标代理服务的;

⑥ 与本标段的监理人或代建人或招标代理机构同为一个法定代表人的;

⑦ 与本标段的监理人或代建人或招标代理机构相互控股或参股的;

⑧ 与本标段的监理人或代建人或招标代理机构相互任职或工作的;

⑨ 被责令停业的;

⑩ 被暂停或取消投标资格的;

⑪ 财产被接管或冻结的;

⑫ 在最近三年内有骗取中标或严重违约或重大工程质量问题的。

4. 提交审查报告

按照规定的程序对资格预审申请文件完成审查后,确定通过资格预审的申请人名单,并向招标人提交书面审查报告。

通过资格预审申请人的数量不足三个的,招标人重新组织资格预审或不再组织资格预审而直接招标。

资格预审评审报告一般包括工程项目概述、资格预审工作简介、资格评审结果和资格评审表等附件内容。

四、资格审查文件的编制

(一) 资格审查文件编制的目的

招标人利用资格预审程序可以较全面地了解申请投标人各方面的情况,并将不合格或竞争能力较差的投标人淘汰，以节省评标时间。一般情况下，招标人只通过资格预审文件了解申请投标人的各方面情况，不向投标人当面了解，所以资格预审文件编制水平直接影响后期招标工作。在编制资格预审文件时应结合招标工程的特点，突出对投标人实施能力要求所关注的问题，不能遗漏某一方面的内容。

（二）资格审查文件编制的内容

根据发改委法规文件，为规范招标文件的编制，进一步规范招标投标活动，由国务院九部门编制了《标准施工招标资格预审文件》。现就该文件内容做简要说明和介绍。

1.《标准施工招标资格预审文件》适用范围

《标准施工招标资格预审文件》在政府投资项目中试行。国务院有关部门和地方人民政府有关部门可选择若干政府投资项目作为试点，由试点项目招标人按本规定使用该文件。试点项目招标人结合招标项目具体特点和实际需要，按照公开、公平、公正和诚实信用原则编写施工招标资格预审文件。行业标准施工招标文件和试点项目招标人编制的施工招标资格预审文件、施工招标文件，应不加修改地引用《标准施工招标资格预审文件》中的"申请人须知"（申请人须知前附表除外）、"资格审查办法"（资格审查办法前附表除外）。

2.《标准施工招标资格预审文件》内容

《标准施工招标资格预审文件》包括资格预审公告、申请人须知、资格审查办法、资格预审申请文件格式和项目建设概况五章。详见下文《中华人民共和国标准施工招标资格预审文件》(2007年版)。

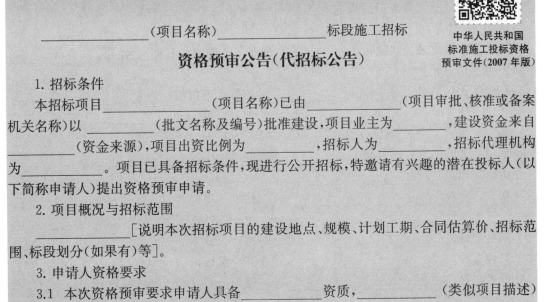

中华人民共和国标准施工招标资格预审文件（2007年版）

第一章　资格预审公告

_____（项目名称）_____标段施工招标

资格预审公告（代招标公告）

中华人民共和国
标准施工投标资格
预审文件（2007年版）

1. 招标条件

本招标项目_____（项目名称）已由_____（项目审批、核准或备案机关名称）以_____（批文名称及编号）批准建设，项目业主为_____，建设资金来自_____（资金来源），项目出资比例为_____，招标人为_____，招标代理机构为_____。项目已具备招标条件，现进行公开招标，特邀请有兴趣的潜在投标人（以下简称申请人）提出资格预审申请。

2. 项目概况与招标范围

_____［说明本次招标项目的建设地点、规模、计划工期、合同估算价、招标范围、标段划分（如果有）等］。

3. 申请人资格要求

3.1　本次资格预审要求申请人具备_____资质，_____（类似项目描述）业绩，并在人员、设备、资金等方面具备相应的施工能力，其中，申请人拟派项目经理须具备

_____专业_____级注册建造师执业资格和有效的安全生产考核合格证书,且未担任其他在施建设工程项目的项目经理。

3.2 本次资格预审_____(接受或不接受)联合体资格预审申请。联合体申请资格预审的,应满足下列要求:_____。

3.3 各申请人可就本项目上述标段中的_____(具体数量)个标段提出资格预审申请,但最多允许中标_____(具体数量)个标段(适用于分标段的招标项目)。

4. 资格预审方法

本次资格预审采用_____(合格制/有限数量制)。采用有限数量制的,当通过详细审查的申请人多于_____家时,通过资格预审的申请人限定为_____家。

5. 申请报名

凡有意申请资格预审者,请于_____年____月____日至_____年____月____日(法定公休日,法定节假日除外),每日上午____时至____时,下午____时至____时(北京时间,下同),在_____(有形建筑市场/交易中心名称及地址)报名。

6. 资格预审文件的获取

6.1 凡通过上述报名者,请于_____年____月____日至_____年____月____日(法定公休日、法定节假日除外),每日上午____时至____时,下午____时至____时,在(详细地址)持单位介绍信购买资格预审文件。

6.2 资格预审文件每套售价_____元,售后不退。

6.3 邮购资格预审文件的,需另加手续费(含邮费)_____元。招标人在收到单位介绍信和邮购款(含手续费)后_____日内寄送。

7. 资格预审申请文件的递交

7.1 递交资格预审申请文件截止时间(申请截止时间,下同)为_____年____月____日____时____分,地点为_____(有形建筑市场/交易中心名称及地址)。

7.2 逾期送达或者未送达指定地点的资格预审申请文件,招件人不予受理。

8. 发布公告的媒介

本次资格预审公告同时在_____(发布公告的媒介名称)上发布。

9. 联系方式

招　标　人:_____	招标代理机构:_____
地　　　址:_____	地　　　址:_____
邮　　　编:_____	邮　　　编:_____
联　系　人:_____	联　系　人:_____
电　　　话:_____	电　　　话:_____
传　　　真:_____	传　　　真:_____
电子邮件:_____	电子邮件:_____
网　　　址:_____	网　　　址:_____
开户银行:_____	开户银行:_____
账　　　号:_____	账　　　号:_____

_____年____月____日

第二章　申请人须知

一、申请人须知前附表

条款号	条款名称	编列内容
1.1.2	招标人	名　称： 地　址： 联系人： 电　话： 电子邮件：
1.1.3	招标代理机构	名　称： 地　址： 联系人： 电　话： 电子邮件：
1.1.4	项目名称	
1.1.5	建设地点	
1.2.1	资金来源	
1.2.2	出资比例	
1.2.3	资金落实情况	
1.3.1	招标范围	
1.3.2	计划工期	计划工期：_____日历天 计划开工日期：_____年___月___日 计划竣工日期：_____年___月___日
1.3.3	质量要求	质量标准：
1.4.1	申请人资质条件、能力和信誉	资质条件： 财务要求： 业绩要求：　（与资格预审公告要求一致） 信誉要求： （1）诉讼及仲裁情况 （2）不良行为记录 （3）合同履约率
		项目经理资格：_____专业___级(含以上级)注册建造师执业资格和有效的安全生产考核合格证书,且未担任其他在施建设工程项目的项目经理。 其他要求： （1）拟投入主要施工机械设备情况 （2）拟投入项目管理人员 （3）……

(续表)

条款号	条款名称	编列内容
1.4.2	是否接受联合体资格预审申请	□不接受 □接受,应满足下列要求: 其中:联合体资质按照联合体协议约定的分工认定,其他审查标准按联合体协议中约定的各成员分工所占合同工作量的比例,进行加权折算。
2.2.1	申请人要求澄清 资格预审文件的截止时间	
2.2.2	招标人澄清 资格预审文件的截止时间	
2.2.3	申请人确认收到 资格预审文件澄清的时间	
2.3.1	招标人修改 资格预审文件的截止时间	
2.3.2	申请人确认收到 资格预审文件修改的时间	
3.1.1	申请人需补充的其他材料	(9) 其他企业信誉情况表 (10) 拟投入主要施工机械设备情况 (11) 拟投入项目管理人员情况 ……
3.2.4	近年财务状况的年份要求	_____年,指_____年_____月_____日起至_____年_____月_____日止
3.2.5	近年完成的类似项目的年份要求	_____年,指_____年_____月_____日起至_____年_____月_____日止
3.2.7	近年发生的诉讼及仲裁情况的 年份要求	_____年,指_____年_____月_____日起至_____年_____月_____日止
3.3.1	签字和(或)盖章要求	
3.3.2	资格预审申请文件副本份数	_____份
3.3.3	资格预审申请文件的装订要求	□不分册装订 □分册装订,共分_____册,分别为_____ _____ 每册采用____方式装订,装订应牢固、不易拆散和换页,不得采用活页装订
4.1.2	封套上写明	招标人的地址: 招标人全称: _____(项目名称)____标段施工招标资格预审申请文件在_____年_____月_____日_____时_____分前不得开启
4.2.1	申请截止时间	_____年_____月_____日_____时_____分
4.2.2	递交资格预审申请文件的地点	

条款号	条款名称	编列内容
4.2.3	是否退还资格预审申请文件	□否　　　　□是,退还安排:
5.1.2	审查委员会人数	审查委员会构成: _____人,其中招标人代表_____人(限招标人在职人员,且应当具备评标专家的相应的或者类似的条件),专家_____人 审查专家确定方式: _____
5.2	资格审查方法	□合格制　　　　□有限数量制
6.1	资格预审结果的通知时间	
6.3	资格预审结果的确认时间	
9	需要补充的其他内容	
9.1	词语定义	
9.1.1	类似项目	
	类似项目是指:	
9.1.2	不良行为记录	
	不良行为记录是指:	
……	……	
9.2	资格预审申请文件编制的补充要求	
9.2.1	"其他企业信誉情况表"应说明企业不良行为记录、履约率等相关情况,并附相关证明材料,年份同第 3.2.7 项的年份要求	
9.2.2	"拟投入主要施工机械设备情况"应说明设备来源(包括租赁意向)、目前状况、停放地点等情况,并附相关证明材料	
9.2.3	"拟投入项目管理人员情况"应说明项目管理人员的学历、职称、注册执业资格、拟任岗位等基本情况,项目经理和主要项目管理人员应附简历,并附相关证明材料	
9.3	通过资格预审的申请人(适用于有限数量制)	
9.3.1	通过资格预审申请人分为"正选"和"候补"两类。资格审查委员会应当根据第三章"资格审查办法(有限数量制)"第 3.4.2 项的排序,对通过详细审查的情况人按得分由高到低顺序,将不超过第三章"资格审查办法(有限数量制)"第 1 条规定数量的申请人列为通过资格预审申请人(正选),其余的申请人依次列为通过资格预审的申请人(候补)	
9.3.2	根据本章第 6.1 款的规定,招标人应当首先向通过资格预审申请人(正选)发出投标邀请书	
9.3.3	根据本章第 6.3 款,通过资格预审申请人项目经理不能到位或者利益冲突等原因导致潜在投标人数量少于第三章"资格审查办法(有限数量制)"第 1 条规定的数量的,招标人应当按照通过资格预审申请人(候补)的排名次序,由高到低依次递补	
9.4	监督	
	本项目资格预审活动及其相关当事人应当接受有管辖权的建设工程招标投标行政监督部门依法实施的监督	
9.5	解释权	

（续表）

条款号	条款名称	编列内容
	本资格预审文件由招标人负责解释	
9.6	招标人补充的内容	
……	……	

二、申请人须知正文部分

直接引用中国计划出版社出版的中华人民共和国《标准施工招标资格预审文件》(2007年版)第二章"申请人须知"正文部分(第5页至第10页)。

附表一：问题澄清通知

问题澄清通知

编号：_____

_____(申请人名称)：

_____(项目名称)____标段施工招标的资格审查委员会,对你方的资格预审申请文件进行了仔细的审查,现需你方对下列问题以书面形式予以澄清、说明或者补正：

1.

2.

……

请将上述问题的澄清、说明或者补正于_____年_____月_____日_____时前密封递交至_____(详细地址)或传真至_____(传真号码)。采用传真方式的,应在_____年_____月_____日时前将原件递交至_____(详细地址)。

_____(项目名称)_____标段施工招标资格审查委员会
(经资格审查委员会授权的招标人代表签字或加盖招标人单位章)
_____年_____月_____日

附表二：问题的澄清

问题的澄清、说明或补正

编号：_____

_____(项目名称)____标段施工招标资格审查委员会：

问题澄清通知(编号：_____)已收悉,现澄清、说明或者补正如下：

1.

2.

……

申请人：_____(盖单位章)
法定代表人或其委托代理人：_____(签字)
_____年_____月_____日

附表三：申请文件递交时间和密封及标识检查记录表

申请文件递交时间和密封及标识检查记录表

工程名称	＿＿＿＿＿＿＿＿（项目名称）＿＿＿＿＿标段	
招标人		
招标代理机构		
申请人		
申请文件递交时间	＿＿＿＿年＿＿＿＿月＿＿＿＿日＿＿＿＿时＿＿＿＿分	
申请文件递交地点		
密封检查情况	是否符合资格预审文件要求	
	密封用章特征简要说明	
标识检查情况	是否符合资格预审文件要求	
	标识特征简要说明	
申请人代表		日期
招标人代表		日期

备注：本表一式两份，招标人和申请人各留存一份备查。

第三章　资格审查办法（合格制）

一、资格审查办法前附表

条款号		审查因素	审查标准
2.1	初步审查标准	申请人名称	与营业执照、资质证书、安全生产许可证一致
		申请函签字盖章	有法定代表人或其委托代理人签字并加盖单位章
		申请文件格式	符合第四章"资格预审申请文件格式"的要求
		联合体申请人（如有）	提交联合体协议书，并明确联合体牵头人
		……	……
2.2	详细审查标准	营业执照	具备有效的营业执照 是否需要核验原件：□是□否
		安全生产许可证	具备有效的安全生产许可证 是否需要核验原件：□是□否
		资质等级	符合第二章"申请人须知"第1.4.1项规定 是否需要核验原件：□是□否
		财务状况	符合第二章"申请人须知"第1.4.1项规定 是否需要核验原件：□是□否
		类似项目业绩	符合第二章"申请人须知"第1.4.1项规定 是否需要核验原件：□是□否

（续表）

条款号	审查因素			审查标准
2.2	详细审查标准	信誉		符合第二章"申请人须知"第1.4.1项规定 是否需要核验原件：□是□否
		项目经理资格		符合第二章"申请人须知"第1.4.1项规定 是否需要核验原件：□是□否
		其他要求	（1）拟投入主要施工机械设备	符合第二章"申请人须知"第1.4.1项规定
			（2）拟投入项目管理人员	
			……	
		联合体申请人（如有）		符合第二章"申请人须知"第1.4.2项规定
		……		……
3.1.2	核验原件的具体要求			
条款号	编列内容			
3	审查程序			详见本章附件A：资格审查详细程序

二、资格审查办法（合格制）正文部分

直接引用中国计划出版社出版的中华人民共和国《标准施工招标资格预审文件》(2007年版)第三章"资格审查办法（合格制）"正文部分（第13页至第14页）。

附件A：资格审查详细程序

资格审查详细程序

A0. 总　则

本附件是本章"资格审查办法"的组成部分，是对本章第3条所规定的审查程序的进一步细化，审查委员会应当按照本附件所规定的详细程序开展并完成资格审查工作，资格预审文件中没有规定的方法和标准不得作为审查依据。

A1. 基本程序

资格审查活动将按以下五个步骤进行：

（1）审查准备工作；

（2）初步审查；

（3）详细审查；

（4）澄清、说明或补正；

（5）确定通过资格预审的申请人及提交资格审查报告。

A2. 审查准备工作

A2.1　审查委员会成员签到：

审查委员会成员到达资格审查现场时应在签到表上签到以证明其出席。审查委员会签到表见附表A-1。

A2.2　审查委员会的分工

审查委员会首先推选一名审查委员会主任。招标人也可以直接指定审查委员会主任。审查委员会主任负责评审活动的组织领导工作。

A2.3　熟悉文件资料

A2.3.1　招标人或招标代理机构应向审查委员会提供资格审查所需的信息和数据,包括资格预审文件及各申请人递交的资格预审申请文件,经过申请人签认的资格预审申请文件递交时间和密封及标识检查记录,有关的法律、法规、规章以及招标人或审查委员会认为必要的其他信息和数据。

A2.3.2　审查委员会主任应组织审查委员会成员认真研究资格预审文件,了解和熟悉招标项目基本情况,掌握资格审查的标准和方法,熟悉本章及附件中包括的资格审查表格的使用。如果本章及附件所附的表格不能满足所需时,审查委员会应补充编制资格审查工作所需的表格。未在资格预审文件中规定的标准和方法不得作为资格审查的依据。

A2.3.3　在审查委员会全体成员在场见证的情况下,由审查委员会主任或审查委员会成员推荐的成员代表检查各个资格预审申请文件的密封和标识情况并打开密封。密封或者标识不符合要求的,资格审查委员会应当要求招标人做出说明。必要时,审查委员会可以就此向相关申请人发出问题澄清通知,要求相关申请人进行澄清和说明,申请人的澄清和说明应附上由招标人签发的"申请文件递交时间和密封及标识检查记录表"。如果审查委员会与招标人提供的"申请文件递交时间和密封及标识检查记录表"核对比较后,认定密封或者标识不符合要求系由于招标人保管不善所造成的,审查委员会应当要求相关申请人对其所递交的申请文件内容进行检查确认。

A2.4　对申请文件进行基础性数据分析和整理工作

A2.4.1　在不改变申请人资格预审申请文件实质性内容的前提下,审查委员会应当对申请文件进行基础性数据分析和整理,从而发现并提取其中可能存在的理解偏差、明显文字错误、资料遗漏等存在明显异常、非实质性问题,决定需要申请人进行书面澄清或说明的问题,准备问题澄清通知。

A2.4.2　申请人接到审查委员会发出的问题澄清通知后,应按审查委员会的要求提供书面澄清资料并按要求进行密封,在规定的时间递交到指定地点。申请人递交的书面澄清资料由审查委员会开启。

A3. 初步审查

A3.1　审查委员会根据本章第 2.1 款规定的审查因素和审查标准,对申请人的资格预审申请文件进行审查,并使用附表 A-2 记录审查结果。

A3.2　提交和核验原件

A3.2.1　如果本章前附表约定需要申请人提交第二章"申请人须知"第 3.2.3 项至3.2.7项规定的有关证明和证件的原件,审查委员会应当将提交时间和地点书面通知申请人。

A3.2.2　审查委员会审查申请人提交的有关证明和证件的原件。对存在伪造嫌疑的原件,审查委员会应当要求申请人给予澄清或者说明或者通过其他合法方式核实。

A3.3　澄清、说明或补正。在初步审查过程中,审查委员会应当就资格预审申请文件中不明确的内容,以书面形式要求申请人进行必要的澄清、说明或补正。申请人应当根据问题澄清通知,以书面形式予以澄清、说明或补正,并不得改变资格预审申请文件的实质性内容。澄清、说明或补正应当根据本章第 3.3 款的规定进行。

A3.4 申请人有任何一项初步审查因素不符合审查标准的,或者未按照审查委员会要求的时间和地点提交有关证明和证件的原件、原件与复印件不符,或者原件存在伪造嫌疑且申请人不能合理说明的,不能通过资格预审。

A4. 详细审查

A4.1 只有通过了初步审查的申请人可进入详细审查。

A4.2 审查委员会根据本章第 2.2 款和第二章"申请人须知"第 1.4.1 项(前附表)规定的程序、标准和方法,对申请人的资格预审申请文件进行详细审查,并使用附表 A-3 记录审查结果。

A4.3 联合体申请人。

A4.3.1 联合体申请人的资质认定

(1)两个以上资质类别相同但资质等级不同的成员组成的联合体申请人,以联合体成员中资质等级最低者的资质等级作为联合体申请人的资质等级。

(2)两个以上资质类别不同的成员组成的联合体,按照联合体协议中约定的内部分工分别认定联合体申请人的资质类别和等级,不承担联合体协议约定由其他成员承担的专业工程的成员,其相应的专业资质和等级不参与联合体申请人的资质和等级的认定。

A4.3.2 联合体申请人的可量化审查因素(如财务状况、类似项目业绩、信誉等)的指标考核,首先分别考核联合体各个成员的指标,在此基础上,以联合体协议中约定的各个成员的分工占合同总工作量的比例作为权重,加权折算各个成员的考核结果,作为联合体申请人的考核结果。

A4.4 澄清、说明或补正。在详细审查过程中,审查委员会应当就资格预审申请文件中不明确的内容,以书面形式要求申请人进行必要的澄清、说明或补正。申请人应当根据问题澄清通知,以书面形式予以澄清、说明或补正,并不得改变资格预审申请文件的实质性内容。澄清、说明或补正应当根据本章第 3.3 款的规定进行。

A4.5 审查委员会应当逐项核查申请人是否存在本章第 3.2.2 项规定的不能通过资格预审的任何一种情形。

A4.6 不能通过资格预审。

申请人有任何一项详细审查因素不符合审查标准的,或者存在本章第 3.2.2 项规定的任何一种情形的,均不能通过详细审查。

A5. 确定通过资格预审的申请人

A5.1 汇总审查结果。详细审查工作全部结束后,审查委员会应按照附表 A-4 的格式填写审查结果汇总表。

A5.2 确定通过资格预审的申请人。凡通过初步审查和详细审查的申请人均应确定为通过资格预审的申请人。通过资格预审的申请人均应被邀请参加投标。

A5.3 通过资格预审申请人的数量不足三个:通过资格预审申请人的数量不足三个的,招标人应当重新组织资格预审或不再组织资格预审而直接招标。招标人重新组织资格预审的,应当在保证满足法定资格条件的前提下,适当降低资格预审的标准和条件。

A5.4　编制及提交书面审查报告。审查委员会根据本章第 4.1 项的规定向招标人提交书面审查报告。审查报告应当由全体审查委员会成员签字。审查报告应当包括以下内容：

　　① 基本情况和数据表；

　　② 审查委员会成员名单；

　　③ 不能通过资格预审的情况说明；

　　④ 审查标准、方法或者审查因素一览表；

　　⑤ 审查结果汇总表；

　　⑥ 通过资格预审的申请人名单；

　　⑦ 澄清、说明或补正事项纪要。

A6. 特殊情况的处置程序

A6.1　关于审查活动暂停

A6.1.1　审查委员会应当执行连续审查的原则，按审查办法中规定的程序、内容、方法、标准完成全部审查工作。只有发生不可抗力导致审查工作无法继续时，审查活动方可暂停。

A6.1.2　发生审查暂停情况时，审查委员会应当封存全部申请文件和审查记录，待不可抗力的影响结束且具备继续审查的条件时，由原审查委员会继续审查。

A6.2　关于中途更换审查委员会成员

A6.2.1　除发生下列情形之一外，审查委员会成员不得在审查中途更换：

　　(1) 因不可抗拒的客观原因，不能到场或需在中途退出审查活动；

　　(2) 根据法律法规规定，某个或某几个审查委员会成员需要回避。

A6.2.2　退出审查的审查委员会成员，其已完成的审查行为无效。由招标人根据本资格预审文件规定的审查委员会成员产生方式另行确定替代者进行审查。

A6.3　记名投票

在任何审查环节中，需审查委员会就某项定性的审查结论做出表决的，由审查委员会全体成员按照少数服从多数的原则，以记名投票方式表决。

A7. 补充条款

　　……

　　附表 A－1：审查委员会签到表（略）

　　附表 A－2：初步审查记录表（略）

　　附表 A－3：详细审查记录表（略）

　　附表 A－4：审查结果汇总表（略）

　　附表 A－5：通过资格预审的申请人名单（略）

第三章　资格审查办法(有限数量制)(略)

第四章　资格预审申请文件格式

一、资格预审申请函

_____(招标人名称):

1. 按照资格预审文件的要求,我方(申请人)递交的资格预审申请文件及有关资料,用于你方(招标人)审查我方参加_____(项目名称)____标段施工招标的投标资格。

2. 我方的资格预审申请文件包含第二章"申请人须知"第3.1.1项规定的全部内容。

3. 我方接受你方的授权代表进行调查,以审核我方提交的文件和资料,并通过我方的客户,澄清资格预审申请文件中有关财务和技术方面的情况。

4. 你方授权代表可通过_____(联系人及联系方式)得到进一步的资料。

5. 我方在此声明,所递交的资格预审申请文件及有关资料内容完整、真实和准确,且不存在第二章"申请人须知"第1.4.3项规定的任何一种情形。

申　　　请　　　人:_____(盖单位章)

法定代表人或其委托代理人:_____(签字)

电　　　　　话:_____

传　　　　　真:_____

申　请　人　地　址:_____

邮　政　编　码:_____

_____年____月____日

二、法定代表人身份证明(略)

三、授权委托书(略)

四、联合体协议书(略)

五、申请人基本情况表(略)

六、近年财务状况表(略)

七、近年完成的类似项目情况表(略)

八、正在施工的和新承接的项目情况表(略)

九、近年发生的诉讼和仲裁情况(略)

十、其他材料(略)

第五章　项目建设概况(略)

任务四　建设工程施工招标文件的编制

一、建设工程招标的主要工作

招标工作因招标的内容不同各有差异,但都类似地经过招标准备、招标、决标成交三个阶段。现以施工招标为例,阐述招标人的主要工作。

（一）招标准备阶段主要工作

(1) 建设单位向建设行政主管部门提出招标申请;

(2) 组建招标机构;

(3) 确定发包内容、合同类型、招标方式;

(4) 准备招标文件,包括招标广告,资格预审文件及申请表,招标文件等;

(5) 编制标底,报主管部门审批。

（二）招标阶段主要工作

(1) 邀请承包商投标:发布资格预审公告,编制并发出资格预审文件;

(2) 资格预审:分析资格预审材料,发出资格预审合格通知书;

(3) 发售招标文件;

(4) 组织踏勘现场;

(5) 对招标文件澄清和补遗;

(6) 接受投标人提问并以函件或会谈纪要方式答复;

(7) 接收投标书:记录接收投标书的时间,保护有效期内的投标书。

（三）决标成交阶段的主要工作

(1) 开标;

(2) 评标:初评投标书,要求投标商提出澄清文件,召开评标会议,编写评标报告,做出授标决定;

(3) 招标结果备案;

(4) 授标:发出中标通知书,进行合同谈判,签订合同,退回未中标人的投标保函,发布开工令。

二、建设工程招标文件的主要内容

招标文件既是投标人编制投标书的依据,也是招标阶段招标人的行为准则。为避免疏漏,招标人应根据工程特点和具体情况参照"招标文件范本"编写招标文件。

招标文件应有以下几个方面的内容:

(1) 投标须知;

(2) 招标工程的技术要求和设计文件;

(3) 采用工程量清单招标的,应提供工程量清单;

(4) 投标函的格式及附录;

(5) 拟签订合同的主要条款;

(6) 要求投标人提交的其他材料。

中华人民共和国
标准施工招标
文件(2007 年版)

三、建设工程招标文件的编制

建设工程招标文件是编制投标文件的重要依据,是评标的依据,也是签订承发包合同的基础,它将构成合同双方履约的依据。招标文件的用意是要告知投标人应注意且必须实现的事项。下面就四个方面提出编写招标文件应告知的内容。各方面文件的格式、具体内容可参见本书第2章第5节"建设工程招标书编制实例"。

(1)告知投标人必须遵守的规定、要求、条件,评标的标准和程序;

(2)投标文件中必须按规定填报的各种文件、资料格式,包括投标书格式、资格审查报告表、填入单价或总价的工程量清单、报价一览表(对货物采购而言)、施工组织技术方案(对施工承包而言)、投标保函格式及其他补充资料表等;

(3)中标人应办理文件的格式,如合同协议书格式、履约保函格式、动员预付款保函格式等;

(4)由招标人提出,构成合同的实质内容。

四、建设工程招标标底的编制

(一)建设工程招标标底的概念及作用

建设工程招标标底是指建设工程招标人对招标工程项目在方案、质量、期限、价格、方法、措施等方面的理想控制目标和预期要求。从这个意义上讲,建设工程的勘察设计招标、工程施工招标、工程监理招标、物资采购招标等都应根据其不同特点,设相应的标底。但考虑到某些指标,特别是某些定性指标比较抽象且难以衡量,常以价格或费用来反映标底。所以标底从狭义上讲,通常是指招标人对招标工程预期的价格和费用。

建设工程招标标底作为评标、决标基准价格或参考价格,具有重要作用。

1. 标底价格可作为发包人筹集资金、控制投资成本的依据

标底价格可以使发包人预先了解自己在拟建工程中应承担的经济义务,筹备足够的建设资金。

2. 标底价格是发包人选择承包人的参考价格

标底价格是发包人的期望价格,是衡量投标人行为的准绳,是决标的重要依据。

(二)编制建设工程招标标底的原则

建设工程进行施工招标时,为了能够指导评标、定标,招标单位应自行或委托有资格的咨询、监理单位编制标底。

编制标底的原则有以下几条:

(1)根据招标文件,参照国家规定的技术经济标准定额及规范编制;

(2)标底价格由成本、利润、税金组成,标底的计价内容、计算依据应与招标文件规定完全一致;

(3)标底价格作为建设单位的期望价格,应与市场的实际情况相吻合,既要有利于竞争,又要保证工程质量;

(4)标底价格应考虑人工、材料、机械台班等价格变动因素,还应包括不可预见费、包干费和措施费等,力求与市场变化情况吻合,有利于竞争,有利于保证工程质量;

(5)招标人不得因投资原因故意压低标底价格;

（6）一个工程项目只编制一个标底，并在开标前保密。

（三）编制标底价格的依据

编制标底价格的主要依据有以下几条：

（1）国家有关法律法规和部门规章；

（2）招标文件的商务条款；

（3）建设工程施工图纸、工程量计算规则；

（4）施工现场水文地质情况、现场环境的有关资料；

（5）施工方案或施工组织设计；

（6）现行建设工程预算定额（企业预算定额）、工期定额、工程项目计价类别及收费标准、国家或地方有关价格调整文件等；

（7）招标时的建筑安装材料及设备的市场价格。

建设工程标底编制完成，应立即报招标投标管理机构审定，一经审定就要密封，所有接触过标底的人均负有保密责任，不得泄露标底。

（四）建设工程招标标底文件的主要内容

建设工程招标标底文件有以下主要内容：

（1）标底报价表；

（2）建设工程造价预（结）算书；

（3）工程取费表；

（4）工程计价表，材料调查表。

（五）建设工程招标标底的编制方法

建设工程招标标底的编制方法与建设工程概预算编制相近，但要求更具体、更确切。编制建设工程标底时，对于概预算中的其他费用、不可预见费用，要根据工程的具体情况考虑适当的包干系数、风险系数、技术措施费用，建设单位提供的临时设施、设备、材料等可按暂估计价扣减，待承发包双方合同谈判时确定。

建设工程招标标底编制方法较多，有按设计的深度进行编制和按计价方法编制两种。

1. 按设计深度编制标底

由于设计深度不同，应分情况编制标底：

（1）按初步设计编制标底；

（2）按技术设计编制标底；

（3）按施工图编制标底。

2. 按不同计价方法编制标底

（1）按施工图预算定额单价编制标底。此法首先要选定预算定额，然后根据预算定额要求计算工程量，确定分部分项工程单价、计算间接费用，最后计算税金、利润，并汇总直接费、间接费、利润和税金，得到工程标底价和主要材料耗用量。

（2）按工程量清单编制标底。此法仅考虑人工、材料、机械消耗和市价，然后结合工程量清单确定分部分项工程单价，其主要编制步骤是：确定标底的计价内容，编制总说明、施工方案或施工组织设计，编制或审查确定工程量清单、临时设施布置及临时用地表、材料设备清单、包干费、收费标准等；确定材料、设备的市价；测算施工周期内人工、材料、机械设备台班价格波动的风险系数；进行分部分项工程计费；计算利润、税金、工程总价和单方造价；

分析主要材料耗用量。

任务五　建设工程施工招标文件编制实例

在建设工程施工招标过程中,招标文件应根据上述内容结合工程实际情况进行编制,下面是×××工程施工招标文件,供学习时参考。

工程施工招标文件封面(略)
工程施工招标文件目录(略)

第一卷

第一章　招标公告

(项目名称)＿＿＿＿＿＿标段施工招标公告

×××招标有限责任公司受中国××××集团×××有限公司××××分公司委托对其 2012 年工程建设土建施工(0651—G12××××)进行国内公开招标,就有关事宜公告如下:

1. 招标条件

本招标项目中国××××集团×××有限公司××××分公司 2012 年工程建设土建施工已由中国××××集团×××有限公司××××分公司以 0651—G12××××(批文名称及编号)批准建设,招标人为中国××××集团×××有限公司×××分公司,建设资金来自企业自筹,项目出资比例为 100%。项目已具备招标条件,现对该项目的施工进行公开招标。

2. 项目概况与招标范围

建设地点:×××市

规　　模:

合同估算价:

计划工期:接到招标人中标通知书并安排施工后,在招标人规定的工期内保质保量完成施工建设。

招标范围:包括 G 网、村通、TD 网络建设等在内的 2012 年×××地区土建工程。

标段划分(如果有):

3. 投标人资格要求

3.1　本次招标要求投标人须具备建设行政主管部门颁发的房屋建筑工程总承包叁级及以上资质,(类似项目描述)＿＿＿＿＿业绩,并在人员、设备、资金等方面具有相应的施工能力,其中,投标人拟派项目经理须具备土建专业一级注册建造师执业资格,具备有效的安全生产考核合格证书,且未担任其他在施建设工程项目的项目经理。

3.2　本次招标不接受联合体投标。

3.3　各投标人均可就本招标项目上述标段中的(具体数量)个标段投标,但最多允许中标(具体数量)个标段(适用于分标段的招标项目)。

4. 投标报名

凡有意参加投标者,请于 <u>2012</u> 年 <u>2</u> 月 <u>10</u> 日至 <u>2012</u> 年 <u>2</u> 月 <u>19</u> 日(节假日不休息),每日上午 <u>9</u> 时至 <u>11:30</u> 时,下午 <u>14:30</u> 时至 <u>17</u> 时(北京时间),在 ×××市××大酒店 634 房间报名。

5. 招标文件的获取

5.1　凡通过上述报名者,请于 <u>2012</u> 年 <u>2</u> 月 <u>25</u> 日—<u>2012</u> 年 <u>2</u> 月 <u>29</u> 日(节假日不休息),每日上午 <u>9</u> 时至 <u>12</u> 时,下午 <u>15</u> 时至 <u>17:30</u> 时,在 <u>×××招标有限责任公司(××××市××广场 B 座写字楼 2402 室)</u>持单位介绍信购买招标文件。

5.2　招标文件每套售价 <u>300</u> 元,售后不退。

6. 投标文件的递交

6.1　投标文件递交的截止时间(投标截止时间,下同)为<u>另行通知</u>,地点为<u>另行通知</u>。

6.2　逾期送达的或者未送达指定地点的投标文件,招标人不予受理。

7. 发布公告的媒介

本次招标公告同时在 ＿＿＿＿＿＿＿＿(发布公告的媒介名称)上发布。

8. 联系方式

招标人:中国××××集团×××有限公司××××分公司

地址:×××市中心城新区规划三路规划七街××××分公司

联系人:×××

电话/传真:××××-×××××××

招标代理机构:×××招标有限责任公司

地址:××××市××××街××号××广场 B 座 24 层

联系人:×××

电话/传真:××××-×××××××

第二章　投标人须知

一、投标人须知前附表

条款号	条款名称	编列内容
1.1.2	招标人	名称:中国××××集团×××有限公司××××分公司 地址:×××市中心城新区规划三路规划七街××××分公司 联系人:××× 电话:××××-××××××× 电子邮件:×××××××@139.com
1.1.3	招标代理机构	名称:×××招标有限责任公司 地址:××××市××××街××号××广场 B 座 24 层 联系人:××× 电话:××××-××××××× 电子邮件:×××××××@139.com
1.1.4	项目名称	中国××××集团×××有限公司××××分公司 2012 年工程建设土建施工

(续表)

条款号	条款名称	编列内容
1.1.5	建设地点	×××市
1.2.1	资金来源	企业自筹
1.2.2	出资比例	100%
1.2.3	资金落实情况	现已全部落实到位
1.3.1	招标范围	包括 G 网、村通、TD 网络建设等在内的 2012 年×××地区土建工程
1.3.2	计划工期	接到招标人中标通知书并安排施工后,在招标人规定的工期内保质保量完成施工建设
1.3.3	质量要求	质量标准: 关于质量要求的详细说明见第七章"技术标准和要求"
1.4.1	投标人资质条件、能力和信誉	资质条件: (1) 具有中华人民共和国独立法人资格; (2) 具有建设行政主管部门颁发的房屋建筑工程总承包叁级及以上资质 财务要求:施工单位提供三年经审计的财务报告 业绩要求:工程施工业绩、信誉证明材料 信誉要求:投标人在近年内不曾在任何合同中违约、被逐或因申请人的原因而使任何合同被解除 项目经理资格:专业级 (含以上级)注册建造师执业资格,具备有效的安全生产考核合格证书,且不得担任其他在施建设工程项目的项目经理 其他要求:以上财务、业绩及资信复印件装订在标书中
1.4.2	是否接受联合体投标	不接受
1.9.1	踏勘现场	不组织 注:投标人可根据投标工作需要进行现场勘察,招标人给予配合
1.10.1	投标预备会	不召开
1.10.2	投标人提出问题的截止时间	获得招标文件 17 日内
1.10.3	招标人书面澄清的时间	投标截止时间 15 天前
1.11	分包	不允许
1.12	偏离	不允许:重大偏离 允许:细微偏离
2.1	构成招标文件的其他材料	
2.2.1	投标人要求澄清招标文件的截止时间	投标截止日前 15 日
2.2.2	投标截止时间	接收投标文件时间:另行通知 投标截止标时间:另行通知 投标地点:另行通知

（续表）

条款号	条款名称	编列内容
2.2.3	投标人确认收到招标文件澄清的时间	投标截止时间 15 天前
2.3.2	投标人确认收到招标文件修改的时间	投标截止日前 15 日
3.1.1	构成投标文件的其他材料	
3.3.1	投标有效期	90 日历天（从投标截止之日算起）
3.4.1	投标保证金	投标保证金的形式： 投标保证金的金额：壹万元整 递交方式：需汇入中国××××集团×××有限公司××××分公司指定的账户中
3.5.2	近年财务状况的年份要求	五年，指 2008 年 1 月 1 日起至今
3.5.3	近年完成的类似项目的年份要求	五年，指 2008 年 1 月 1 日起至今
3.5.5	近年发生的诉讼及仲裁情况的年份要求	五年，指 2008 年 1 月 1 日起至今
3.6	是否允许递交备选投标方案	不允许
3.7.3	签字和(或)盖章要求	投标文件必须按规定盖章、签字
3.7.4	投标文件副本份数	正本一份,副本三份,电子版文档一份(U 盘)
3.7.5	装订要求	必须用 A4 纸打印并编制目录，逐页编制页码，牢固装订成册。各种用活页夹、文件夹装订均不认为是牢固装订，并将被拒绝
4.1.2	封套上写明	招标人地址： 招标人名称： (项目名称) 标段投标文件在 2012 年　月　日　时　分前不得开启
4.2.2	递交投标文件地点	(有形建筑市场/交易中心名称及地址)
4.2.3	是否退还投标文件	否
5.1	开标时间和地点	开标时间：另行通知 开标地点：另行通知
5.2	开标程序	(1)密封情况检查：递交投标文件截止时间,在中国××××集团×××有限公司××××分公司纪检组的监督下进行开标、唱标、评标工作 (2)开标顺序：按投标文件递交登记顺序
6.1.1	评标委员会的组建	评标委员构成：5 人

条款号	条款名称	编列内容
7.1	是否授权评标委员会确定中标人	否,推荐的中标候选人数:不超过20名
7.3.1	履约担保	履约担保的形式: 履约担保的金额:叁万元
10.	需要补充的其他内容	
10.1	词语定义	
10.1.1	类似项目	类似项目是指:
10.1.2	不良行为记录	不良行为记录是指:
……		
10.2	招标控制价	设招标控制价: 新建机房:室内净面积4 m×5 m 39 000~41 000元 铁塔基础:每立方米综合造价 1 400~1 600元(村通每立方米增加100元) 高2 m 2.4围墙施工费(不含门) 每延长米400~450
10.3	"暗标"评审	施工组织设计是否采用"暗标"评审方式: 采用,投标人应严格按照第八章"投标文件格式"中"施工组织设计(技术暗标)编制及装订要求"编制和装订施工组织设计
10.4	投标文件电子版	要求,投标文件电子版内容: 投标文件电子版份数:1份 投标文件电子版形式:U盘 投标文件电子版密封方式:单独放入一个密封袋中,加贴封条,并在封套封口处加盖投标人单位章,在封套上标记"投标文件电子版"字样
10.5	计算机辅助评标	是,投标人需递交纸质投标文件一份,同时按本须知附表八"电子投标文件编制及报送要求"编制及报送电子投标文件。计算机辅助评标方法见第三章"评标办法"
10.6	投标人代表出席开标会	按照本须知第5.1款的规定,招标人邀请所有投标人的法定代表人或其委托代理人参加开标会。投标人的法定代表人或其委托代理人应当按时参加开标会,并在招标人按开标程序进行点名时,向招标人提交法定代表人身份证明文件或法定代表人授权委托书,出示本人身份证,以证明其出席,否则,其投标文件按废标处理
10.7	中标公示	在中标通知书发出前,招标人将中标候选人的情况在本招标项目招标公告发布的同一媒介和有形建筑市场/交易中心予以公示,公示期不少于3个工作日
10.8	知识产权	构成本招标文件各个组成部分的文件,未经招标人书面同意,投标人不得擅自复印和用于非本招标项目所需的其他目的。招标人全部或者部分使用未中标人投标文件中的技术成果或技术方案时,需征得其书面同意,并不得擅自复印或提供给第三人

条款号	条 款 名 称	编 列 内 容
10.9	重新招标的其他情形	除投标人须知正文第 8 条规定的情形外,除非已经产生中标候选人,在投标有效期内同意延长投标有效期的投标人少于三个的,招标人应当依法重新招标
10.10	同义词语	构成招标文件组成部分的"通用合同条款""专用合同条款""技术标准和要求"和"工程量清单"等章节中出现的措辞"发包人"和"承包人",在招标投标阶段应当分别按"招标人"和"投标人"进行理解
10.11	监督	本项目的招标投标活动及其相关当事人应当接受有管辖权的建设工程招标投标行政监督部门依法实施的监督

10.12　解释权

构成本招标文件的各个组成文件应互为解释,互为说明;如有不明确或不一致,构成合同文件组成内容的,以合同文件约定内容为准,且以专用合同条款约定的合同文件优先顺序解释;除招标文件中有特别规定外,仅适用于招标投标阶段的规定,按招标公告(投标邀请书)、投标人须知、评标办法、投标文件格式的先后顺序解释;同一组成文件中就同一事项的规定或约定不一致的,以编排顺序在后者为准;同一组成文件不同版本之间有不一致的,以形成时间在后者为准。按本款前述规定仍不能形成结论的,由招标人负责解释。

10.13　招标人补充的其他内容

……

二、投标人须知正文部分

1. 总则

1.1　项目概况

1.1.1　根据《中华人民共和国招标投标法》等有关法律、法规和规章的规定,本招标项目已具备招标条件,现对本标段施工进行招标。

1.1.2　本招标项目招标人:见投标人须知前附表。

1.1.3　本标段招标代理机构:见投标人须知前附表。

1.1.4　本招标项目名称:见投标人须知前附表。

1.1.5　本标段建设地点:见投标人须知前附表。

1.2　资金来源和落实情况

1.2.1　本招标项目的资金来源:见投标人须知前附表。

1.2.2　本招标项目的出资比例:见投标人须知前附表。

1.2.3　本招标项目的资金落实情况:见投标人须知前附表。

1.3　招标范围、计划工期和质量要求

1.3.1　本次招标范围:见投标人须知前附表。

1.3.2　本标段的计划工期:见投标人须知前附表。

1.3.3　本标段的质量要求:见投标人须知前附表。

1.4　投标人资格要求

1.4.1　投标人应具备承担本标段施工的资质条件、能力和信誉。

（1）资质条件：见投标人须知前附表；

（2）财务要求：见投标人须知前附表；

（3）业绩要求：见投标人须知前附表；

（4）信誉要求：见投标人须知前附表；

（5）项目经理资格：见投标人须知前附表；

（6）其他要求：见投标人须知前附表。

1.4.2　投标人须知前附表规定接受联合体投标的，除应符合本章第 1.4.1 项和投标人须知前附表的要求外，还应遵守以下规定：

（1）联合体各方应按招标文件提供的格式签订联合体协议书，明确联合体牵头人和各方权利义务。

（2）由同一专业的单位组成的联合体，按照资质等级较低的单位确定资质等级。

（3）联合体各方不得再以自己名义单独或参加其他联合体在同一标段中投标。

1.4.3　投标人不得存在下列情形之一：

（1）为招标人不具有独立法人资格的附属机构（单位）；

（2）为本标段前期准备提供设计或咨询服务的，但设计施工总承包的除外；

（3）为本标段的监理人；

（4）为本标段的代建人；

（5）为本标段提供招标代理服务的；

（6）与本标段的监理人或代建人或招标代理机构同为一个法定代表人的；

（7）与本标段的监理人或代建人或招标代理机构相互控股或参股的；

（8）与本标段的监理人或代建人或招标代理机构相互任职或工作的；

（9）被责令停业的；

（10）被暂停或取消投标资格的；

（11）财产被接管或冻结的；

（12）在最近三年内有骗取中标或严重违约或重大工程质量问题的。

1.5　费用承担

投标人准备和参加投标活动发生的费用自理。

1.6　保密

参与招标投标活动的各方应对招标文件和投标文件中的商业和技术等秘密保密，违者应对由此造成的后果承担法律责任。

1.7　语言文字

除专用术语外，与招标投标有关的语言均使用中文，必要时专用术语应附有中文注释。

1.8　计量单位

所有计量均采用中华人民共和国法定计量单位。

1.9　踏勘现场

1.9.1　投标人须知前附表规定组织踏勘现场的，招标人按投标人须知前附表规定的时间、地点组织投标人踏勘项目现场。

1.9.2　投标人踏勘现场发生的费用自理。

1.9.3　除招标人的原因外，投标人自行负责在踏勘现场中所发生的人员伤亡和财产损失。

　　1.9.4　招标人在踏勘现场中介绍的工程场地和相关的周边环境情况,供投标人在编制投标文件时参考,招标人不对投标人据此做出的判断和决策负责。

　　1.10　投标预备会

　　1.10.1　投标人须知前附表规定召开投标预备会的,招标人按投标人须知前附表规定的时间和地点召开投标预备会,澄清投标人提出的问题。

　　1.10.2　投标人应在投标人须知前附表规定的时间前,以书面形式将提出的问题送达招标人,以便招标人在会议期间澄清。

　　1.10.3　投标预备会后,招标人在投标人须知前附表规定的时间内,将对投标人所提问题的澄清,以书面方式通知所有购买招标文件的投标人。该澄清内容为招标文件的组成部分。

　　1.11　分包

　　投标人拟在中标后将中标项目的部分非主体、非关键性工作进行分包的,应符合投标人须知前附表规定的分包内容、分包金额和接受分包的第三人资质要求等限制性条件。

　　1.12　偏离

　　投标人须知前附表允许投标文件偏离招标文件某些要求的,偏离应当符合招标文件规定的偏离范围和幅度。

2. 招标文件

　　2.1　招标文件的组成

　　本招标文件包括:

　　① 招标公告;

　　② 投标人须知;

　　③ 评标办法;

　　④ 合同条款及格式;

　　⑤ 工程量清单;

　　⑥ 图纸;

　　⑦ 技术标准和要求;

　　⑧ 投标文件格式;

　　⑨ 投标人须知前附表规定的其他材料。

　　根据本章第 1.10 款、第 2.2 款和第 2.3 款对招标文件所做的澄清、修改,构成招标文件的组成部分。

　　2.2　招标文件的澄清

　　2.2.1　投标人应仔细阅读和检查招标文件的全部内容。如发现缺页或附件不全,应及时向招标人提出,以便补齐。如有疑问,应在投标人须知前附表规定的时间前以书面形式(包括信函、电报、传真等可以有形地表现所载内容的形式,下同),要求招标人对招标文件予以澄清。

　　2.2.2　招标文件的澄清将在投标人须知前附表规定的投标截止时间 15 天前以书面形式 发给所有购买招标文件的投标人,但不指明澄清问题的来源。如果澄清发出的时间距投标截 止时间不足 15 天,相应延长投标截止时间。

2.2.3 投标人在收到澄清后,应在投标人须知前附表规定的时间内以书面形式通知招标人,确认已收到该澄清。

2.3 招标文件的修改

2.3.1 在投标截止时间 15 天前,招标人可以书面形式修改招标文件,并通知所有已购买招标文件的投标人。如果修改招标文件的时间距投标截止时间不足 15 天,相应延长投标截止时间。

2.3.2 投标人收到修改内容后,应在投标人须知前附表规定的时间内以书面形式通知招标人,确认已收到该修改。

3. 投标文件

3.1 投标文件的组成

3.1.1 投标文件应包括下列内容:

① 投标函及投标函附录;

② 法定代表人身份证明或附有法定代表人身份证明的授权委托书;

③ 投标保证金;

④ 已标价工程量清单;

⑤ 施工组织设计;

⑥ 项目管理机构;

⑦ 资格审查资料;

⑧ 投标人须知前附表规定的其他材料。

3.2 投标报价

3.2.1 投标人应按第五章"工程量清单"的要求填写相应表格。

3.2.2 投标人在投标截止时间前修改投标函中的投标总报价,应同时修改第五章"工程量清单"中的相应报价。此修改须符合本章第 4.3 款的有关要求。

3.3 投标有效期

3.3.1 在投标人须知前附表规定的投标有效期内,投标人不得要求撤销或修改其投标文件。

3.3.2 出现特殊情况需要延长投标有效期的,招标人以书面形式通知所有投标人延长投标有效期。投标人同意延长的,应相应延长其投标保证金的有效期,但不得要求或被允许修改或撤销其投标文件;投标人拒绝延长的,其投标失效,但投标人有权收回其投标保证金。

3.4 投标保证金

3.4.1 投标人在递交投标文件的同时,应按投标人须知前附表规定的金额、形式递交投标保证金,并作为其投标文件的组成部分。联合体投标的,其投标保证金由牵头人递交,并应符合投标人须知前附表的规定。

3.4.2 投标人不按本章第 3.4.1 项要求提交投标保证金的,其投标文件作废标处理。

3.4.3 招标人与中标人签订合同后 5 个工作日内,向未中标的投标人和中标人退还投标保证金。

3.4.4 有下列情形之一的,投标保证金将不予退还:

(1)投标人在规定的投标有效期内撤销或修改其投标文件;

(2)中标人在收到中标通知书后,无正当理由拒签合同协议书或未按招标文件规定提交履约担保。

3.5　资格审查资料

3.5.1　"投标人基本情况表"应附投标人营业执照副本及其年检合格的证明材料、资质证书副本和安全生产许可证等材料的复印件。

3.5.2　"近年财务状况表"应附经会计师事务所或审计机构审计的财务会计报表,包括资产负债表、现金流量表、利润表和财务情况说明书的复印件,具体年份要求见投标人须知前附表。

3.5.3　"近年完成的类似项目情况表"应附中标通知书和(或)合同协议书、工程接收证书(工程竣工验收证书)的复印件,具体年份要求见投标人须知前附表。每张表格只填写一个项目,并标明序号。

3.5.4　"正在施工和新承接的项目情况表"应附中标通知书和(或)合同协议书复印件。每张表格只填写一个项目,并标明序号。

3.5.5　"近年发生的诉讼及仲裁情况"应说明相关情况,并附法院或仲裁机构做出的判决、裁决等有关法律文书复印件,具体年份要求见投标人须知前附表。

3.5.6　投标人须知前附表规定接受联合体投标的,本章第 3.5.1 项至第 3.5.5 项规定的表格和资料应包括联合体各方的相关情况。

3.6　备选投标方案

除投标人须知前附表另有规定外,投标人不得递交备选投标方案。允许投标人递交备选投标方案的,只有中标人所递交的备选投标方案方可予以考虑。评标委员会认为中标人的备选投标方案优于其按照招标文件要求编制的投标方案的,招标人可以接受该备选投标方案。

3.7　投标文件的编制

3.7.1　投标文件应按第八章"投标文件格式"进行编写,如有必要,可以增加附页,作为投标文件的组成部分。其中投标函附录在满足招标文件实质性要求的基础上,可以提出比招标文件要求更有利于招标人的承诺。

3.7.2　投标文件应当对招标文件有关工期、投标有效期、质量要求、技术标准和要求、招标范围等实质性内容做出响应。

3.7.3　投标文件应用不褪色的材料书写或打印,并由投标人的法定代表人或其委托代理人签字或盖单位章。委托代理人签字的,投标文件应附法定代表人签署的授权委托书。投标文件应尽量避免涂改、行间插字或删除。如果出现上述情况,改动之处应加盖单位章或由投标人的法定代表人或其授权的代理人签字确认。签字或盖章的具体要求见投标人须知前附表。

3.7.4　投标文件正本一份,副本份数见投标人须知前附表。正本和副本的封面上应清楚地标记"正本"或"副本"的字样。当副本和正本不一致时,以正本为准。

3.7.5　投标文件的正本与副本应分别装订成册,并编制目录,具体装订要求见投标人须知前附表规定。

4. 投标

4.1　投标文件的密封和标记

4.1.1　投标文件的正本与副本应分开包装,加贴封条,并在封套的封口处加盖投标人单位。

4.1.2　投标文件的封套上应清楚地标记"正本"或"副本"字样,封套上应写明的其他内容见投标人须知前附表。

4.1.3　未按本章第4.1.1项或第4.1.2项要求密封和加写标记的投标文件,招标人不予受理。

4.2　投标文件的递交

4.2.1　投标人应在本章第2.2.2项规定的投标截止时间前递交投标文件。

4.2.2　投标人递交投标文件的地点:见投标人须知前附表。

4.2.3　除投标人须知前附表另有规定外,投标人所递交的投标文件不予退还。

4.2.4　招标人收到投标文件后,向投标人出具签收凭证。

4.2.5　逾期送达的或者未送达指定地点的投标文件,招标人不予受理。

4.3　投标文件的修改与撤回

4.3.1　在本章第2.2.2项规定的投标截止时间前,投标人可以修改或撤回已递交的投标文件,但应以书面形式通知招标人。

4.3.2　投标人修改或撤回已递交投标文件的书面通知应按照本章第3.7.3项的要求签字或盖章。招标人收到书面通知后,向投标人出具签收凭证。

4.3.3　修改的内容为投标文件的组成部分。修改的投标文件应按照本章第3条、第4条规定进行编制、密封、标记和递交,并标明"修改"字样。

5. 开标

5.1　开标时间和地点

招标人在本章第2.2.2项规定的投标截止时间(开标时间)和投标人须知前附表规定的地点公开开标,并邀请所有投标人的法定代表人或其委托代理人准时参加。

5.2　开标程序

主持人按下列程序进行开标:

(1)宣布开标纪律;

(2)公布在投标截止时间前递交投标文件的投标人名称,并点名确认投标人是否派人到场;

(3)宣布开标人、唱标人、记录人、监标人等有关人员姓名;

(4)按照投标人须知前附表规定检查投标文件的密封情况;

(5)按照投标人须知前附表的规定确定并宣布投标文件开标顺序;

(6)设有标底的,公布标底;

(7)按照宣布的开标顺序当众开标,公布投标人名称、标段名称、公布在投标截止时间前递交投标文件的投标人名称,并点名确认投标人是否派人到场、投标保证金的递交情况、投标报价、质量目标、工期及其他内容,并记录在案;

(8)投标人代表、招标人代表、监标人、记录人等有关人员在开标记录上签字确认;

(9)开标结束。

6. 评标

6.1　评标委员会

6.1.1　评标由招标人依法组建的评标委员会负责。评标委员会由招标人或其委托的招标代理机构熟悉相关业务的代表,以及有关技术、经济等方面的专家组成。评标委员会成员人数以及技术、经济等方面专家的确定方式见投标人须知前附表。

6.1.2　评标委员会成员有下列情形之一的,应当回避:

(1) 招标人或投标人的主要负责人的近亲属;

(2) 项目主管部门或者行政监督部门的人员;

(3) 与投标人有经济利益关系,可能影响对投标公正评审的;

(4) 曾因在招标、评标以及其他与招标投标有关活动中从事违法行为而受过行政处罚或刑事处罚的。

6.2　评标原则

评标活动遵循公平、公正、科学和择优的原则。

6.3　评标

评标委员会按照第三章"评标办法"规定的方法、评审因素、标准和程序对投标文件进行评审。第三章"评标办法"没有规定的方法、评审因素和标准,不作为评标依据。

7. 合同授予

7.1　定标方式

除投标人须知前附表规定评标委员会直接确定中标人外,招标人依据评标委员会推荐的中标候选人确定中标人,评标委员会推荐中标候选人的人数见投标人须知前附表。

7.2　中标通知

在本章第 3.3 款规定的投标有效期内,招标人以书面形式向中标人发出中标通知书,同时将中标结果通知未中标的投标人。

7.3　履约担保

7.3.1　在签订合同前,中标人应按投标人须知前附表规定的金额、担保形式和招标文件第四章"合同条款及格式"规定的履约担保格式向招标人提交履约担保。联合体中标的,其履约担保由牵头人递交,并应符合投标人须知前附表规定的金额、担保形式和招标文件第四章"合同条款及格式"规定的履约担保格式要求。

7.3.2　中标人不能按本章第 7.3.1 项要求提交履约担保的,视为放弃中标,其投标保证金不予退还,给招标人造成的损失超过投标保证金数额的,中标人还应当对超过部分予以赔偿。

7.4　签订合同

7.4.1　招标人和中标人应当自中标通知书发出之日起 30 天内,根据招标文件和中标人的投标文件订立书面合同。中标人无正当理由拒签合同的,招标人取消其中标资格,其投标保证金不予退还;给招标人造成的损失超过投标保证金数额的,中标人还应当对超过部分予以赔偿。

7.4.2　发出中标通知书后,招标人无正当理由拒签合同的,招标人向中标人退还投标保证金;给中标人造成损失的,还应当赔偿损失。

8. 重新招标和不再招标

8.1　重新招标

有下列情形之一的,招标人将重新招标:

(1) 投标截止时间止,投标人少于 3 个的;

（2）经评标委员会评审后否决所有投标的。

8.2　不再招标

重新招标后投标人仍少于 3 个或者所有投标被否决的，属于必须审批或核准的工程建设项目，经原审批或核准部门批准后不再进行招标。

9. 纪律和监督

9.1　对招标人的纪律要求

招标人不得泄露招标投标活动中应当保密的情况和资料，不得与投标人串通损害国家利益、社会公共利益或者他人合法权益。

9.2　对投标人的纪律要求

投标人不得相互串通投标或者与招标人串通投标，不得向招标人或者评标委员会成员行贿谋取中标，不得以他人名义投标或者以其他方式弄虚作假骗取中标；投标人不得以任何方式干扰、影响评标工作。

9.3　对评标委员会成员的纪律要求

评标委员会成员不得收受他人的财物或者其他好处，不得向他人透漏对投标文件的评审和比较、中标候选人的推荐情况以及与评标有关的其他情况。在评标活动中，评标委员会成员不得擅离职守，影响评标程序正常进行；不得使用第三章"评标办法"没有规定的评审因素和标准进行评标。

9.4　对与评标活动有关的工作人员的纪律要求

与评标活动有关的工作人员不得收受他人的财物或者其他好处，不得向他人透漏对投标文件的评审和比较、中标候选人的推荐情况以及与评标有关的其他情况。在评标活动中，与评标活动有关的工作人员不得擅离职守，影响评标程序的正常进行。

9.5　投诉

投标人和其他利害关系人认为本次招标活动违反法律、法规和规章规定的，有权向有关行政监督部门投诉。

10. 需要补充的其他内容

需要补充的其他内容：见投标人须知前附表。

第三章　评标办法(略)

第四章　合同条款及格式(略)

第五章　工程量清单(略)

第二卷

第六章　图纸(另册)

第三卷

第七章　技术标准和要求(略)

第四卷

第八章　投标文件格式(略)

项目回顾

本项目讲述了建设工程招标的范围,建设工程标底的编制要求、编制方法;建设工程招标的方式,建设工程招标的程序及内容;建设工程招标文件的内容构成和编制。通过本项目的学习,应会编制合理的资格审查文件和招标文件。

思考题

1. 简述建设工程招标的概念。

2. 简述建设工程招投标制度的作用和特点。

3. 国内招标有哪几种方式? 各有何优缺点?

4. 简述建设工程招标的程序。

5. 建设工程公开招标如何进行资格预审?

6. 建设工程项目施工招标必须具备哪些必要条件?

7. 建设工程施工招标文件一般包括哪几部分内容?

8. 建设工程招标文件的解答、修改、补充有何要求?

9. 简述建设工程招标标底的概念及作用。

10. 标底编制应遵循什么原则?

习题

一、单项选择题

1. (　　)是指招标人以招标公告的方式邀请不特定的法人或者其他组织投标。

A. 公开招标 　　　　　　　　　　B. 邀请招标

C. 议标 　　　　　　　　　　　　D. 两阶段招标

2. 招标人采用邀请招标时,邀请的投标人一般不少于(　　)家。

A. 2 　　　　　B. 3 　　　　　C. 5 　　　　　D. 8

3. 招标人出售招标文件或资格预审文件,自文件出售之日起至停止出售之日止,最短不得少于(　　)个工作日。

A. 3 　　　　　B. 5 　　　　　C. 7 　　　　　D. 10

4. 招标人应当确定投标人编制投标文件所需要的合理时间,但是,依法必须进行招标的项目,自招标文件开始发出之日起至投标人提交投标文件截止之日止,最短不得少于(　　)日。

A. 10 　　　　　B. 15 　　　　　C. 20 　　　　　D. 30

5. 在建设工程招投标活动中,招标文件应规定一个适当的投标有效期。投标有效期的开始计算之日为(　　)。

A. 开始发放招标文件之日 　　　　B. 停止发放招标文件之日

C. 投标人提交投标文件之日 　　　　D. 投标人提交投标文件截止之日

6. 按照《招标投标法》及相关规定,必须进行施工招标的工程项目是(　　)。(2009年真题)

A. 施工企业在其施工资质许可范围内自建自用的工程

B. 属于利用扶贫资金实行以工代赈需要使用农民工的工程

C. 施工主要技术采用特定的专利或者专有技术工程

D. 经济适用房工程

7. 当提交投标文件的投标人少于(　　)个时招标人可以宣布本次招标无效,依法重新招标。

A. 2　　　　　　　　B. 3　　　　　　　　C. 5　　　　　　　　D. 8

8. 以下关于招标控制价说法正确的是(　　)。

A. 招标控制价必须由招标人编制　　　　B. 招标控制价只需公布总价

C. 招标控制价需要保密　　　　　　　　D. 招标控制价不应上浮或下调

9. 招标人需对已发出的招标文件进行必要澄清或修改的,应当在招标文件要求提交投标文件截止时间至少(　　)日前以书面形式通知所有招标文件收受人。

A. 5　　　　　　　　B. 10　　　　　　　C. 15　　　　　　　D. 20

10. 招标过程中投标者的现场勘察费用应由(　　)承担。

A. 招标人　　　　　　　　　　　　　　B. 投标人

C. 招标人和投标人　　　　　　　　　　D. 当地政府

二、填空题

1. 资格审查分为_____和_____。

2. 我国《招标投标法》明确规定招标的方式有_____和_____两种。

三、案例分析题

某建设单位经相关主管部门批准,组织某建设项目全过程总承包的公开招标工作,确定的招标流程如下,请指出流程中的不妥和不完善之处。

(1) 成立该工程招标领导机构;

(2) 委托招标代理机构代理招标;

(3) 发出投标邀请书;

(4) 对报名参加投标者进行资格预审,并将结果通知合格的申请投标人;

(5) 向所有获得投标资格的投标人发售招标文件;

(6) 召开投标预备会;

(7) 招标文件的澄清与修改;

(8) 建立评标组织,制订标底和评标、定标办法;

(9) 召开开标会议,审查投标书;

(10) 组织评标;

(11) 与合格的投标者进行质疑澄清;

(12) 决定中标单位;

(13) 发出中标通知书;

(14) 建设单位与中标单位签订承发包合同。

(注:扫描前言二维码获取全书习题答案)

思政园地

不合理的条件限制、排斥潜在投标人或者投标人的情形

根据《招标投标法实施条例》第三十二条规定，招标人有下列行为之一的，属于以不合理条件限制、排斥潜在投标人或者投标人：

（1）就同一招标项目向潜在投标人或者投标人提供有差别的项目信息；

（2）设定的资格、技术、商务条件与招标项目的具体特点和实际需要不相适应或者与合同履行无关；

（3）依法必须进行招标的项目以特定行政区域或者特定行业的业绩、奖项作为加分条件或者中标条件；

（4）对潜在投标人或者投标人采取不同的资格审查或者评标标准；

（5）限定或者指定特定的专利、商标、品牌、原产地或者供应商；

（6）依法必须进行招标的项目非法限定潜在投标人或者投标人的所有制形式或者组织形式；

（7）以其他不合理条件限制、排斥潜在投标人或者投标人。

分析：编制招标文件必须熟悉和遵守招投标的法律法规，并及时掌握现行规定和有关技术标准，坚持公平、公正、遵纪守法的原则。严格防范招标文件中出现违法、歧视、倾向条款限制、排斥或保护潜在投标人。招标文件的客观与公正是保证整个招投标活动客观与公正的前提。

项目三　建设工程投标

学习目标

知识目标：

(1) 熟悉建设工程投标程序、投标策略与技巧；

(2) 掌握投标报价以及建设工程施工投标文件的编制要求。

技能目标：

(1) 能获取招标信息；

(2) 能参与投标活动；

(3) 能编制投标文件。

思政目标：

(1) 培养严谨细致、精益求精和团队协作的职业态度；

(2) 树立遵纪守法和诚实守信的职业精神；

(3) 强化职业荣誉感和社会责任感。

任务一　建设工程投标概述

投标人参与工程
建设项目需要遵守
哪些行为规范？

一、投标人及其资格条件

1. 投标人

《招标投标法》规定："投标人是指响应招标、参加投标竞争的法人或者其他组织。"所谓响应招标，主要是指投标人对招标人在招标文件中提出的实质性要求和条件做出的响应。《招标投标法》还规定："依法招标的科研项目允许个人参加投标，投标的个人适用本法有关投标人的规定。"因此，投标人的范围除了包括法人、其他组织，还应当包括自然人。随着我国招标事业的不断发展，自然人作为投标人的情形也会经常出现。

2. 投标人的资格条件

按照《招标投标法》的规定，投标人应具备下列条件：

(1) 投标人应具备承担招标项目的能力；国家有关规定或者招标文件对投标人资格条件有规定的，投标人应当具备规定的资格条件。

(2) 投标人应当按照招标文件的要求编制投标文件，投标文件应当对招标文件提出的要求和条件做出实质性响应。

投标文件的内容应当包括拟派出的项目负责人与主要技术人员的简历、业绩和拟用于完成招标项目的机械设备等。

(3) 投标人应当在招标文件所要求提交投标文件的截止时间前，将投标文件送达投标地点。招标人收到投标文件后,应当签收保存,不得开启。

招标人对招标文件要求提交投标文件的截止时间后收到的投标文件,应当原样退还,不得开启。

(4)投标人在招标文件要求提交投标文件的截止时间前,可以补充、修改或者撤回已提交的投标文件,并书面通知招标人。补充、修改的内容为投标文件的组成部分。

(5)投标人根据招标文件载明的项目实际情况,拟在中标后将中标项目的部分非主体、非关键性工作交由他人完成的,应当在投标文件中载明。

(6)两个以上法人或者其他组织可以组成一个联合体,以一个投标人的身份共同投标。但是,联合体各方均应当具备承担招标项目的相应能力及相应资格条件。各方应当签订共同投标协议,明确约定各方拟承担的工作和相应的责任,并将共同投标协议连同投标文件一并提交招标人。联合体中标的联合体各方应当共同与招标人签订合同,就中标项目向招标人承担连带责任。招标人不得强制投标人组成联合体共同投标,也不得限制投标人之间的竞争。

联合体投标与
传统投标的定义

(7)投标人不得相互串通投标报价,不得排挤其他投标人的公平竞争,损害招标人或者他人的合法权益。

(8)投标人不得以低于合理预算成本的报价竞标,也不得以他人名义投标或者以其他方式弄虚作假,骗取中标。所谓合理预算成本,即按照国家有关成本核算的规定计算的成本。

二、投标的组织

投标的组织主要包括组建一个强有力的投标机构和配备高素质的各类人才。投标人进行工程投标,需要有专门的投标机构和人员对投标的全部活动过程加以组织与管理,这是投标人获得成功的重要保证。

参加投标竞争,不仅是比报价的高低,还要比技术、比实力、比经验和比信誉。尤其是在国际工程承包市场上,由于技术密集型工程项目越来越多,这给投标人带来两方面的挑战:一方面要求投标人具有先进的科学技术,能够完成高、新、尖、难的工程;另一方面要求投标人具有现代企业先进的管理水平,能实现优质、高效、低成本,获得好的经济效益。

为迎接技术和管理方面的挑战,使其在激烈的投标竞争中取胜,组建投标机构和配备各类人员是极其重要的。投标机构可由以下几种类型的人员组成:

1. 经营管理类人员

经营管理类人员是指专门从事工程承包经营管理,制定和贯彻经营方针与规划,负责投标工作的全面筹划和具有决策能力的人员。为此,这类人员应具备以下基本条件:

(1)知识渊博、视野广阔,能全面地、系统地观察和分析问题;

(2)具备一定的法律知识和实际工作经验,了解我国,乃至国际上有关的法律和国际惯例,并对开展投标业务所应遵循的各项规章制度有充分的了解;

(3)勇于开拓,具有较强的思维能力和社会活动能力,积极参加相关的社会活动,扩大信息交流,不断地吸收投标业务工作所必需的新知识和市场信息;

(4)掌握一套科学的研究方法和手段,诸如科学的调查、统计、分析、预测的方法等。

2. 专业技术类人员

专业技术类人员主要是指设计及施工中的各类技术人员，诸如建筑师、土木工程师、电气工程师、机械工程师等各类专业技术人员。他们应拥有本学科最新的专业知识，具备熟练的实际操作能力，以便在投标时能从本公司的实际技术水平出发，制定各项专业实施方案。如果是国际工程（包含境内涉外工程）投标，则应配备懂得专业和合同管理的外语翻译人员。

3. 商务金融类人员

商务金融类人员主要是指具有金融、贸易、税法、保险、采购、保函、索赔等专业知识的人员。财务人员要懂税收、保险、涉外财会、外汇管理和结算等方面的知识。

以上是对投标班子三类人员个体素质的基本要求。一个投标班子仅仅做到个体素质良好是不够的，还需要各方人员的共同协作，充分发挥群众的力量。并要保持投标班子成员的相对稳定，不断提高其整体素质和水平。同时，还应逐步开发和采用投标报价的软件，使投标报价工作更加快速、准确。

任务二　建设工程投标程序

一、工程项目施工投标程序

投标人（承包商）在取得投标资格并愿意参加投标时，就可以按照图 3-1 投标工作程序图所列的步骤进行投标。

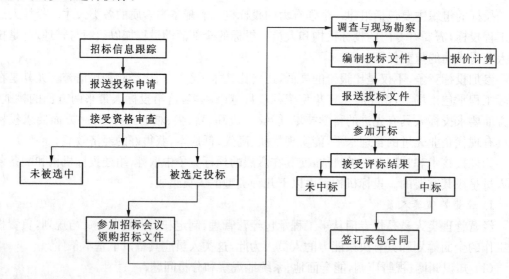

图 3-1　工程项目施工投标程序框图

二、工程项目施工投标过程

投标过程主要是指投标人（承包商）从填写资格预审调查表申报资格预审时开始，到将编制完毕的正式投标文件报送业主为止所进行的全部工作。这一过程的工作量很大，内容包括以下内容：

填写资格审查表和申报资格预审,当资格预审通过后,参加招标会议和购买招标文件,进行投标前调查与现场勘察,分析招标文件,校核工程量和编制施工规划,进行工程估价,确定利润方针,计算和确定报价,编制投标文件,办理投标保函,报送投标文件。如果中标,则与招标人协商并签署承包合同。

下面将投标过程中各个步骤的主要工作内容作一详细介绍:

(一) 接受资格预审

资格预审能否通过是承包商投标过程中的第一关。有关资格预审文件的要求、内容以及资格预审评定的内容在第 2 章中已有详细介绍,这里仅就投标人申报资格预审时注意的事项作一介绍。

(1) 平时应注意对一般资格审查的有关资料的积累工作,并储存在计算机内,到针对某个项目填写资格审查表时,再将有关资料调出来,并加以补充完善。如果平时不积累资料,完全靠临时填写,则往往会达不到业主要求而失去机会。

(2) 加强填表时的分析,既要针对工程特点,下功夫填好重点栏目,又要全面反映出本公司的施工经验、施工水平和施工组织能力,这往往是业主考虑的重点。

(3) 在研究并确定今后本公司发展的地区和项目时,应注意收集信息,如果有合适的项目,应及早动手做资格预审的申请准备。可以参照亚洲开发银行的评分办法给自己公司评分,这样可以及早发现问题。如果发现了某个方面的缺陷(如资金、技术水平、经营年限等)不是公司本身可以解决的,则应考虑寻找适宜的伙伴,组成联营体来参加资格预审。

(4) 做好递交资格审查表后的跟踪工作,以便及时发现问题,补充资料。如果是国外工程,可通过当地分公司或代理人进行有关查询工作。

(二) 投标前的调查与现场考察

这是投标前极其重要的准备工作。如果事前对招标工程有所了解,拿到招标文件后一般只需进行有针对性的补充调查,否则应进行全面的调查研究。如果是去国外投标,拿到招标文件后再进行调研,时间是很紧迫的。

现场考察主要指的是去工地现场进行考察,招标人一般在招标文件中会注明现场考察的时间和地点。施工现场考察是投标者必须经过的投标程序。按照国际惯例,投标人提出的报价单一般被认为是在现场考察的基础上编制的。一旦报价单送出之后,投标人就无权因为现场考察不周、情况了解不细或因素考虑不全而提出修改投标报价或提出补偿等要求。现场考察既是投标人的权利也是报标人的职责。因此,投标人在报价以前必须认真地进行施工现场考察,全面地、仔细地调查了解工地及其周围的政治、经济、地理等情况。现场考察之前,应先仔细地研究招标文件,特别是文件中的工作范围、专用条款,以及设计图纸和说明,然后拟定出考察提纲,确定重点要解决的问题,做到事先有准备。

现场考察应侧重下述 5 个方面:

(1) 工程的性质以及该工程与其他工程之间关系;

(2) 投标人投标的那一部分工程与其他承包商或分包商之间的关系;

(3) 工地地貌、地质、气候、交通、电力、水源等情况,有无障碍物等;

(4) 工地附近的住宿条件、料场开采条件、其他加工条件、设备维修条件等;

(5) 工地附近治安情况。

（三）分析招标文件，校核工程量，编制施工规划

1. 分析招标文件

招标文件是投标的主要依据，因此，应该仔细地分析研究招标文件，重点放在投标者须知、合同条件、设计图纸、工程范围以及工程量清单上，最好有专人或小组研究技术规范和设计图纸，弄清其特殊要求。

2. 校核工程量

对于招标文件中的工程量清单，投标人一定要进行校核，因为它直接影响投标报价及中标机会。例如当投标人大体上确定了工程总报价之后，若某些项目工程量可能增加的，可以提高单价；而某些项目工程量估计会减少的，可以降低单价。如发现工程量有重大出入，特别是漏项的，必要时可找招标人核对，要求招标人认可，并给予书面证明，这对于总价固定合同，尤为重要。

3. 编制施工规划

该工作对于投标报价影响很大。在投标过程中，必须编制施工规划，其深度和广度都比不上施工组织设计。如果中标，再编制施工组织设计。施工规划的内容一般包括施工方案和施工方法、施工进度计划、施工机械计划、材料设备计划和劳动力计划，以及临时生产、生活设施。

制定施工规划的依据是设计图纸，执行的规范，经复核的工程量，招标文件要求的开工、竣工日期以及对市场材料、设备、劳动力价格的调查。编制的原则是在保证工期和工程质量的前提下，如何使成本最低，利润最大。

（1）选择和确定施工方法。根据工程类型，研究公司可以采用的施工方法。对于一般的土石方工程、混凝土工程、房建工程等比较简单的工程，可结合已有施工机械及工人技术水平来选定实施方法，努力做到节省开支，加快进度。对于大型复杂工程则要考虑几种施工方案，进行综合比较。如水利工程中的施工导流方式，对工程造价及工期均有很大影响，投标人应结合施工进度计划及能力进行研究确定。再如地下工程（开挖隧洞或洞室），则要进行地质资料分析，确定开挖方法（用掘进机还是钻孔爆破等），确定支洞、斜井、竖井数量和位置，以及出渣方法、通风方式等。

（2）选择施工机械和施工设施。此工作一般与研究施工方法同时进行。在工程估价过程中还要不断进行施工机械和施工设施的比较，如考虑利用旧机械设备还是采购新机械设备，在国内采购还是在国外采购，并对机械设备的型号、配套、数量（包括使用数量和备用数量）进行比较。还应研究哪些类型的机械可以采用租赁办法，对于特殊的、专用的机械设备折旧率须进行单独考虑。如新购设备，订货清单中应考虑辅助和修配机械以及备用零件，尤其是订购外国机械时应特别注意这一点。

（3）编制施工进度计划。编制施工进度计划应紧密结合施工方法和施工设备考虑。施工进度计划中应提出各时段应完成的工程量及限定日期。施工进度计划是采用网络进度计划还是横道图进度计划，应根据招标文件要求而定。在投标阶段，一般用横道图进度计划即可满足要求。

（四）投标报价的计算

投标报价计算包括定额分析、单价分析、计算工程成本、确定利润方针，最后确定标价。

（五）编制投标文件

编制投标文件也称填写投标书，或称编制报价书。

投标文件应完全按照招标文件的各项要求编制。一般不能带任何附加条件，否则将导致投标作废。

（六）准备备忘录提要

招标文件中一般都有明确规定，不允许投标人对招标文件的各项要求进行随意取舍、修改或提出保留。但是在投标过程中，投标人对招标文件反复深入地进行研究后，往往会发现很多问题，这些问题归纳如下：

（1）发现的问题对投标人有利，可以在投标时加以利用或在以后提出索赔要求的，这类问题投标人一般在投标时是不提的。

（2）发现的错误明显对投标人不利，如总价包干合同工程项目漏项或是工程量偏少，这类问题投标人应及时向业主提出质疑，要求业主更正。

（3）投标人企图通过修改某些招标文件和条款或是希望补充某些规定，以使自己在合同实施时能处于主动地位的问题。

如发现上述问题，在准备投标文件时应单独写成一份备忘录提要，但这份备忘录提要不能附在投标文件中提交，只能自己保存。第 3 类问题可留待合同谈判时使用，也就是说，当该投标使招标人感兴趣，邀请投标人谈判时，再把这些问题根据当时情况，一个一个地拿出来谈判，并将谈判结果写入合同协议书的备忘录中。

（七）递送投标文件

递送投标文件也称递标，是指投标人在规定的截止日期之前，将准备好的所有投标文件密封递送到招标人的行为。

对于招标人，在收到投标人的投标文件后，应签收或通知投标人已收到其投标文件，并记录收到日期和时间。同时，在开标之前，所有投标文件均不得启封，并应采取措施确保投标文件的安全。

除了上述规定的投标书外，投标人还可以写一封更为详细的致函，对自己的投标报价做必要的说明，以吸引招标人对递送这份投标书的投标人感兴趣和有信心，例如，关于降价的决定；说明同业主友好的长远合作的诚意；决定按报价单的汇总价格无条件地降低某一个百分比，或总价降到多少金额，并愿意以这一降低后的价格签订合同等等。再如，若招标文件允许替代方案，并且投标人又制定了替代方案，可以说明替代方案的优点，明确如果采用替代方案，可能降低或增加的标价。还可以表示愿意在评标时，同业主或咨询公司进行进一步的讨论，使报价更为合理等等。

任务三　建设工程投标策略与技巧

投标策略是承包商经营企业成功或失败的关键。在投标竞争中，一个承包商纵然有丰富的企业经营知识，有一个强有力的组织机构，但是，如果缺乏投标艺术和策略，那也难免会失败。投标策略是研究在工程投标竞争中，如何制定正确的谋略和投标时的指导方针，以便保证用少量的消耗取得最大的经济效益。本节重点研究国际承包工程中的投标策略问题，国内投标竞争也可以应用。

一、承包工程的风险

(一)承包工程风险分类

承包工程的风险集中表现为承包的工程亏损,即承包商遭受严重的经济损失。承包商所遭受的风险,都是由不确定因素造成的。风险和利润是矛盾的对立统一体,它们相互对立又相互联系,相互否定而又相互依存。没有脱离风险的纯利润,也没有无利润的纯风险。承包商在投标、签订和履行合同中,要想尽一切办法避开大大小小的风险,才能在最后取得利润;反之,则会丧失利润而坠入风险,最终造成工程亏损。

按风险的性质来划分,大体上可以分为以下几种。

1. 政治风险

政治风险一般在投标时可以察觉,但也不能全部预料。政治风险包括以下几方面:

(1)战争、内乱和罢工,表现为公营业主借此终止合同或毁约;建设现场遭受战争破坏,无法继续施工;使工程延期导致工程成本增加;承包商为保护生命财产增加额外开支等。

(2)国有化及没收外资,指政府宣布国有化,没收外国在该国的资产和资金,包括对外国承包公司强收差别税、禁止外国公司将其利润汇出国外、拒绝办理出国物资清关和出关、对外国供应商和服务不许支付汇款等。

(3)拒付债务,指政府单方面废止其工程项目合同,宣布拒付债务;私营业主毁约或拒付,承包商要承担能否胜诉的风险。

2. 经济风险

经济风险大多是付款方面的,有以下几种情况:

(1)延迟付款。延迟付款在国外承包工程中多见,业主推迟对已完工程付款,其办法是业主利用监理工程师寻找借口推迟给工程单据签字,或搞官僚主义的公文旅行,或拖延支付最后一笔工程款和保留维修金。

(2)汇率浮动。由于世界市场的激烈竞争,对于所收的当地货币工程款,承包商将承担国际汇率激烈波动的风险。

(3)换汇控制。由于驻在国的政治经济需要,政府往往颁布法令,不准将利润或货款换成硬通货汇出。

(4)通货膨胀。当地材料大幅度涨价,超过预测的上涨系数,因而引起材料费增加,使工程造价大幅度提高。

(5)波及效应。由于分包商违约,造成工期拖延,影响工程衔接,致使其他分包商向总包商提出赔款。

(6)平衡所有权。为保护本国利益,驻在国往往采取各种规定和限制,如对合资公司中的外资股份进行限制;规定外国公司必须有当地代理人,必须雇佣当地工人和工程师;规定对外籍工人和工程师实行种种限制;对本国和外国公司实行差别收税;有的国家还规定外国公司标价低于当地标价才能授标等。以上规定对外国公司都意味着经济风险。

3. 建设环境风险

建设环境风险一般是由于承包商投标时疏忽大意而发生的风险,包括以下几方面:缺乏基本外部条件,如缺乏交通设施、运输条件、后勤支援设施、通信设备等;气候及其他条件恶劣,或工程地质情况不好,引起施工服务设施大量增加、工效降低、工期延长;某些国家社会犯

投标的风险防范

罪活动严重,承包商不得不额外花钱用于防卫;业主缺乏精明的工程技术人员,常使图纸和施工方案的审批拖期,或提出不合理的意见,造成无休止的争论,使工期延长,成本加大。

4. 管理风险

管理风险包括:由于承包商缺乏管理经验或资金不足,造成时间损失和管理混乱;不按期支付款项,造成罚款;银行透支的利息率加大等。

5. 其他风险

其他风险系指由于客观因素造成的人力不可抗拒的灾害等。

(二)风险管理的方法和对策

风险管理是一种事前分析,事前发现风险因素,分析原因,然后制定对策的管理方法。一个聪明的承包商必须认真研究由于这些风险所能造成的挫折和损失,尽量利用信息反馈,使自己避开风险,立于不败之地。

1. 风险分析及评价

国际承包工程的风险有其必然性和偶然性。风险的必然性是指它的发生、发展和消除是有规律的,是可以认知的。应当努力探索和认识其规律,把风险造成的损害限制到最低程度。由于在国际承包工程中,承包商处于复杂而变化的多种因素中,很难全面认识这些因素,这就是风险产生的偶然性。但是必然性与偶然性只是相对而言,任何偶然性又是同必然性相联系的。表面看来,某一风险是偶然的,但其背后隐藏着必然性的规律。风险问题说到底是一个经营管理问题。承包商必须做好调查研究,在选择项目和投标阶段,以系统工程和经济控制论的方法对风险进行分析和探测、评议和管理,充分估量风险将会带来的经济损失。

2. 风险控制及处理

承包商在风险管理中,除了分析和评价风险,更重要的则是采取适当的策略预防和应对风险。因此,从投标、议标、签订合同到执行的整个过程中,承包商都要研究和采取减轻或转移风险的方法,对风险进行控制。

(1)风险减轻

① 增加投标报价。增加报价只是对付由于材料涨价、当地货币贬值等情况,方法是可适当增加"预涨价系数"和"不可预见系数"。应当指出,一般的国外工程报价中,"不可预见系数"是抵付风险的,但政治风险却不可能弥补,而且,报价增大,中标率也就下降了。因此,这种方法只能针对某些风险项目。

② 争取合理的合同条款。对于招标文件中的合同条款,承包商应当逐条加以研究,对那些含有风险的条款,应当在议标阶段,根据对等权利和义务的原则,力求与业主分清责任。例如,对业主的延迟付款,可以要求支付利息,而且可以争取列入"延付的期限",超过期限,应增高利率。

③ 加强经营管理。承包商要加强经营管理,尽力减少自己的失误,如避免发生工程质量、安全事故等。而且,承包商要在商务、银行、市场等方面广收各种信息,学会与当地人交往,使自己能应付各种风险,防患于未然。

④ 提高职工素质。减轻风险的根本措施是提高职工素质。许多风险的出现是可以防范的,如由于业主的监理工程师的刁难造成施工中断,若施工人员熟悉技术规范和合同条款,则可以说服对方,让对方改变态度,使施工得以继续。我国在国外承包工程中,由于质量过硬,驻地监理工程师信任,施工过程的质量检查由我方工程师代为进行的事也是常有的。这种情况的出现,将大大加快施工进度。

（2）风险分散

风险分散的办法有多种。例如，承包商可以根据自己的能力同时承担几项工程，这样有助于在较广泛的基础上，分散亏损的风险，加速资金周转，相应地增加收入，从而使承包商在不同工程中获得不同的经营效果。但是，要注意各项工程之间的协调与加强调度工作。承包商还可以利用分包与转包，将一部分风险分散给分包商，这也是当前通用的方法。分包与转包的合同条款中，必须要求分包商接受招标文件中的合同条款，还必须要求分包商同样提供履约保函、维修保函及保险单等。

（3）风险转移

一般的风险转移方法是向保险公司投保和租赁设备等。承包商虽然要花费一定数额的保险费，但可以将大部分风险转移给保险公司，不至于使承包商遭到毁灭性打击。施工机械设备的租赁，可以使承包商经常获得新型设备的使用权，避免因施工机械陈旧、效率低以及更新等带来的风险。

（4）风险承受

由于承包商及其雇员失职或疏忽而造成的风险所带来的经济损失将由承包商自己承担，因此承包商在编制企业经费预算时，要单列风险损失费用，有计划地储备资金，以备不时之需；严密注视风险发生和发展的征兆，及早做出风险损失的预测，提请经理人员和各管理部门采取必要的措施，防止风险的发生与蔓延。当非自身或自然原因造成风险并带来损失时，应及时向责任方提出索赔，即包括向业主、保险公司和分包商的索赔。

二、投标机会的评价与选择

（一）一次投标机会的评价

1. 评价内容

承包商对一次投标机会的选择，取决于一次（即某一项工程）投标机会的评价。承包商可以通过确定投标机会的评价内容并根据评价结果来判断是否值得参加投标。评价内容一般包括：

（1）工程项目需要劳动者的技术水平和技术能力；

（2）承包商现有的机械设备能力；

（3）完成此项目后，带来新的投标机会和对信誉提高的影响；

（4）该项目需要的设计工作量；

（5）竞争激烈程度；

（6）对这个项目的熟悉程度；

（7）交工条件；

（8）以往对此类工程的经验。

2. 评价步骤

一次投标机会评价，即评价一次投标机会的价值，其步骤如下：

（1）按照八项因素对承包商的重要性，分别确定相应的权数，权数累积为100；

（2）确定各因素的相对价值（分为高、中、低三等级），并分别按10、5、0打分；

（3）把每项因素权数与等级分相乘，求出每项因素的得分，八项因素得分之和，就是这个投标机会价值的总分数；

（4）将总分数与过去其他投标情况进行比较，或者与承包商事先确定的最低可接受的分数比较,大于最低分的可参加投标,小于最低分的则不参加投标。

(二)用决策树法进行投标选择

当投标项目较多,承包商施工能力有限时,只能从中选择一些项目投标,而对另一些项目则放弃投标。当然,选择投标项目时考虑的因素很多,这里只从获利大小这一因素来分析,从中选择期望利润最大的项目,作为投标项目。承包商如果投标只有两种结果:一是中标,二是失标。中标才有可能获利,失标不但谈不上利润,反而有所损失,因为投标前的准备工作要耗费一定资金。中标或不中标的可能性,可以用概率表示,中标概率大则表示中标可能性大。这种决策称为风险型决策,决策树法就是风险型决策的一种有效方法。

三、投标报价策略

确定投标项目后,就要对工程成本进行估算,然后拟定投标报价书进行竞争性投标。估算的工程成本不等于工程实施后的实际成本,两者之间是有一定出入的。出入大小除与估算的准确程度有关外,还与承包商施工管理水平有密切关系。而估算工程成本的准确性,又取决于各类经济信息的时效性和可靠性,以及投标人的素质。

投标人为获得利润,报价应高于估算成本。报价过高,中标后虽能获得较高利润,但中标概率会降低,甚至不能得标。因此,通常以期望利润作为制订决策的依据,因为期望利润包括了中标概率的大小和直接利润的高低这两个因素。期望利润是指多数类型工程,以相同报价所获得的平衡利润值,它代表了投标人长期的经验利润。

因此,以期望利润作为制定投标报价的策略时,要收集大量的经济信息,要对各个竞争对手的实际资料进行分析比较,找出规律制订对策,以指导行动。信息越多、越准确,制订的投标报价策略也就越切合实际,战胜对手的可能性也就越大。现就投标报价策略的几种拟定方法介绍如下:

1. 获胜报价法

获胜报价法主要是通过承包商历次中标资料分析,并考虑竞争对手不变,而且是在所有竞争者报价策略和过去一样的情况下进行的。承包商以前的所有报价(B)均按估计成本(C)的百分比计算,报价等于估计成本时,B 为 100%,这时中标后不亏不盈,当报价 B 为 110%,即超过估计成本 10%时,则盈利为 10%。

2. 一般对手法

获胜报价法没有考虑竞争对手情况及对手数目这两个重要因素。把竞争对手数目考虑在内的投标报价方法,称为一般对手法。该方法不要求了解具体竞争对手的情况,也就是说,一般对手法只考虑了竞争对手数目的多少。当没有了解竞争对手的历史资料,或者虽然知道竞争对手是谁及竞争者数目,但不知道他们目前的投标策略,可认为竞争对手的水平和自己一样,承包商就可用自己的投标资料进行判断。

当然,这种判断有较大的盲目性和冒险性,如果能收集到一些有关竞争对手们的报价平均值,投标时采取低于这些平均值的报价,这样可靠性就会稍高些。

3. 具体对手法

如果在投标前,对竞争对手过去历次投标报价情况都有过记录,而且和自己当时对同一项目的估价有比较时,则可算出对手报价低于、等于和高于自己估价的概率,就采取稍低于对手的报价去投标。

4. 最佳报价分析

由于投标报价是一种风险型决策,它是根据期望利润值来决定的,而期望利润等于中标概率和直接利润的乘积。当期望利润为一固定值时(常数),则直接利润高(报价与估价之差),必然中标概率就低;反之,直接利润低,则中标概率就高。因此,在报价时如何选择获胜概率与直接利润是首先要解决的问题。

5. 转折概率法

如果投标报价方案及中标的自然状态很多,那么计算起来就十分复杂,转折概率法可以提供一个直接求得最佳报价方案的简便方法。

四、投标报价的技巧

1. 报价方法

投标报价主要有以下几种方法:

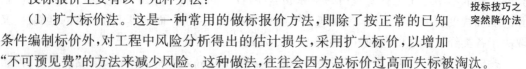

投标技巧之
突然降价法

(1)扩大标价法。这是一种常用的做标报价方法,即除了按正常的已知条件编制标价外,对工程中风险分析得出的估计损失,采用扩大标价,以增加"不可预见费"的方法来减少风险。这种做法,往往会因为总标价过高而失标被淘汰。

(2)逐步升级法。这种做标报价的方法是将投标看成协商的开始,首先对技术规范和图纸说明书进行分析,把工程中的一些难题,如特殊基础等费用最多的部分抛弃(在报价单中加以注明),将标价降至无法与之竞争的数额。利用这种最低标价来吸引业主,从而取得与业主商谈的机会,再逐步进行费用最多部分的报价。

(3)多方案报价法。承包商通过这种方法,达到修改合同和说明书的目的。有些合同和说明书的条件很不公正或不够明确,使承包商承担很大的风险。为了减小风险就必须扩大工程单价,这样做,又会因报价过高而被淘汰,因此可用多方案报价的方法进行报价,即在标书上报两个单价,一是按标书的条款,拟定单价;二是加以注明"如果标书中做了某些改变,则报价可以减少15%~20%的费用"。业主看到后,考虑到由于加了这些条款而多用不少费用,就会同意对原标书做某些修改。

还有一种多方案报价法是对工程中的一部分没有把握的工程不进行报价,而注明"此部分工作按成本加15%的费用估算"等。

(4)突然袭击法。这是一种迷惑对手的方法,在整个报价过程中,仍按一般情况进行报价,甚至故意表现自己对该工程的兴趣不大(或甚大),等快到投标截止时,再来一个突然降价(或加价),使竞争对手措手不及。采用这种方法是因为竞争对手们总是随时随地互相侦察着对方的报价情况,绝对保密是很难做到的,如果不搞突然袭击,对手若知道你的报价,就会立即修改他们的报价,从而使你的报价偏高而失标。

(5)赔价争价法(也叫先亏后盈法)。这是承包商为了占领某一市场,或为了在某一地区打开局面而采取的一种不惜代价只求中标的策略。先亏是为了占领市场,当打开局面后,就会带来更多的工程盈利。如伊拉克的中央银行主楼招标,德国霍夫丝曼公司就以较低标价击败所有对手,在巴格达市中心搞了一个样板工程,成了该公司在伊拉克的橱窗和广告,而整个工程的报价几乎没有分文盈利。

2. 做标技巧

投标策略一经确定,就要具体反映到做标上。在做标时,必须知道什么工程定价应高,什么工程定价可低。在一个工程中，在总价无多大出入的情况下，哪些项目单价宜高，哪些项目单价宜低，都有一定的技巧。技巧运用的好与坏，得法与否，在一定程度上可以决定工程能否中标和盈利。因此，它是不可忽视的一个环节。下面是一些可供参考的做法。

（1）对施工条件差的工程（如场地窄小或地处交通要道等）、造价低的小型工程、自己施工上有专长的工程以及由于某些原因自己不想干的工程，标价可高一些；结构比较简单而工程量又较大的工程（如成批住宅区和大量土方工程等）、短期能突击完成的工程、企业急需拿到任务以及投标竞争对手较多时，标价可低一些。

（2）海港、码头、特殊构筑物等工程，标价可高；一般房屋土建工程，则标价宜低。

（3）在同一个工程中可采用不平衡报价法，但以不提高总标价为前提，并避免畸高畸低，以免导致投标作废。具体做法是：

① 对能先拿到钱的项目（如开办费、土方、基础等），单价可定得高一些，有利于资金周转，存款也有利息；对后期的项目（如粉刷、油漆、电气等），单价可适当降低。

② 估计以后会增加工程量的项目，单价可提高；工程量会减少的项目，单价可降低。

③ 图纸不明确或有错误的、估计今后会修改的项目，单价可提高；工程内容说明不清楚的，单价可降低，这样做有利于以后的索赔。

④ 没有工程量，只填单价的项目（如土方中的挖淤泥、岩石等备用单价），单价宜高。因为它不在投标总价之内，这样做既不影响投标总价，以后发生这些项目时又可获利。

⑤ 计时工作一般可稍高于工程单价中的工资单价，因它不属于承包总价的范围，发生时实报实销，也可多获利。

⑥ 暂定金额的估计，如果它发生的可能性大，价格可定高些；估计不一定发生的，价格可定低些。

做标技巧的方法很多，如具体做标中，把先期工程报价加大，把后期工程报价适当压低；又如掌握分寸，善于加价与削价等，都是做标技巧投标竞争获胜的重要因素。

一般地讲，决定标价有三个因素：不变因素、削价因素和加价或预留因素。不变因素一般指直接费中各种必需的消耗性费用，如人工、材料设备和施工机械费用；削价因素则是根据工程的具体情况可以减少的费用，如管理费中的某些费用和利润；加价因素则是指风险损失等。国内外工程投标报价中，凡是在投标规定限期满以前，都可做出加价或削价的决定，这是投标决策的最后环节。

任务四　建设工程投标报价

一、我国投标报价模式

我国工程造价改革的总体目标是形成以市场价格为主的价格体系，但由于目前尚处于过渡时期，故投标报价模式只有两种：定额计价模式和工程量清单计价模式。

1. 以定额计价模式投标报价

该模式一般是采用消耗量定额来编制，即按照定额规定的分部分项工程子目逐项计算工程量，套用定额基价或根据市场价格确定直接费，然后再按规定的费用定额计取各项费用，最后汇总形成标价。

2. 以工程量清单计价模式投标报价

这是与市场经济相适应的投标报价方法，也是国际通用的竞争性招标方式所要求的。一般是由业主或受业主委托的工程造价咨询机构，将拟建招标工程全部项目和内容按相关的计算规则计算出工程量，列在清单上作为招标文件的组成部分，供投标人逐项填报单价，计算出总价，作为投标报价，然后通过评标竞争，最终确定合同价。工程量清单报价由招标人给出工程量清单，投标者填报单价，单价应完全依据企业技术、管理水平等企业实力而定，以满足市场竞争的需要。

二、工程投标报价的影响因素

投标人在投标前进行调查研究，找出影响工程投标报价的因素，进行分析，以利于正确投标。主要是对投标和中标后履行合同有影响的各种客观因素、业主和监理工程师的资信以及工程项目的具体情况等进行深入细致的了解和分析，具体包括以下内容。

1. 政治和法律方面

投标人首先应当了解在招标投标活动中以及在合同履行过程中有可能涉及的法律，也应当了解与项目有关的政治形势、国家政策等，即国家对该项目采取的是鼓励政策还是限制政策。

2. 自然条件

自然条件包括工程所在地的地理位置和地形、地貌，气象状况，包括气温、湿度、主导风向、年降水量等，洪水、台风及其他自然灾害状况等。

3. 市场状况

投标人调查市场情况是一项非常艰巨的工作，其内容也非常多，主要包括建筑材料、施工机械设备、燃料、动力、水和生活用品的供应情况、价格水平、物价指数以及今后的变化趋势和预测；劳务市场情况，如工人技术水平、工资水平、有关劳动保护和福利待遇的规定等；金融市场情况，如银行贷款的难易程度以及银行贷款利率等。

对材料设备的市场情况尤其需要详细了解，包括原材料和设备的来源方式，购买的成本，来源国或厂家供货情况；材料、设备购买时的运输、税收、保险等方面的规定、手续、费用；施工设备的租赁、维修费用；使用投标人本地原材料、设备的可能性以及成本比较。

4. 工程项目方面的情况

工程项目方面的情况包括工作性质、规模、发包范围，工程的技术规模和对材料性能及工人技术水平的要求，总工期及分批竣工交付使用的要求，施工场地的地形、地质、地下水位、交通运输、给排水、供电、通信条件的情况，工程项目资金来源，对购买器材和雇佣工人有无限制条件，工程价款的支付方式，外汇所占比例，监理工程师的资历、职业道德和工作作风等。

5. 业主情况

业主情况包括业主的资信情况、履约态度、支付能力，在其他项目上有无拖欠工程款的情况，对实施的工程需求的迫切程度等。

6. 投标人自身情况

投标人对自己的内部情况和资料也应当进行归纳管理。这类资料主要用于招标人要求的资格审查和本企业履行项目的可能性。

7. 竞争对手资料

掌握竞争对手的情况，是投标策略中的一个重要环节，也是投标人参加投标能否获胜的重要因素。投标人在制定投标策略时必须考虑到竞争对手的情况。

任务五　建设工程施工投标文件的编制

投标文件是整个投标活动的书面成果,是招标人评标、选择中标人、签订合同的重要依据。投标文件必须从实质上响应招标文件在法律、商务、技术上的条件要求,不带任何附加条件,避免在评标时因为格式的问题而成为废标。

一、投标文件的组成

投标文件也叫作投标书或报价文件。投标文件的组成,也就是投标文件的内容。根据招标目的不同,地域的不同,投标文件在组成上也会存在一定的区别。但重要的一点是投标文件的组成一定要符合招标文件的要求。常用的投标文件的格式文本包括以下几部分。

1. 投标函部分

投标函部分主要是对招标文件中的重要条款做出响应,包括法定代表人身份证明书、投标文件签署授权委托书、投标函、投标函附录、投标担保等文件。

(1) 法定代表人身份证明书、投标文件签署授权委托书是证明投标人的合法性及商业资信的文件,须如实填写。如果法定代表人亲自参加投标活动,则不需要有授权委托书。但一般情况下,法定代表人都不亲自参加,因此用授权委托书来证明参与投标活动的合法性。

(2) 投标函是承包商向发包方发出的要约,表明投标人完全愿意按照招标文件的规定完成任务。投标函中写明自己的标价、完成的工期、质量承诺,并对履约担保、投标担保等做出具体明确的意思表示,加盖投标人单位公章,并由其法定代表人签字和盖章。

(3) 投标函附录是用来明示投标文件中的重要内容和投标人的承诺要点。

(4) 投标担保是用来确保合格者投标及中标者签约和提供发包人所要求的履约担保和预付款担保,可以采用现金、现金支票、保兑支票、银行汇票和在中国注册的银行出具的银行保函,保险公司或担保公司出具的投标保证书等多种形式,金额一般不超过投标价的 2%,最高不得超过 80 万元。投标人按招标文件的规定提交投标担保,投标担保属于投标文件的一部分,未提交视为没有实质上响应招标文件,导致废标。

① 招标文件规定投标担保采用银行保函方式的,投标人提交由担保银行按招标文件提供的格式文本签发的银行保函,保函的有效期应当超出投标有效期 30 天。

② 招标文件规定投标担保采用支票或现金方式时,投标人可不提交投标担保书,在投标担保书格式文本上注明已提交的投标保证的支票或现金的金额。

2. 商务标部分(投标报价部分)

商务标部分因报价方式的不同而有不同文本,按照目前《建设工程工程量清单计价规范》的要求,商务标应包括:封面(工程量清单报价表)、工程量清单说明、汇总表、分部分项工程量清单计价表、措施项目清单计价表、其他项目清单计价表、规费、税金项目清单与计价表。现就工程量清单报价表的编制内容详述如下:

(1) 封面(工程量清单报价表)。封面包括工程名称、投标人(承包商)、法定代表人、造价工程师及注册证号、编制时间等内容。

(2) 工程量清单说明。工程量清单说明,应由招标人(业主)参照《房屋建筑和市政基础设施工程施工招标文件范本》填写相应内容,并作为招标文件的组成部分,一旦中标且签订合同,即成为工程合同的组成部分。工程量清单说明主要涉及以下内容(仅供参考):

① 工程量清单应与投标须知、合同条件、合同协议书、技术规范和施工图纸一起使用。

② 工程量清单所列的分部分项工程量系招标人(业主)估算的和暂定的,仅作为投标报价计价的共同基础。工程付款则应以投标人(承包商)的计量、监理工程师核准的实际完成工程量为依据。

③ 工程量清单计价表中所填入的单价和合价(按综合单价计算),包括人工费、材料费、机械费、管理费、利润、税金以及根据拟建工程的实际情况所测算的风险费用等全部费用。

④ 投标人(承包商)对报价表的填写与计算需要说明的问题等。

(3)汇总表。投标报价汇总表与投标函中投标报价金额应一致。就投标文件的各个组成部分而言,投标函是最重要的文件,其他组成部分都是投标函的支持性文件,投标函是必须经过投标人签字画押,并且在开标会上必须当众宣读的文件。如果投标报价汇总表的投标总价与投标函填报的投标总价不一致,应当以投标函中填写的大写金额为准。

(4)分部分项工程量清单表。编制投标报价时,投标人对表中的"项目编码""项目名称""项目特征""计量单位""工程量"均不应做改动。"综合单价""合价"自主决定填写,对其中的"暂估价"栏,投标人应将招标文件中提供的暂估材料单价的暂估价填入综合单价,并应计算出暂估单价的材料在"综合单价"及"合价"中的具体数额。因此,为更详细反应暂估价情况,也可在表中增设一栏"综合单价"其中的"暂估价"。

(5)措施项目清单表。编制投标报价时,除"安全文明施工费"必须按省级、行业建设主管部门的强制规定计取外,其他措施项目均可根据投标施工组织设计自主报价。

(6)其他项目清单表。编制投标报价,应按招标文件工程量清单提供的"暂列金额"和"专业工程暂估价"填写金额,不得变动。"计日工""总承包服务费"自主确定报价。

(7)规费、税金项目清单与计价表。本表按建设部、财政部印发的《建筑安装工程费用项目组成》(建标〔2013〕44号)列举的规费项目列项,在施工实践中,有的规费项目,如工程排污费,并非每个工程所在地都要征收,实践中可作为按实计算的费用处理。

3. 技术标部分

对于大中型工程和结构复杂、技术要求高的工程来说,技术标往往是能否中标的决定性因素。技术标通常由施工组织设计、项目管理班子配备情况、项目拟分包情况、企业信誉及实力等四部分组成,具体内容如下:

(1)施工组织设计。标前施工组织设计可以比中标后编制的施工组织设计简略,一般包括:工程概况及施工部署、分部分项工程主要施工方法、工程投入的主要施工机械设备情况、劳动力安排计划、确保工程质量的技术组织措施、确保安全生产及文明施工的技术组织措施、确保工期的技术组织措施等。其中包括以下附表:

① 拟投入工程的主要施工机械设备表;

② 主要工程材料用量及进场计划;

③ 劳动力计划表;

④ 施工总平面布置图及临时用地表。

(2)项目管理班子配备情况。项目管理班子配备情况主要包括项目管理班子配备情况表、项目经理简历表、项目技术负责人简历表和项目管理班子配备情况辅助说明资料等。

（3）项目拟分包情况。如果投标决策中标后拟将部分工程分包出去的，应按规定格式如实填表。如果没有工程分包出去，则在规定表格上填"无"。

（4）企业信誉及实力。企业信誉及实力包含企业概况、已建和在建工程、获奖情况以及相应的证明资料。

二、工程项目施工投标文件的编制步骤

投标书的制作

编制投标文件，首先要满足招标文件的各项实质性要求，其次要贯彻企业从实际出发决策的投标策略和技巧，按招标文件规定的投标文件格式文本填写。具体步骤如下：

1. 准备工作

编制投标文件的准备工作主要包括熟读招标文件、踏勘现场、参加答疑会议、市场调查及询价、定额资料和标准图集的准备等。

（1）组建投标班子，确定该工程项目投标文件的编制人员。投标班子一般由三类人员组成：经营管理类人员、技术专业类人员、商务金融类人员。

（2）收集有关文件和资料。投标人应收集现行的规范、预算定额、费用定额、政策调价文件，以及各类标准图等。上述文件和资料是编制投标报价书的重要依据。

（3）分析研究招标文件。招标文件是编制投标文件的主要依据，也是衡量投标文件响应性的标准，投标人必须仔细分析研究。研究重点放在投标须知、合同专用条款、技术规范、工程量清单和图纸等部分。要领会业主的意图，掌握招标文件对投标报价的要求，预测到承包该工程的风险，总结存在的疑问，为后续的踏勘现场、标前会议、编制标前施工组织设计和投标报价做准备。

（4）踏勘现场。投标人的投标报价一般被认为是在经过现场考察的基础上，考虑了现场的实际情况后编制的，在合同履行中不允许承包人因现场考察不周方面的原因调整价格。为此，投标人应做好下列现场勘察工作：

① 现场勘察前充分准备。认真研究招标文件中的发包范围和工作内容、合同专用条款、工程量清单、图纸及说明等，明确现场勘察要解决的重点问题。

② 制定现场考察提纲。按照保证重点、兼顾一般的原则有计划地进行现场勘察，重点问题一定要勘察清楚，一般情况尽可能多了解一些。

（5）市场调查及询价。材料和设备费用在工程造价中一般达到50%以上，报价时应谨慎对待材料和设备供应。通过市场调查和询价，了解市场建筑材料价格和分析价格变动趋势，随时随地能够报出体现市场价格和企业定额的各分部分项工程的综合单价。

2. 编制施工组织设计

标前施工组织设计又称施工规划，内容包括施工方案、施工方法、施工进度计划、用料计划、劳动力计划、机械使用计划、工程质量和施工进度的保证措施、施工现场总平面图等，施工规划由投标班子中的专业技术人员编制。

3. 校核或计算工程量

（1）校核或计算工程量

① 如果招标文件同时提供了工程量清单和图纸，投标人一定要根据图纸对工程量清单的工程量进行校对，因为它直接影响投标报价和中标机会。校核时，可根据招标人的规定改

变校核方法。如果招标人规定中标后调整工程量清单的误差或按实际完成的工程量结算工程价款,投标人应详细全面地进行校对,为今后的调整做准备;如果招标人采用固定总价合同,工程量清单的差错不予调整的,则不必详细全面地进行校对,只需对工程量大和单价高的项目进行校对,工程量差错较大的子项采用扩大标价法报价,以避免损失过大。

② 在招标文件仅提供施工图纸的情况下,计算工程量为投标报价做准备。

（2）校核工程量的目的

① 核实承包人承包的合同数量义务,明确合同责任;

② 查找工程量清单与图纸之间的差异,为中标后调整工程量或按实际完成的工程量结算工程价款做准备;

③ 通过校核,掌握工程量清单的工程量与图纸计算的工程量的差异,为应用报价技巧做准备。

4. 计算投标报价

（1）从实际情况出发,通过投标决策确定投标期望利润率和风险费用。

（2）按照招标文件的要求,确定采用定额计价方式还是工程量清单计价方式计算投标报价。

5. 编制投标文件

投标人按招标文件提供的投标文件格式,填写投标文件。

投标人在投标文件编制全部完成后,应认真进行核对、整理和装订成册,再按照招标文件的要求进行密封和标识,并在报送所规定的截止时间以前将投标文件递交给招标人。

三、编制工程项目施工投标文件的注意事项

投标文件
常见错误

（1）投标文件必须使用招标人提供的投标文件格式,不能随意更改。

（2）规定格式的每一空格都必须填写,如有空缺,则被视为放弃意见。若有重要数字不填写的,比如工期、质量、价格未填,将被作为废标处理。

（3）保证计算数字及书写正确无误,单价、合价、总标价及其大、小写数字均应仔细反复核对。按招标人要求修改的错误,应由投标文件原签字人签字并加盖印章证明。

（4）投标文件必须字迹清楚,签名及印签齐全,装帧美观大方。

（5）编制投标文件正本一份,副本按招标文件要求份数编制,并注明"正本""副本";当正本与副本不一致时,以正本为准。

（6）投标文件编制完成后应按招标文件的要求整理、装订成册、密封和标志,并做好保密工作。

（7）投递标书不宜太早,但也必须防止投递标书太迟,超过截止时间送达的标书是无效的。

四、工程项目施工投标文件范本

一、投标函及投标函附录

（一）投 标 函

致:_____（招标人名称）

　　在考察现场并充分研究_____（项目名称）_____标段(以下简称"本工程")施工招标文件的全部内容后,我方兹以:

人民币(大写)：_____ 元

RMB￥：_____ 元

的投标价格和按合同约定有权得到的其他金额,并严格按照合同约定,施工、竣工和交付本工程并维修其中的任何缺陷。

在我方的上述投标报价中,包括：

安全文明施工费 RMB￥：_____ 元

暂列金额(不包括计日工部分)RMB￥：_____ 元

专业工程暂估价 RMB￥：_____ 元

如果我方中标,我方保证在_____年_____月_____日或按照合同约定的开工日期开始本工程的施工,_____天(日历日)内竣工,并确保工程质量达到标准。我方同意本投标函在招标文件规定的提交投标文件截止时间后,在招标文件规定的投标有效期期满前对我方具有约束力,且随时准备接受你方发出的中标通知书。随本投标函递交的投标函附录是本投标函的组成部分,对我方构成约束力。随同本投标函递交投标保证金一份,金额为人民币(大写)：_____ 元(￥：_____ 元)。

在签署协议书之前,你方的中标通知书连同本投标函,包括投标函附录,对双方具有约束力。

投标人(盖章)：_____

法人代表或委托代理人：_____(签字或盖章)

日期：_____年_____月_____日

备注：采用综合评估法评标,且采用分项报价方法对投标报价进行评分的,应当在投标函中增加分项报价的填报。

(二) 投标函附录

工程名称：_____(项目名称)_____标段

序号	条款内容	合同条款号	约定内容	备注
1	项目经理	1.1.2.4	姓名：_____	
2	工期	1.1.4.3	日历天	
3	缺陷责任期	1.1.4.5		
4	承包人履约担保金额	4.2		
5	分包	4.3.4	见分包项目情况表	
6	逾期竣工违约金	11.5	_____元/天	
7	逾期竣工违约金最高限额	11.5	_____‰	
8	质量标准	13.1		
9	价格调整的差额计算	16.1.1	见价格指数权重表	
10	预付款额度	17.2.1		
11	预付款保函金额	17.2.2		
12	质量保证金扣留百分比	17.4.1		
13	质量保证金额度	17.4.1		
……	……			

备注：投标人在响应招标文件中规定的实质性要求和条件的基础上,可做出其他有利于招标人的承诺。此类承诺可在本表中予以补充填写

投标人：_____（盖章）

法人代表或委托代理人：_____（签字或盖章）

日期：_____ 年 ___月 ___ 日

价格指数权重表

名称		基本价格指数		权重			价格指数来源
		代号	指数值	代号	允许范围	投标人建议值	
定制部分		F_{01}		A	___至___		
变值部分	人工费	F_{02}		B_2	___至___		
	钢材	F_{03}		B_3	___至___		
	水泥	F_{04}		B_4	___至___		
	……	……		……	……		
合计						1.00	

备注：在专用合同条款16.1款约定采用价格指数法进行价格调整时适用本表。表中除"投标人建议值"由投标人结合其投标报价情况选择填写外，其余均由招标人在招标文件发出前填写。

法定代表人身份证明

投 标 人：_____

单位性质：_____

地　　址：_____

成立时间：____年____月____日

经营期限：_____

姓　　名：_____ 性　　别：_____

年　　龄：_____ 职　　务：_____

系_____（投标人名称）的法定代表人

特此证明

投标人：_____（盖单位章）

____年____月____日

二、授权委托书

本人(姓名)系(投标人名称)的法定代表人,现委托(姓名)为我方代理人。代理人根据授权,以我方名义签署、澄清、说明、补正、递交、撤回、修改(项目名称)标段施工投标文件、签订合同和处理有关事宜,其法律后果由我方承担。

委托期限:_____

代理人无转委托权。

附:法定代表人身份证明。

投　标　人:_____(盖单位章)

法定代表人:_____(签字)

身份证号码:_____

委托代理人:_____(签字)

身份证号码:_____

_____年____月____日

三、联合体协议书

牵头人名称:_____

法定代表人:_____

法定住所:_____

成员二名称:_____

法定代表人:_____

法定住所:_____

……

鉴于上述各成员单位经过友好协商,自愿组成(联合体名称)联合体,共同参加(招标人名称)(以下简称招标人)_____(项目名称)____标段(以下简称本工程)的施工投标并争取赢得本工程施工承包合同(以下简称合同)。现就联合体投标事宜订立如下协议:

1. (某成员单位名称)为(联合体名称)牵头人。

2. 在本工程投标阶段,联合体牵头人合法代表联合体各成员负责本工程投标文件编制活动,代表联合体提交和接收相关的资料、信息及指示,并处理与投标和中标有关的一切事务;联合体中标后,联合体牵头人负责合同订立和合同实施阶段的主办、组织和协调工作。

3. 联合体将严格按照招标文件的各项要求,递交投标文件,履行投标义务和中标后的合同,共同承担合同规定的一切义务和责任,联合体各成员单位按照内部职责的部分,承担各自所负的责任和风险,并向招标人承担连带责任。

4. 联合体各成员单位内部的职责分工如下:

_____。

按照本条上述分工,联合体成员单位各自所承担的合同工作量比例如下:

_____。

5. 投标工作和联合体在中标后工程实施过程中的有关费用按各自承担的工作量分摊。

6. 联合体中标后,本联合体协议是合同的附件,对联合体各成员单位有合同约束力。

7. 本协议书自签署之日起生效,联合体未中标或者中标时合同履行完毕后自动失效。

8. 本协议书一式_____份,联合体成员和招标人各执一份。

牵头人名称:_____(盖单位章)

法定代表人或其委托代理人:_____(签字)

成员二名称:_____(盖单位章)

法定代表人或其委托代理人:_____(签字)

......

_____年_____月_____日

备注:本协议书由委托代理人签字的,应附法定代表人签字的授权委托书。

四、投标保证金

保函编号:_____

(招标人名称):_____

鉴于_____(投标人名称)(以下简称"投标人")参加你方_____(项目名称)____标段的施工投标,_____(担保人名称)(以下简称"我方")受该投标人委托,在此无条件地、不可撤销地保证:一旦收到你方提出的下述任何一种事实的书面通知,在 7 日内无条件地向你方支付总额不超过_____(投标保函额度)的任何你方要求的金额:

1. 投标人在规定的投标有效期内撤销或者修改其投标文件。

2. 投标人在收到中标通知书后无正当理由而未在规定期限内与贵方签署合同。

3. 投标人在收到中标通知书后未能在招标文件规定期限内向贵方提交招标文件所要求的履约担保。

本保函在投标有效期内保持有效,除非你方提前终止或解除本保函。要求我方承担保证责任的通知应在投标有效期内送达我方。保函失效后请将本保函交投标人退回我方注销。

本保函项下所有权利和义务均受中华人民共和国法律管辖和制约。

担保人名称:_____(盖单位章)

法定代表人或其委托代理人:_____(签字)

地址:_____

邮政编码:_____

电话：_____

传真：_____

_____年_____月_____日

备注：经过招标人事先的书面同意，投标人可采用招标人认可的投标保函格式，但相关内容不得背离招标文件约定的实质性内容。

五、已标价工程量清单

说明：已标价工程量清单按第五章"工程量清单"中的相关清单表格式填写。构成合同文件的已标价工程量清单包括第五章"工程量清单"有关工程量清单、投标报价以及其他说明的内容。

六、施工组织设计

1. 投标人应根据招标文件和对现场的勘察情况，采用文字并结合图表形式，参考以下要点编制本工程的施工组织设计：

(1) 施工方案及技术措施。

(2) 质量保证措施和创优计划。

(3) 施工总进度计划及保证措施（包括以横道图或标明关键线路的网络进度计划、保障进度计划需要的主要施工机械设备、劳动力需求计划及保证措施、材料设备进场计划及其他保证措施等）。

(4) 施工安全措施计划。

(5) 文明施工措施计划。

(6) 施工场地治安保卫管理计划。

(7) 施工环保措施计划。

(8) 冬季和雨季施工方案。

(9) 施工现场总平面布置（投标人应递交一份施工总平面图，绘出现场临时设施布置图表并附文字说明，说明临时设施、加工车间、现场办公、设备及仓储、供电、供水、卫生、生活、道路、消防等设施的情况和布置）。

(10) 项目组织管理机构（若施工组织设计采用"暗标"方式评审，则在任何情况下，"项目管理机构"不得涉及人员姓名、简历、公司名称等暴露投标人身份的内容）。

(11) 承包人自行施工范围内拟分包的非主体和非关键性工作（按第2章"投标人须知"第1.11款的规定）、材料计划和劳动力计划。

(12) 成品保护和工程保修工作的管理措施和承诺。

(13) 任何可能的紧急情况的处理措施、预案以及抵抗风险（包括工程施工过程中可能遇到的各种风险）的措施。

(14) 对总包管理的认识以及对专业分包工程的配合、协调、管理、服务方案。

(15) 与发包人、监理及设计人的配合。

(16) 招标文件规定的其他内容。

2. 若投标人须知规定施工组织设计采用技术"暗标"方式评审，则施工组织设计的编制和装订应按附表七"施工组织设计（技术暗标部分）编制及装订要求"编制和装订施工组织设计。

3. 施工组织设计除采用文字表述外可附下列图表,图表及格式要求附后。若采用技术暗标评审,则下述表格应按照章节内容,严格按给定的格式附在相应的章节中。

　　附表一　拟投入本工程的主要施工设备表
　　附表二　拟配备本工程的试验和检测仪器设备表
　　附表三　劳动力计划表
　　附表四　计划开、竣工日期和施工进度网络图
　　附表五　施工总平面图
　　附表六　临时用地表
　　附表七　施工组织设计(技术暗标部分)编制及装订要求

附表一：拟投入本工程的主要施工设备表

序号	设备名称	型号规格	数量	国别产地	制造年份	额定功率（kW）	生产能力	用于施工部位	备注

附表二：拟配备本工程的试验和检测仪器设备表

序号	仪器设备名称	型号规格	数量	国别产地	制造年份	已使用台时数	用途	备注

附表三：劳动力计划表

工种	按工程施工阶段投入劳动力情况

附表四：计划开、竣工日期和施工进度网络图

1. 投标人应递交施工进度网络图或施工进度表，说明按招标文件要求的计划工期进行施工的各个关键日期。

2. 施工进度表可采用网络图和(或)横道图表示。

附表五：施工总平面图

投标人应递交一份施工总平面图，绘出现场临时设施布置图表并附文字说明，说明临时设施、加工车间、现场办公、设备及仓储、供电、供水、卫生、生活、道路、消防等设施的情况和布置。

附表六：临时用地表

用　途	面　积(平方米)	位　置	需用时间

附表七：施工组织设计(技术暗标部分)编制及装订要求

(一)施工组织设计中纳入"暗标"部分的内容

_____

_____

_____

_____

(二)暗标的编制和装订要求

1. 打印纸张要求：_____。

2. 打印颜色要求：_____。

3. 正本封皮(包括封面、侧面及封底)设置及盖章要求：_____。

4. 副本封皮(包括封面、侧面及封底)设置要求：_____。

5. 排版要求：_____。

6. 图表大小、字体、装订位置要求：_____。

7. 所有"技术暗标"必须合并装订成一册，所有文件左侧装订，装订方式应牢固、美观，不得采用活页方式装订，均应采用_____方式装订。

8. 编写软件及版本要求：Microsoft Word。

9. 任何情况下，技术暗标中不得出现任何涂改、行间插字或删除痕迹。

10. 除满足上述各项要求外，构成投标文件的"技术暗标"的正文中均不得出现投标人的名称和其他可识别投标人身份的字符、徽标、人员名称以及其他特殊标记等。

备注："暗标"应当以能够隐去投标人的身份为原则，尽可能简化编制和装订要求。

七、项目管理机构

(一)项目管理机构组成表

职务	姓名	职称	执业或职业资格证明					备注
			证书名称	级别	证号	专业	养老保险	

(二)主要人员简历表

附1:项目经理简历表

项目经理应附建造师执业资格证书、注册证书、安全生产考核合格证书、身份证、职称证、学历证、养老保险复印件及未担任其他在施建设工程项目项目经理的承诺书,管理过的项目业绩须附合同协议书和竣工验收备案登记表复印件。类似项目限于以项目经理身份参与的项目。

姓名		年龄		学历		
职称		职务		拟在本工程任职		项目经理
注册建造师执业资格等级			级	建造师专业		
毕业学校		年毕业于		学校		专业
主要工作经历						
时间	参加过的类似项目名称			工程概况说明		发包人及联系电话

附2：主要项目管理人员简历表

主要项目管理人员指项目副经理、技术负责人、合同商务负责人、专职安全生产管理人员等岗位人员。应附注册资格证书、身份证、职称证、学历证、养老保险复印件，专职安全生产管理人员应附安全生产考核合格证书，主要业绩须附合同协议书。

岗位名称			
姓　名		年　龄	
性　别		毕业学校	
学历和专业		毕业时间	
拥有的执业资格		专业职称	
执业资格证书编号		工作年限	
主要工作业绩及担任的主要工作			

附3：承诺书

承　诺　书

_____（招标人名称）：

我方在此声明，我方拟派往（项目名称）标段（以下简称"本工程"）的项目经理（项目经理姓名）现阶段没有担任任何在施建设工程项目的项目经理。

我方保证上述信息的真实和准确，并愿意承担因我方就此弄虚作假所引起的一切法律后果。

特此承诺

投标人：_____（盖单位章）

法定代表人或其委托代理人：_____（签字）

_____年_____月_____日

八、拟分包计划表

序　号	拟分包项目名称、范围及理由	拟选分包人					备注
		拟选分包人名称		注册地点	企业资质	有关业绩	
		1					
		2					
		3					
		1					
		2					
		3					
		1					
		2					
		3					

　　备注：本表所列分包仅限于承包人自行施工范围内的非主体、非关键工程。

日期：_____年_____月_____日

九、资格审查资料

表一：投标人基本情况表

投标人名称					
注册地址				邮政编码	
联系方式	联系人			电话	
	传真			网址	
组织结构					
法定代表人	姓名		技术职称	电话	
技术负责人	姓名		技术职称	电话	
成立时间					
企业资质			其中	项目经理	
营业执照号				高级职称人员	
注册资金				中级职称人员	
开户银行				初级职称人员	
账号				技工	

　　备注：本表后应附企业法人营业执照及其年检合格的证明材料、企业资质证书副本、安全生产许可证等材料的复印件。

表二：近年财务状况表

备注：在此附经会计师事务所或审计机构审计的财务会计报表，包括资产负债表、损益表、现金流量表、利润表和财务情况说明书的复印件，具体年份要求见第二章"投标人须知"的规定。

表三：近年完成的类似项目情况表

项目名称	
项目所在地	
发包人名称	
发包人地址	
发包人联系人及电话	
合同价格	
开工日期	
竣工日期	
承担的工作	
工程质量	
项目经理	
技术负责人	
总监理工程师及电话	
项目描述	
备注	

备注：1. 类似项目指_____工程。

2. 本表后附中标通知书和(或)合同协议书、工程接收证书(工程竣工验收证书)的复印件，具体年份要求见投标人须知前附表。每张表格只填写一个项目，并标明序号。

表四：正在施工的和新承接的项目情况表

项目名称	
项目所在地	
发包人名称	
发包人地址	
发包人电话	
签约合同价	
开工日期	
计划竣工日期	
承担的工作	
工程质量	

(续表)

项目经理	
技术负责人	
总监理工程师及电话	
项目描述	
备注	

备注:本表后附中标通知书和(或)合同协议书复印件。每张表格只填写一个项目,并标明序号。

表五:近年发生的诉讼和仲裁情况

说明:近年发生的诉讼和仲裁情况仅限于投标人败诉的,且与履行施工承包合同有关的案件,不包括调解结案以及未裁决的仲裁或未终审判决的诉讼。

表六:企业其他信誉情况表(年份要求同诉讼及仲裁情况年份要求)

1. 近年企业不良行为记录情况。

2. 在施工程以及近年已竣工工程合同履行情况。

3. 其他。

备注:1. 企业不良行为记录情况主要是近年投标人在工程建设过程中因违反有关工程建设的法律、法规、规章或强制性标准和执业行为规范,经县级以上建设行政主管部门或其委托的执法监督机构查实和行政处罚,形成的不良行为记录。应当结合第二章"投标人须知"前附表第10.1.2项定义的范围填写。

2. 合同履行情况主要是投标人近年所承接工程和已竣工工程是否按合同约定的工期、质量、安全等履行合同义务,对未竣工工程合同履行情况还应重点说明非不可抗力解除合同(如果有)的原因等具体情况。

表七:主要项目管理人员简历表

说明:"主要人员简历表"同本章附件七之(二)。未进行资格预审但本章"项目管理机构"已有本表内容的,无须重复提交。

十、其他材料

任务六　建设工程招投标案例实例

案例一

某房地产公司计划在某地开发某住宅项目,采用公开招标的形式,有A、B、C、D、E共5家施工单位领取了招标文件。本工程招标文件规定2012年1月20日上午10:30为投标文件接收终止时间。在提交投标文件的同时,需投标单位提供投标保证金20万元。

在2012年1月20日,A、B、C、D4家投标单位在上午10:30前将投标文件送达,E单位在上午11:00送达。各单位均按招标文件的规定提供了投标保证金。

在上午10:25时,B单位向招标人递交了一份投标价格下降5%的书面说明。

在开标过程中,招标人发现C单位的标袋密封处仅有投标单位公章,没有法定代表人印章或签字。

【问题】

1. 在此次招投标过程中,A、B、C、D、E 5 家施工单位的标书是否有效? 为什么?

2. B单位向招标人递交的书面说明是否有效?

3. 通常情况下,废标的条件有哪些?

【案例解析】

1. 在此次招投标过程中,C、E 两家标书为无效标。C 单位因投标书只有单位公章而未有法定代表人印章或签字,不符合《招标投标法》的要求,为废标;E 单位未能在投标截止时间前送达投标文件,按规定应作为废标处理。其余均为有效标书。

2. B单位向招标人递交的书面说明有效。根据《招标投标法》的规定,投标人在招标文件要求提交投标文件的截止时间前,可以补充、修改或者撤回已提交的投标文件,补充、修改的内容作为投标文件的组成部分。

3. 废标的条件如下:

(1) 逾期送达的或者未送达指定地点的;

(2) 未按招标文件要求密封的;

(3) 无单位盖章并无法定代表人签字或盖章的;

(4) 未按规定格式填写,内容不全或关键字迹模糊、无法辨认的;

(5) 投标人递交两份或多份内容不同的投标文件,或在一份投标文件中对同一招标项目报有两个或多个报价,且未声明哪一个有效(按招标文件规定提交备选投标方案的除外);

(6) 投标人名称或组织机构与资格预审时不一致的;

(7) 未按招标文件要求提交投标保证金的;

(8) 联合体投标未附联合体各方共同投标协议的。

 案例二

某工程项目,建设单位通过招标选择了一具有相应资质的监理单位承担施工招标代理和施工阶段监理工作,并在监理中标通知书发出后第 45 天,与该监理单位签订了委托监理合同。之后双方又另行签订了一份监理酬金比监理中标价降低 10% 的协议。

在施工公开招标中,有 A、B、C、D、E、F、G、H 等施工单位报名投标,经监理单位资格预审均符合要求,但建设单位以 A 施工单位是外地企业为由不同意其参加投标,而监理单位坚持认为 A 施工单位有资格参加投标。评标委员会由 5 人组成,其中当地建设行政管理部门的招投标管理办公室主任 1 人、建设单位代表 1 人、政府提供的专家库中抽取的技术经济专家 3 人。

评标时发现:

B 施工单位投标报价明显低于其他投标单位报价且未能合理说明理由;

D 施工单位投标报价大写金额小于小写金额;

F 施工单位投标文件提供的检验标准和方法不符合招标文件的要求;

H 施工单位投标文件中某分项工程的报价有个别漏项;

其他施工单位的投标文件均符合招标文件要求。建设单位最终确定 G 施工单位中标,并按照《建设工程施工合同(示范文本)》与该施工单位签订了施工合同。

【问题】

1. 指出建设单位在监理招标和委托监理合同签订过程中的不妥之处，并说明理由。

2. 在施工招标资格预审中，监理单位认为 A 施工单位有资格参加投标是否正确，说明理由。

3. 指出施工招标评标委员会组成的不妥之处，说明理由并写出正确做法。

4. 判别 B、D、F、H 四家施工单位的投标是否为有效标，说明理由。

【案例解析】

1. 在监理中标通知书发出后第 45 天签订委托监理合同不妥，依照招投标法，应于 30 天内签订合同。在签订委托监理合同后双方又另行签订了一份监理酬金比监理中标价降低 10％的协议不妥。依照《招标投标法》，招标人和中标人不得再行订立背离合同实质性内容的其他协议。

2. 监理单位认为 A 施工单位有资格参加投标是正确的。以所处地区作为确定投标资格的依据是一种歧视性的依据，这是《招标投标法》明确禁止的。

3. 评标委员会组成不妥，不应包括当地建设行政管理部门的招投标管理办公室主任。正确组成应为：评标委员会由招标人或其委托的招标代理机构熟悉相关业务的代表以及有关技术、经济等方面的专家组成，成员人数为五人以上单数，其中，技术、经济等方面的专家不得少于成员总数的三分之二。

4. B、F 两家施工单位的投标不是有效标。B 单位的情况可以认定为低于成本，F 单位的情况可以认定为是明显不符合技术规格和技术标准的要求，属重大偏差。D、H 两家单位的投标是有效标，他们的情况不属于重大偏差。

案例三

某办公楼施工招标文件的合同条款中规定：预付款数额为合同价的 30％，开工后 3 天内支付，上部结构工程完成一半时一次性全额扣回，工程款按季度支付。

某承包商对该项目投标，经造价工程师估算，总价为 9 000 万元，总工期为 24 个月，其中：基础工程估价为 1 200 万元，工期为 6 个月；上部结构工程估价为 4 800 万元，工期为 12 个月；装饰和安装工程估价为 3 000 万元，工期为 6 个月。

该承包商为了既不影响中标，又能在中标后取得较好的收益，决定采用不平衡报价法对造价工程师的原估价做适当调整，基础工程调整为 1 300 万元，结构工程调整为 5 000 万元，装饰和安装工程调整为 2 700 万元。

另外，该承包商还考虑到，该工程虽然有预付款，但平时工程款按季度支付不利于资金周转，决定除按上述调整后的数额报价外，还建议业主将支付条件改为：预付款为合同价的 5％，工程款按月支付，其余条款不变。

【问题】

1. 该承包商所运用的不平衡报价法是否恰当？为什么？

2. 除了不平衡报价法，该承包商还运用了哪一种报价技巧？运用是否得当？

【案例解析】

1. 恰当。因为该承包商是将属于前期工程的基础工程和主体结构工程的报价调高，而将属于后期工程的装饰和安装工程的报价调低,可以在施工的早期阶段收到较多的工程款,从而可以提高承包商所得工程款的现值。而且,这三类工程单价的调整幅度均在±10％以内,属于合理范围。

2. 该承包商运用的另一种投标技巧是多方案报价法,该报价技巧运用恰当,因为承包商的报价既适用于原付款条件也适用于建议的付款条件。

 案例四

某省国道主干线高速公路土建施工项目实行公开招标,根据项目的特点和要求,招标人提出了招标方案和工作计划。采用资格预审方式组织项目土建施工招标,招标过程中出现了下列事件:

事件1:7月1日(星期一)发布资格预审公告。公告载明资格预审文件自7月2日起发售,资格预审申请文件于7月22日下午16:00之前递交至招标人处。某投标人因从外地赶来,7月8日(星期一)上午上班时间前来购买预审文件,被告知已经停售。

事件2:资格审查过程中,资格审查委员会发现某省路桥总公司提供的业绩证明材料部分是其下属第一工程有限公司业绩证明材料,且其下属的第一工程有限公司具有独立法人资格和相关资质。考虑到同属于一个大单位,资格审查委员会认可了其下属公司业绩为其业绩。

事件3:投标邀请书向所有通过资格预审的申请单位发出,投标人在规定的时间内购买了招标文件。按照招标文件要求,投标人须在投标截止时间5日前递交投标保证金,因为项目较大,要求每个标段交100万元投标担保金。

事件4:评标委员会人数为5人,其中3人为工程技术专家,其余2人为招标人代表。

事件5:评标委员会在评标过程中,发现B单位投标报价远低于其他报价。评标委员会认定B单位报价过低,按照废标处理。

事件6:招标人根据评标委员会书面报告,确定各个标段排名第一的中标候选人为中标人,并按照要求发出中标通知书后,向有关部门提交招标投标情况的书面报告,同中标人签订合同并退还投标保证金。

事件7:招标人在签订合同前,认为中标人C的价格略高于自己期望的合同价格,因而又与投标人C就合同价格进行了多次谈判。考虑到招标人的要求,中标人C觉得小幅度降价可以满足自己利润的要求,同意降低合同价,并最终签订了书面合同。

【问题】

1. 招标人自行办理招标事宜需要什么条件?

2. 所有事件中有哪些不妥当,请逐一说明。

3. 事件6中,请详细说明招标人在发出中标通知书后应于何时做其后的这些工作?

【案例解析】

1.《工程建设项目自行招标试行办法》(国家计委5号令)第四条规定,招标人自行办理招标事宜,应当具有编制招标文件和组织评标的能力,具体包括:① 具有项目法人资格(或者法人资格);② 具有与招标项目规模和复杂程度相适应的工程技术、概预算、财务和工程管理等方面专业技术力量;③ 有从事同类工程建设项目招标的经验;④ 设有专门的招标机构或者拥有 3 名以上专职招标业务人员;⑤ 熟悉和掌握招标投标法及有关法规规章。

2. 事件 1~5 和事件 7 做法不妥当,分析如下:

事件 1 不妥当。《工程建设项目施工招标投标办法》(30 号令)第十五条规定,自招标文件或者资格预审文件出售之日起至停止出售之日止,最短不得少于 5 个工作日。本案中,7月 2 日周二开始出售资审文件,按照最短 5 个工作日,最早停售日期应是 7 月 8 日(星期一)下午截止。

事件 2 不妥当。《招标投标法》第二十五条规定,投标人是响应招标、参加投标竞争的法人或者其他组织。本案中,投标人或是以总公司法人的名义投标,或是以具有法人资格的子公司的名义投标。法人总公司或具有法人资格的子公司投标,只能以自己的名义、自己的资质、自己的业绩投标,不能相互借用资质和业绩。

事件 3 不妥当。《工程建设项目施工招标投标办法》第三十七条规定,投标保证金一般不得超过投标总价的 2%,但最高不得超过 80 万元人民币,本案中,投标保证金的金额太高,违反了最高不得超过 80 万元人民币的规定;同时,投标保证金从性质上属于投标文件,在投标截止时间前都可以递交。本案招标文件约定在投标截止时间 5 日前递交投标保证金不妥,其行为侵犯了投标人权益。

事件 4 不妥当。《招标投标法》第三十七条规定,依法必须进行招标的项目,其评标委员会由招标人的代表和有关技术、经济等方面的专家组成,成员人数为 5 人以上单数,其中技术、经济等方面的专家不得少于成员总数的 2/3。本案中,评标委员会 5 人中专家人数至少为 4 人才符合法定要求。

事件 5 不妥当。《评标委员会和评标方法暂行规定》(12 号令)第二十一条规定,在评标过程中,评标委员会发现投标人的报价明显低于其他投标报价或者在设有标底时明显低于标底,使得其投标报价可能低于其个别成本的,应当要求该投标人做出书面说明并提供相关证明材料。投标人不能合理说明或者不能提供相关证明材料的,由评标委员会认定该投标人以低于成本报价竞标,其投标应作废标处理。本案中,评标委员会判定 B 的投标为废标的程序存在问题。评标委员会应当要求 B 投标人做出书面说明并提供相关证明材料,仅当投标人 B 不能合理说明或者不能提供相关证明材料时,评标委员会才能认定该投标人以低于成本报价竞标,作废标处理。

事件 7 不妥当。《招标投标法》第四十三条规定,在确定中标人前,招标人不得与投标人就投标价格、投标方案等实质性内容进行谈判。同时,《工程建设项目施工招标投标办法》(30 号令)第五十九条规定,招标人不得向中标人提出压低报价、增加工作量、缩短工期或其他违背中标人意愿的要求,以此作为发出中标通知书和签订合同的条件。本案中,招标人与中标人就合同中标价格进行谈判,直接违反了法律规定。

3. 招标人在发出中标通知书后,应完成以下工作:

(1) 自确定中标人之日起 15 日内,向有关行政监督部门提交招标投标情况的书面报告。

(2) 自中标通知书发出之日起 30 日内,按照招标文件和中标人的投标文件,与中标人订立书面合同;招标文件要求中标人提交履约担保的,中标人应当在签订合同前提交,同时招标人向中标人提供工程款支付担保。

(3) 与中标人签订合同后 5 个工作日内,向中标人和未中标的投标人退还投标保证金。

项目回顾

本项目对建设工程投标程序、投标策略与技巧、投标报价以及建设工程施工投标文件的编制等进行了详细的阐述。通过本项目的学习使学生熟悉投标程序和学会编制投标文件,并且通过案例的学习使学生对投标的一些细节问题有详细的了解。

思考题

1. 建设工程施工投标的主要工作有哪些?

2. 什么是投标程序?

3. 影响投标决策的因素有哪些?

4. 简述投标文件的主要内容。

5. 编制建设工程投标文件时应注意什么事项?

6. 常用的投标报价的技巧有哪几种?

习题

一、单项选择题

1. 投标按性质可分为(　　　)。

A. 风险标和盈利标 　　　　　　　B. 保险标和保本标

C. 盈利标和保险标 　　　　　　　D. 风险标和保险标

2. 关于投标资格审查,下列表述中正确的是(　　　)。

A. 资格审查分为资格预审和资格后审

B. 资格审查由评标委员会进行

C. 通过资格预审的投标申请人少于 5 个的,应当重新招标

D. 要求提交资格预审申请文件的时间,不得少于 3 个工作日

3. 下列关于投标人法定要求的表述中,错误的是(　　　)。

A. 投标人是响应招标、参加投标竞争的法人或其他组织

B. 任何单位或个人不得非法干涉投标人投标

C. 存在控股、管理关系的不同单位,可参加同一标段的投标

D. 投标人发生合并、分立等重大变化可能影响招标公正性的,其投标无效

4. 甲、乙两个施工单位组成施工联合体投标某图书馆工程,甲为施工总承包一级资质,乙为施工总承包二级资质,则下列说法错误的是(　　　)。

A. 该施工联合体应按施工总承包二级资质确定等级

B. 如果该施工联合体中标,甲、乙就各自承担的工程与建设单位签订合同

C. 如果该施工联合体中标,甲、乙应就中标项目向建设单位承担连带责任

D. 以联合体牵头人名义提交的投标保证金,对其各方成员具有约束力

5. 下列有关投标文件的澄清和说明,表述正确的是(　　　)。

A. 投标文件不响应招标文件实质性条件的,可允许投标人修正或撤销其不符合要求的差异

B. 单价与工程量的乘积与总价之间不一致时,以单价为准

C. 投标文件中用数字表示的数额与用文字表示的数额不一致时,由投标人澄清说明为准

D. 若投标单价有明显的小数点错位,应调整单价,并修改总价

6. 当一个工程项目总报价基本确定后,通过调整内部各个项目的报价,以期既不提高报价、不影响中标,又能在结算时获得较理想的收益的报价技巧叫作( )。

A. 不平衡报价法　　B. 多方案报价法　　C. 突然降价法　　　D. 先亏后盈法

二、多选题

1. 投标文件有下列( )情形之一的,招标人不予受理。

A. 未按要求密封递送的标书

B. 无单位盖章或法人代表签字

C. 逾期送达或未送达指定地点的

D. 未按招标文件要求提交保证金

E. 联合体投标未附有联合体各方共同投标协议

2. 投标文件一般由以下哪几个部分组成?( )

A. 投标书附录　　　　　　　　　B. 招标公告

C. 已标价的工程量清单　　　　　D. 施工组织设计

E. 投标保证金

三、案例分析题

【背景】 某大型水利工程项目中的引水系统由电力部委托某技术进出口公司组织施工公开招标,确定的招标程序如下:1. 成立招标工作小组;2. 编制招标文件;3. 发布招标邀请书;4. 对报名参加投标者进行资格预审,并将审查结果通知各申请投标者;5. 向合格的投标者分发招标文件及设计图纸、技术资料等;6. 建立评标组织,制定评标定标办法;7. 召开开标会议,审查投标书;8. 组织评标,决定中标单位;9. 发出中标通知书;10. 签订承发包合同。参加投标报价的某施工企业需制定投标报价策略。既可以投高标,也可以投低标,其中标概率与效益情况如下表所示。若未中标,需损失投标费用5万元。

报价策略	中标概率	效果	利润(万元)	效果概率
高标	0.3	好	300	0.3
		中	100	0.6
		差	−200	0.1
低标	0.6	好	200	0.3
		中	50	0.5
		差	−300	0.2

【问题】

1. 上述招标程序有何不妥之处,请加以指正。

2. 请运用决策树方法为上述施工企业确定投标报价策略。

(注:扫描前言二维码获取全书习题答案)

思政园地

工程项目投标文件几个常见错误导致废标

1. 投标文件未按招标文件规定的时间,送达指定的开标地点;

2. 投标文件未按招标文件规定格式密封包装、加盖正副本章、密封章、签字;

3. 投标报价超过招标文件规定的招标控制价;

4. 投标报价定额套用与施工组织设计的施工方案不一致;

5. 投标文件存在缺页、重页、装倒、装错、涂改及内容不一致等错误;

6. 随投标文件提供的电子标书 U 盘不符合招标文件规定的密封要求或不能正常读取。

分析:投标文件是中标的关键,投标决策者和投标团队成员在投标文件中投入了心血,花费了物力财力,真的是"为了能中标,天天熬通宵"。投标文件的编制往往时间紧任务重,内容多事项细,投标人员需要保持严谨细致的工作态度,抓住每个细节,坚持精益求精的工作精神,完成每次投标。正如著名教育家陶行知先生所说:"本来事业并无大小;大事小做,大事变成小事;小事大做,则小事变成大事。"投标人从小处着手,深入研究招标文件,科学制定投标策略,投标团队协作,严谨细致编制投标文件,精益求精地把握每个细节,真正完成优质的投标书,承担起工程建设的社会责任。

项目四　建设工程招投标的开标、评标与定标

 **学习目标**

知识目标：

（1）了解评标委员会的组建方法，评标专家必须具备的条件；

（2）熟悉常用的评标方法；

（3）掌握开标、评标、定标的工作流程。

技能目标：

（1）能根据实际要求制定评标规则；

（2）能组织开标、评标、定标。

思政目标：

（1）培养科学规范的职业态度；

（2）树立遵纪守法，公平、公正、公开，诚实信用的职业精神；

（3）强化社会责任感和家国情怀。

任务一　建设工程开标

一、开标的概述

建设工程招标投标活动经过了招标阶段、投标阶段，就进入了开标阶段。所谓开标，是指招标人将所有投标人的投标文件启封揭晓。公开招标和邀请招标均应举行开标会议，开标应当在招标文件确定的提交投标文件截止时间的同一时间公开进行，开标地点应当为招标文件中预先确定的地点，以便投标人以及有关方面人员按照招标文件规定的开标时间到达开标地点。

开标由招标人主持，邀请所有投标人参加。评标委员会委员和其他有关单位的代表也应当被邀请出席开标会议。投标人或者他们的代表则无论是否被邀请，都有权参加开标会议。投标单位的法人代表或授权的代表应签名报到，以证明出席开标会议。

投标文件有下列情形之一的，招标人不予受理：

（1）逾期送达的或者未送达指定地点的；

（2）未按招标文件要求密封的。

投标文件有下列情形之一的，由评标委员会初审后按废标处理：

（1）无单位盖章并无法定代表人或法定代表人授权的代理人签字或盖章的；

（2）未按规定的格式填写，内容不全或关键字迹模糊、无法辨认的；

开标现场常见
异议及处理方法

（3）投标人递交两份或多份内容不同的投标文件，或在一份投标文件中对同一招标项目报有两个或多个报价，且未声明哪一个有效的（按招标文件规定提交备选投标方案的除外）；

（4）投标人名称或组织结构与资格预审时不一致的；

（5）未按招标文件要求提交投标保证金的；

（6）联合体投标未附联合体各方共同投标协议的。

线上开标

二、开标程序

1. 招标人签收投标人递交的投标文件

投标人在开标地点递交投标文件时，应填写投标文件报送签收一览表，招标人专人负责接收投标人递交的投标文件。提前递交的投标文件也应当办理签收手续，由招标人携带至开标现场。在招标文件规定的递交投标文件的截止时间后递交的投标文件不予接收，由招标人原封退还给有关投标人。在截止时间前递交投标文件的投标人少于3家的，招标无效，开标会即告结束，招标人应当依法重新组织招标。

2. 出席开标会的投标人代表签到

投标人授权出席开标会的代表人应填写开标会签到表，招标人专人负责核对签到人身份，应与签到的内容一致。

3. 开标会主持人宣布开标会开始，宣布监标、唱标、记录人员名单

主持人一般为招标人代表，也可以是招标人指定的招标代理机构的代表；开标人一般为招标人或招标代理机构的工作人员；唱标人可以是投标人的代表、招标人或招标代理机构工作人员；记录人由招标人指派，有形建筑市场工作人员同时记录唱标内容，招标办监管人员或招标办授权的有形建筑市场人员进行监督。记录人员按开标会记录的要求开始记录。

4. 主持人介绍主要与会人员

主要与会人员包括到会的招标人代表、招标代理机构代表、各投标人代表、公证机构公证人员、见证人员及监督人员等。

5. 主持人宣布开标会程序、开标会纪律和当场废标的条件

开标会纪律一般包括：

（1）场内严禁吸烟；

（2）凡与开标无关的人员不得进入开标会场；

（3）参加会议的所有人员应关闭手机，开标期间不得高声喧哗；

（4）投标人代表有疑问应举手发言，参加会议人员未经主持人同意不得在场内随意走动。

6. 核对投标人授权代表的身份证件、授权委托书及出席开标会人数

出席开标会的法定代表人要出示其有效证件。招标人代表出示法定代表人委托书和有效身份证件，同时招标人代表当众核查投标人授权代表的授权委托书和有效身份证件，确认授权代表的有效性，并留存授权委托书和身份证件的复印件。主持人还应当核查投标人出席开标会代表的人数，无关人员应当退场。

7. 招标人领导讲话

招标人领导可以安排讲话，也可以不讲话。

8. 主持人介绍招标文件、补充文件或答疑文件的组成和发放情况，投标人确认

主要介绍招标文件的组成部分、发布时间、答疑时间、补充文件或答疑文件组成、发放和签收情况,投标人确认。

9. 主持人宣布投标文件截止和实际送达时间

宣布招标文件规定的递交投标文件截止时间和各投标单位的实际送达时间。在截止时间后送达的投标文件应当场宣布为废标。

10. 由投标人或者其推选的代表(由招标人委托的公证机构)检查投标文件的密封情况

密封不符合招标文件要求的投标文件应当场废标,不得进入评标,招标办监管人员现场见证。

11. 主持人宣布开标和唱标次序

一般按投标书送达时间的逆顺序开标、唱标。

12. 唱标

唱标人依唱标顺序依次当众拆封各投标文件,宣读投标人名称、投标价格和投标文件的其他主要内容。开标由指定的开标人在监督人员及与会代表的监督下当众拆封,拆封后应当检查投标文件的组成情况并记入开标会记录,开标人应将投标书和投标书附件以及招标文件中可能规定需要唱标的其他文件交唱标人进行唱标。唱标内容一般包括投标报价、工期和质量标准、质量奖项等方面的承诺,替代方案报价,投标保证金,主要人员等。同时宣布在递交投标文件截止时间前收到的投标人对投标文件的补充、修改,在递交投标文件截止时间前收到投标人撤回其投标的书面通知的投标文件不再唱标,但须在开标会上说明。

13. 开标会记录签字确认,以便存档备查

开标会记录人应当如实记录开标过程中的重要事项,包括开标时间、开标地点、出席开标会的各单位及人员、唱标记录、开标会程序、开标过程中出现的需要评标委员会评审的情况,由公证机构出席公证的还应记录公证结果,投标人的授权代表还应当在开标会记录上签字确认,对记录内容有异议的可以注明,但必须对没有异议的部分签字确认。

14. 公布标底

招标人编制标底的,唱标人应公布标底。

15. 投标文件、开标会记录等送封闭评标区封存

16. 主持人宣布开标会结束

开标后,任何投标人都不允许更改投标书的内容和报价,也不允许再增加优惠条件,投标书经启封后不得再更改招标文件中说明的评标、定标办法。

任务二 建设工程评标

建设工程评标应由招标代理、建设单位上级主管部门协商,按照有关规定成立评标委员会,在招标管理机构监督下,依据评标原则、评标方法,对投标单位报价、工期、质量、主要材料用量、施工方案或施工组织设计、以往业绩、社会信誉、优惠条件等方面进行综合评价,公正合理择优选择中标单位。

一、建设工程评标活动组织及要求

1. 组建评标委员会

评标由评标委员会负责。评标委员会的负责人由招标单位的法定代表人

评标委员会

或者其代理人担任。评标委员会的成员由招标单位、上级主管部门和受聘的专家组成(如果委托招标代理或者工程监理的,应当有招标代理、工程监理单位的代表参加),成员人数为5人以上的单数,其中技术、经济等方面的专家不得少于三分之二。评标委员会成员的名单在中标结果确定前应当保密。

专家应当从国务院有关部门或者由省、自治区、直辖市人民政府有关部门提供的专家名册或者招标代理机构专家库的相关专家名单中确定,一般招标项目可以采取随机抽取方式,特殊招标项目可以由招标人直接确定。

2. 评标委员会成员条件

评标委员会成员应符合以下条件:

(1)从事相关专业领域工作满8年,并具有高级职称或者具有同等专业水平的工程技术、经济管理人员,并实行动态管理。

(2)熟悉有关招标投标的法律法规,并具有与招标项目相关的实践经验。

(3)能够认真、公正、诚实、廉洁地履行职责。

(4)有下列情形之一的人员,应当主动提出回避,不得担任评标委员会成员:

① 投标人主要负责人的近亲属;

② 项目主管部门或者行政监督部门的人员;

③ 与投标人有经济利益关系,可能影响投标公正评审的人员;

④ 曾因在招标投标活动中从事违法行为而受到行政处罚或刑事处罚的人员。

3. 对评标委员会的要求

(1)评标委员会成员应当客观、公正地履行职务,遵守职业道德,并对自己所提出的评审意见承担个人责任。

(2)评标委员会成员不得私下接触投标人,不得收受投标人的财物或者其他好处。

(3)评标委员会成员和参与评标的有关工作人员不得透露对投标文件的评审和比较、中标候选人的推荐情况以及与评标有关的其他情况。

(4)评标委员在评标活动中有徇私舞弊、显失公正行为的,应当取消其评委资格。

招标人应当采取必要的措施,保证评标在严格保密的情况下进行,任何单位和个人不得非法干预或者影响评标的过程和结果。

评标委员会可以要求投标人对投标文件中含义不明确的内容做必要的澄清或者说明,但是澄清或者说明不得超出投标文件的范围或者改变投标文件的实质性内容。

二、评标程序

开标会结束后,投标人退出会场,开始评标。评标的一般程序如下:

(一)评标准备

(1)招标人向评标委员会成员发放招标文件和评标有关表格。

(2)评标委员会成员研究招标文件,了解和熟悉以下内容:工程概况,招标范围和性质,招标文件规定的主要技术要求、标准和商务条款,招标文件规定的评标方法和标准以及在评标过程中应考虑的相关因素。

(3)招标人向评标委员会提供评标所需的重要信息和数据。

（二）初步评审

初步评审也称对投标书的响应性检查,此阶段不是比较各投标书的优劣,而是以投标须知为依据,检查各投标书是否为响应性投标,确定投标书的有效性。初步评审从投标书中筛选出符合要求的合格投标书,剔除所有无效投标和严重违法的投标书,减少详细评审的工作量,保证评审工作的顺利进行。

初步评审主要包括以下内容:

1. 符合性评审

（1）投标人的资格。核对是否为通过资格预审的投标人,或对未进行资格预审的投标人的资格材料进行审查,该项工作内容和步骤与资格预审大致相同。

（2）投标文件的有效性。主要是指投标保证的有效性,即投标保证的格式、内容、金额、有效期,开具单位是否符合招标文件要求。

（3）投标文件的完整性。投标文件是否提交了招标文件规定应提交的全部文件,有无遗漏。

（4）与招标文件的一致性。即投标文件是否实质响应招标文件的要求,具体是指与招标文件的所有条款、条件和规定是否相符,对招标文件的任何条款、数据或说明是否有任何修改、保留和附加条件。

通过符合性审查的主要条件有:

（1）投标文件按照招标文件规定的格式、内容填写,字迹清晰可辨;

（2）投标文件上法定代表人或法定代表人授权代理人的签章齐全;

（3）投标文件上标明的投标人与通过资格预审的投标申请人未发生实质性改变,联合体成员未发生变化;

（4）按照招标文件的规定提供了投标保函或保证金;

（5）按照招标文件的规定提供了授权代理人授权书;

（6）以联合体形式投标时,提交了联合体协议;

（7）有分包计划的提交了分包协议;

（8）按照工程量清单要求填报了单价和总价;

（9）除按招标文件规定在提供替代技术方案的同时,提交选择性报价外,同一份投标文件中,仅有一个报价。

2. 技术性评审

投标文件的技术性评审包括施工方案、工程进度与技术措施、质量管理体系与措施、安全保证措施、环境保护管理体系与措施、资源(劳务、材料、机械设备)、技术负责人等方面是否与国家相应规定及招标项目相符合。

通过技术性审查的主要条件有:

（1）评标委员会检查所有投标文件的有效性。

（2）根据招标文件规定,审查并逐项列出投标文件的全部投标偏差,属于重大偏差的,为非实质性响应招标文件,作废标处理;属于细微偏差的,评标委员会应当书面要求投标人在评标结束前予以补正。

重大偏差包括:

① 没有按照招标文件要求提供投标担保或者所提供的投标担保有瑕疵;

② 没有按照招标文件要求由投标人授权代表签字并加盖公章；

③ 投标文件记载的招标项目完成期限超过招标文件规定的完成期限；

④ 明显不符合技术规格、技术标准的要求；

⑤ 投标文件记载的货物包装方式、检验标准和方法等不符合招标文件的要求；

⑥ 投标附有招标人不能接受的条件；

⑦ 不符合招标文件中规定的其他实质性要求。

细微偏差是指投标文件在实质上响应招标文件要求，但在个别地方存在漏项或者提供了不完整的技术信息和数据等情况，并且补正这些遗漏或者不完整不会对其他投标人造成不公平的结果。细微偏差不影响投标文件的有效性。由评标委员会对投标书中的错误加以修正后请该标书的投标授权人予以签字确认，作为详评比较的依据。如果投标人拒绝签字，则按投标人违约对待，不仅投标无效，而且没收其投标保证金。修正错误的原则是：投标文件中的大写金额和小写金额不一致的，以大写金额为准；总价金额与单价金额不一致的，以单价金额为准，但单价金额小数点明显错误的除外。

3. 商务性评审

投标文件的商务性评审主要是投标报价的审核，审查全部报价数据计算的准确性。如投标书中存在计算或统计的错误，由评标委员会予以修正后请投标人签字确认。修正后的投标文件对投标人起约束作用。如投标人拒绝确认，则没收其投标保证金。

4. 投标人废标的认定

废标包括如下情形：

（1）以虚假方式骗取中标。以他人的名义投标、串通投标、以行贿手段谋取中标或者以其他弄虚作假方式投标的行为属于以虚假方式骗取中标。在招投标过程中，如评标委员会发现投标人有上述行为的，都可以将其投标作为废标处理。

（2）低于成本报价。对于投标人的报价明显低于其他投标人的报价，或者在设有标底时明显低于标底，其报价有可能低于成本的，评标委员会可以要求该投标人予以澄清。如投标人拒绝澄清，评标委员会可以以投标人的报价低于成本为由，将该投标人的投标作为废标处理。

（3）不符合资格条件或拒对投标文件进行澄清、说明或改正。投标人的资格或资质条件不符合法律规定或招标文件要求的，评标委员会可以将其投标视为废标。评标委员会可以根据相关法律的规定或招标文件的规定，要求投标人对相关问题进行澄清、说明或改正，如投标人拒绝澄清、说明或改正，评标委员会可以否决其投标，将其投标作为废标处理。

（4）对招标文件没有做出实质性响应的投标。根据《招标投标法》的规定，投标文件必须对招标文件做出实质性的响应，如投标文件未能对招标文件的实质性要求和条件做出回应，评标委员会可以将该投标作为废标处理。

（5）投标发生重大偏差。如投标文件发生重大偏差，且未能对招标文件做出实质性回应，评标委员会可以将该投标作为废标处理。

按上述评审，评标委员会列出被否决的不合格或者界定为废标的投标文件，确定合格的投标文件。

（三）详细评审

详细评审是指在初步评审的基础上，对经初步评审合格的投标文件，按照招标文件确定的评标标准和方法,对其技术部分(技术标)和商务部分(经济标)作进一步审查,评定其合理性,以及合同授予该投标人在履行过程中可能带来的风险。在此基础上再由评标委员会对各投标文件分项进行量化比较,从而评定出优劣次序。

(四)提交评标报告

评标委员会全体成员签署书面评标报告,将投标人排序,并推荐1～3名有排序的中标候选人。

三、评标报告

评标报告的
内容及提交

评标报告是评标委员会经过对各投标书评审后向招标人提出的结论性报告,作为定标的主要依据。评标报告应包括基本情况和数据表,评标委员会成员名单,开标纪录,符合要求的投标一览表,废标情况说明,评标标准,评标方法或者评标因素一览表,经评审的价格或者评分比较一览表,经评审的投标人排序,推荐的中标候选人名单与签订合同前要处理的事宜,澄清、说明、补正事项纪要等内容。

评标报告由评标委员会全体成员签字。对评标结果持有异议的评标委员会成员可以用书面方式阐述其不同意见和理由。评标委员会成员拒绝在评标报告上签字且不陈述其不同意见和理由的,视为同意评标结论。评标委员会应当对此做出书面说明并记录在案。评标委员会推荐的中标候选人应当限定在第1名至第3名,并标明排列顺序。

如果评标委员会经过评审,认为所有投标都不符合招标文件的要求,可以否决所有投标。出现这种情况后,招标人应认真分析招标文件的有关要求以及招标过程,对招标工作范围或招标文件的有关内容做出实质性修改后重新进行招标。

四、建设工程施工评标方法

由于工程项目的规模不同、各类招标的标的不同,评标办法可以分为定性评审和定量评审两大类。具体评标方法由招标人决定,并在招标文件中载明。

(一)定性评审

对于标的额较小的中小型工程评标可以采用定性比较的专家评议法,评标委员通过对投标人的投标报价、施工方案、业绩等内容进行定性的分析与比较,选择投标人在各项指标都较优良者为中标人,也可以用表决的方式确定中标人。或者选择能够满足招标文件各项要求,并且经过评审的投标价格最低、标价合理者为中标人。这种方法评标过程简单,在较短时间内即可完成,但科学性较差。

(二)定量评审

1. 经评审的最低投标价法

经评审的最低投标价法简称为最低投标价法,是指能够满足招标文件的实质性要求,并经评审的投标价格最低(低于成本的例外)应推荐为中标人的方法。

(1)根据招标文件规定的评标要素折算为货币价值,进行价格量化工作。一般可以折算为价格的评审因素如下:

① 投标书承诺的工期。工期提前,可以从该投标人的报价中扣减提前工期折算成的价格。

② 合理化建议,特别是技术方面的,可按招标文件的量化标准折算为价格,再在投标价

内扣减此值。

③ 承包人在实施过程中如果发生严重亏损,而此亏损在投标时有明显漏项,招标人或发包人可能有两种选择:其一,给予相应的补项,并将此费用加到评标价中,这样也可以防止承包商的部分风险转移至发包人;其二,解除合同,另找承包人。这种选择对发包人也是有风险的,它既延误了预定的竣工日期,使发包人收益延期,同时与后续承包人订立的合同价格往往高于原合同价,导致工程费用增加。

④ 投标书内提供了优惠条件的情况。如世界银行贷款项目对借款国内投标人有7.5%的评标价优惠。

(2) 价格量化工作完毕进行全面的统计工作。由评标委员会拟定"标价比较表"。表中载明投标人的投标报价、对商务偏差的价格调整和说明、经评审的最终投标价。

可见,最低投标价既不是投标价,也不是中标价,它是将一些因素折算为价格,用价格指标作为评审标书优劣的衡量方法,评标价最低的投标书为最优。定标签订合同时,仍以报价作为中标的合同价。

2. 综合评标法

综合评标法是指通过分析比较找出能够最大限度地满足招标文件中规定的各项综合评价标准的投标,并推荐为中标候选人的方法。

这种评标方法的要点如下:

(1) 评标委员会根据招标项目的特点和招标文件中规定的需要量化的因素及权重(评分标准),将准备评审的内容进行分类,各类中再细化到小项,并确定各类及小项的评分标准。

综合评标法和
最低评标法
的区别

(2) 评分标准确定后,每位评标委员独立地对投标书分别打分,各项分数统计之和即为该投标书得分。

(3) 综合评分。如报价以标底价为标准,报价低于标底5%范围内为满分,报价高于标底6%以上或低于8%以下均为0分计。同样,报价以技术价为标准也可以进行类似评分。

(4) 评标委员会拟定"综合评估比较表",载明以下内容:投标人的投标报价,对商务偏差的调整值,对技术偏差的调整值,最终评审结果等,以得分最高的投标人为中标人,最常用的方法是百分法。

可见,综合评估法是一种定量的评标办法,在评定因素较多而且繁杂的情况下,可以综合地评定出各投标人的素质情况和综合能力,长期以来一直是建设工程领域采用的主流评标方法,适用于大型复杂的工程施工评标。

任务三　建设工程定标与签订合同

一、定标

招标单位应根据评审委员会提出的评标报告和推荐的中标候选单位确定中标单位,也可授权评标委员会直接确定中标单位。招标人确定中标人为定标,又称决标。

使用国有资金投资或者国家融资的项目,招标人应当确定排名第一的中标候选人为中标人。若排名第一的中标候选人放弃中标,因不可抗力提出不能履行合同,或者招标文件规定应当提交履约保证金而在规定的期限内未提交的,招标人可以确定排名第二的中标候选人为中标人。排名第二的中标候选人因前款规定的同样原因不能签订合同的,招标人可以确定排名第三的中标候选人为中标人。在确定中标人之前,招标人不得与投标人就投标价格、投标方案等实质性内容进行谈判。

中标人的投标应当符合下列条件:

(1) 能够最大限度地满足招标文件中规定的各项综合评价标准。

(2) 能够满足招标文件的实质性要求,并且经评审的投标价格最低,但是投标价格低于成本的除外。

招标人在评标委员会依法推荐的中标候选人以外确定中标人的,依法必须进行招标的项目在所有投标被评标委员会否决后自行决定中标人的,中标无效。

二、中标通知书的发出及签订合同

中标通知及
签约准备

1. 发出《中标通知书》

中标单位确定后,招标单位应向中标单位发出中标通知书,与中标单位在30 个工作日内签订合同,并将中标结果通知所有未中标的投标单位。中标通知书发出后,招标单位改变中标结果或拒绝签订合同的,应承担相应的法律责任。

2. 签订合同

招标人和中标人应当在中标通知书发出 30 日内,按照招标文件和中标人的投标文件订立书面合同。招标人与中标人不得再订立背离合同实质性内容的其他协议。

3. 投标保证金和履约保证金

招标单位与中标单位签订合同后 5 个工作日内,向所有投标单位(中标的和未中标的)退还投标保证金。中标人不与招标人订立合同的,投标保证金不予退还,并取消其中标资格,给招标人造成的损失超过投标保证金数额的,应对超过部分予以赔偿。

招标文件中要求中标人提交履约保证金的,中标人应当提交。若中标人不能按时提交履约保证金,可以视为投标违约,没收其投标保证金,招标人再与下一位中标候选人签订合同。当招标文件要求中标人提供履约保证时,招标人也应当向中标人提供工程款支付担保。

任务四　建设工程评标与定标案例分析

 案例一

运用经评审的最低投标价法评标

某国外援助资金建设项目施工招标,该项目是职工住宅楼和普通办公大楼,标段划分甲、乙两个标段。招标文件规定:国内投标人有 7.5% 的评标价优惠;同时投两个标段的投标人给予评标优惠;若甲标段中标,乙标段扣减 4% 作为评标优惠价;合理工期为 24～30 个月,评标工期基准为 24 个月,每增加 1 月在评标价加 0.1 百万元。经资格预审有 A、B、C、

D、E五个投标人的投标文件获得通过,其中A、B两投标人同时对甲、乙两个标段进行投标;B、D、E为国内投标人。

表4-1 投标人投标情况

投 标 人	报价(百万元)		投标工期(月)	
	甲段	乙段	甲段	乙段
A	10	10	24	24
B	9.7	10.3	26	28
C		9.8		24
D	9.9		25	
E		9.5		30

【问题】

1. 该工程如果仅邀请3家施工单位投标是否合适?为什么?

2. 可否按综合评标得分最高者中标的原则确定中标单位?你认为采用什么方式合适并说明理由。

3. 若按照经评审的最低投标价法评标,是否可以把质量承诺作为评标的投标价修正因素?为什么?

4. 确定两个标段的中标人。

【案例评析】

1. 该工程采用的是公开招标的方式,如果仅邀请3家施工单位投标不合适。因为根据有关规定,对于技术复杂的工程,允许采用邀请招标方式,邀请参加投标的单位不得少于3家,而公开招标的单位应该适当超过3家。

2. 不宜按综合评标得分最高者中标的原则确定中标单位,应采用经评审的最低投标价法评标。其一,经评审的最低投标价法评标一般适用于施工招标,需要竞争的是投标人价格,报价是主要的评标内容;其二,因为经评审的最低投标价法评标适用于具有通用技术、性能标准,或者招标人对其技术、性能没有特殊要求的普通招标项目,如一般住宅工程的施工项目。本例中的职工住宅楼和普通办公大楼就属于此类项目。

3. 可以。因为质量承诺是技术标的内容,可以作为最低投标价法的修正因素。

4. 评标结果如下:

表4-2 甲标段评标结果

投标人	报价(百万元)	修正因素		评标价(百万元)
		工期因素调整(百万元)	本国优惠(百万元)	
A	10	0		10
B	9.7	+0.2	$-9.7\times7.5\%$	9.172 5
D	9.9	+0.1	$-9.9\times7.5\%$	9.257 5

因此,甲段的中标人应为投标人B。

表 4-3 乙标段评标结果

投标人	报价(百万元)	修正因素			评标价(百万元)
		工期因素调整(百万元)	同时投两个标段,中标后优惠(百万元)	本国优惠(百万元)	
A	10	0			10
B	10.3	+0.4	−10.3×4%	−10.3×7.5%	9.515 5
C	9.8	0			9.8
E	9.5	+0.6		−9.5×7.5%	9.387 5

因此,乙段的中标人应为投标人 E。

 案例二

运用综合评估法评标

有一工程施工项目采用邀请招标方式,经研究考察确定邀请 5 家具备资质等级的施工企业参加投标,各投标人按照技术、商务分为两个标书,分别装订报送,经招标文件确定的评标原则为:

(1) 技术标占总分的 30%。

(2) 商务标占总分的 70%,其中报价占 30%、工期占 20%、企业信誉占 10%、施工经验占 10%。

(3) 各单项评分满分均为 100 分,计算中小数点后取一位。

(4) 报价评分原则为:以标底的正负 3% 为合理报价,超过认为是不合理报价,计分以合理报价的下限为 100 分,上升 1% 扣 10 分。

(5) 工期评分原则为:以定额工期为准,提前 15% 为 100 分,每延后 5% 扣 10 分,超过定额工期者被淘汰。

(6) 企业信誉评分原则为:企业近 3 年工程优良率为准,100% 为满分,如有国家级获奖工程,每项加 20%,如有省市优良工程奖每项加 10%。

(7) 施工经验的评分原则为:按企业近 3 年承建的类似工程与承建总工程的百分比计算,100% 为 100 分。

以下是 5 家投标单位投标报价及技术标的评标情况:

技术方案标:经专家对各投标单位所报方案比较,针对总平面布置、施工组织网络、施工方法及工期、质量、安全、文明施工措施、机具设备配置、新技术、新工艺、新材料推广应用等项综合评定打分为:A 单位为 95 分、B 单位为 87 分、C 单位为 93 分、D 单位为 85 分、E 单位为 80 分。

商务标汇总表如下:

表 4-4　5 家投标单位的商务标汇总表

投标单位	报价(万元)	工期(月)	企业信誉	施工经验
A	5 970	36	50%,获省优工程一项	30%
B	5 880	37	40%	30%
C	5 850	34	55%,获鲁班奖工程一项	40%
D	6 150	38	40%	50%
E	6 090	35	50%	20%
标底	6 000	40		

要求按照评标原则进行评标,以获得最高分的单位为中标单位。

【问题】

请计算各投标人的评标得分并确定中标人。

【案例评析】

评标得分为:

(1) 各投标单位相对报价及得分:

表 4-5　5 家投标单位的相对报价得分

投标单位	A	B	C	D	E
标底(万元)	6 000	6 000	6 000	6 000	6 000
合理报价的下限	5 820	5 820	5 820	5 820	5 820
报价(万元)	5 970	5 880	5 850	6 150	6 090
相对报价(万元)	102.6%	101%	100.5%	105.7%	104.6%
得　分	74	90	95	43	54

(2) 各投标单位工期提前率及得分:

表 4-6　5 家投标单位的工期提前率得分

投标单位	A	B	C	D	E
定额工期(月)	40	40	40	40	40
以定额工期为准,提前 15% 的工期(月)	34	34	34	34	34
投标工期(月)	36	37	34	38	35
工期提前率	5.9%	8.8%	0	11.8%	2.9%
得分	88.2	82.4	100	76.4	94.2

(3) 各投标单位企业信誉得分:

表4-7　5家投标单位的企业信誉得分

投标单位	A	B	C	D	E
	50%+10%	40%	55%+20%	40%	50%
得分	60	40	75	40	50

（4）各投标单位各项得分及总分：

表4-8　5家投标单位的各项得分及总分

投标单位	A	B	C	D	E
技术标综合得分	95	87	93	85	80
报价综合得分	74	90	95	43	54
工期综合得分	88.2	82.4	100	76.4	94.2
企业信誉综合得分	60	40	75	40	50
施工经验综合得分	30	30	40	50	20
总得分	77.34	76.58	87.9	62.68	66.04
名次	2	3	1	5	4

评标结果：C单位中标。

 案例三

云南鲁布革水电站引水隧洞工程国际招标案例

鲁布革电站是我国第一个利用世界银行贷款和国际招标的项目，在我国首创了采用国际通用的现代项目管理模式组织大型水电项目建设的先例，取得了良好的经济效果和一系列项目管理经验，对我国推行国际工程招标和项目管理起到了巨大的作用，谓之"鲁布革冲击波"。

一、鲁布革水电站项目概况

1. 工程概况

鲁布革水电站于1981年6月列为国家重点项目。该项目总投资8.9亿元，其中含世界银行贷款1.454亿美元（年息8%，偿还期20年）。项目总装机容量60万千瓦，年发电量为27.5亿千瓦·时，为地下长引水洞梯级电站，包括堆石大坝及首部枢纽工程、长9.4公里的引水隧洞系统工程和地下发电厂房系统工程三大子系统。项目总工期53个月，1 597天，要求在1990年全部竣工。项目工期紧，地下开挖量和混凝土浇筑量大，场地狭窄，近万人队伍聚集在不到10公里的崇山峻岭之中，施工组织协调困难。

2. 世界银行基本要求

世界银行为了确保项目投资效果，对项目实施提出必须满足的三个基本条件：

（1）要求建立能够全权代表业主的甲方项目管理班子对世界银行履行合同义务，采用现代项目管理模式，对项目有关各方及项目全过程进行统一协调控制。

（2）采用国际竞争性招标模式（ICB）公开招标，在世界银行成员国范围内择优选择世界一流的承包商承担项目建设任务。

（3）由世界银行派出世界知名的挪威 AGN 咨询专家组和澳大利亚雪山公司咨询专家组，分别负责地下厂房、大坝首部工程及地下引水系统的技术和管理咨询。

二、引水隧洞工程国际招标

鲁布革电站引水隧洞工程的国际招标严格按照 ICB 招标模式进行，整个项目招标共分四个阶段：招标准备阶段、资格预审阶段、招标组织阶段、评标定标及谈判签约阶段。整个招标过程前长后短，招标准备充分而严密，招标手续完备而细致。

1. 招标文件及合同条款准备

鲁布革电站是我国首次国际招标的水电项目，而且是首次采用固定单价式合同的项目。招标文件及合同条款准备完全按世界银行要求进行，严格按照国际顾问工程师联合会标准合同条款（FIDIC 合同条款）和 ICB 招标的要求进行。

2. 资格预审

鲁布革项目招标公告发布之后，中外 32 家承包商纷纷提出了投标意向，争相介绍自己的优势和履历。

招标方经过对承包商的施工经历、财务实力、法律地位、施工设备、技术水平和人才实力的初步审查，淘汰了其中的 12 家，其余 20 家取得了投标资格。

接着，又进行第二阶段资格预审。各厂商分别根据各自特长和劣势进一步寻找联营伙伴，我国 3 家公司分别与 14 家外商进行联营会谈。

经过两阶段资格预审，1983 年 6 月，15 家取得投标资格的中外厂商购买了招标文件，投标开始。

3. 投标及开标

各投标商为了争取中标，纷纷各展所长，展开了激烈竞争。

经过 5 个月的投标阶段，1983 年 11 月 8 日鲁布革项目开标大会在北京正式举行。开标仪式按国际惯例，公开当众开标。各厂商报价结果见表 1。从该表可以看出，最高报价是法国 SBTP 公司（1.79 亿元），最低报价是日本大成公司（0.846 亿元），两者相比，报价相差一倍之多，可见竞争之激烈。

表 4-9　鲁布革引水系统投标报价一览表

投标厂商	综合标价	初评结果	报价名次
日本大成公司（TAISEI）	84 630 590.97 元	入选	1
日本前田公司（MAEDA）	87 964 864.20 元	入选	2
意、美合资英波吉洛联营公司	92 820 660.50 元	入选	3
中国贵华、西德霍兹曼联营公司	119 947 489.60 元	淘汰	4
中国闽昆、挪威 FHS 联营公司	121 327 425.30 元	淘汰	5
南斯拉夫能源工程公司	132 234 146.30 元	淘汰	6
法国 SBTP 公司	179 393 719.20 元	淘汰	7
西德霍克蒂夫公司	标书内容系技术转让	不符合投标要求，废标	8

4. 评标

整个评标工作由中外专家组成的评标小组负责。按照规定的评标办法进行,并互相监督、严格保密,禁止评标人同外界接触。为了慎重评标,整个评标工作分初评、终评两大阶段。

(1) 初评阶段。本阶段主要目的在于对七家承包商的标书做总体综合评价,以便初步选出几家优势较强的企业,供下一阶段做深入评审。

评价内容如下:

① 主要围绕各家标书的完整性、合法性、投标手续及经济担保是否齐备,标价计算是否正确无误进行全面评审。

② 对各承包商的施工方法、施工设备、施工进度计划、成本控制手段、技术力量和财务状况等方面进行综合初步评价,以判断其承包资格和实际承包能力。

③ 在上述综合初评的基础上通过标价对比进行初步筛选。

从前两步初评结果看,上述七家企业都是资本雄厚、信誉良好并拥有较强实力的厂商,完全有能力完成本项目。

但从标价分析看,大成、前田、英波吉洛三家报价竞争力最强,标价也比较接近,可以作为初选对象进行深入评审。而第四~第七名企业因标价普遍高于前三名 2 700~3 600 万元,已失去竞争能力,因此均被淘汰。

(2) 终评阶段。本阶段评标的目的是,在初评入选的三家承包商中,通过澄清会谈,进一步深入摸清各自的优势及特点,确认其施工方案、管理措施及其效果的可靠性,具体落实优惠条件及补充措施,经过深入综合评价,从中选定最佳承包商。

由于三家标价都具有较强竞争力并十分接近,施工管理水平不相上下且各有特点,致使本阶段会谈及评价工作量相当大而且比较复杂。

① 澄清会谈。为了进一步掌握三家承包商情况及意向,招标方分别与三家承包商进行澄清会谈,进一步就各自施工方案、管理措施、技术手段、施工设备、合同条件及其存在问题反复磋商。

在旗鼓相当、各有长短的三家承包商之间,澄清会谈实际上是又一轮更加激烈的竞争角逐。三家都认为自己具备中标的优势,都想通过澄清会谈提出附加优惠条件,采取补救措施进一步加强自己的竞争实力。

招标方充分利用了这一有利条件,促使承包商在原标价基础上按业主意图进一步修改了部分施工方案。

如大成和前田两公司为了施工方便,原标书都在电站首部进水口附近布置了施工支洞。业主方考虑首部施工现场狭窄且容易形成相互干扰,为了确保首部系统的重点工程正常作业,在澄清会谈中提出了希望对方取消该施工支洞。大成公司和前田公司立即表态同意放弃原设施工支洞。

此外,为了保证施工质量,在斜井钢管外回填混凝土施工方案上两家也都按业主意愿做了修改,并表示修改后的追加费用自我消化,不再追加标价。

为了增强竞争优势,三家承包商竞相追加对业主方有利的优惠条件。

前田公司首先提出:完工后将三套价值达 2 062 万元的全新施工设备和 84 万元的备件全部免费赠送我方,以此作为优惠条件,以弥补其报价之不足。

英波吉洛公司为了弥补其报价的劣势,在澄清会谈中提出愿为中方提供 2 500 万美元低息软贷款(年利率仅为 2.5%),并在中标后愿就本项目和海外其他项目与中方公司进行联营,作为优惠条件。

大成公司更不示弱,为保住最低标价的优势,也主动提出愿以 41 台全新设备替换原旧设备,完工后全部免费赠予中方,并附加免费培训我国技术人员,免费转让新技术等一系列优惠条件。听说中方水电部十四局希望分包钢管制作并已建成了钢管厂,大成公司便主动放弃原来分包方案,愿将钢管制作、运输乃至安装全部分包给中方水电部十四局。

经过澄清会谈,三家进一步展开了充分竞争,纷纷更正原方案之不足,进一步满足了业主要求。

② 科学公正地评标。经过充分竞争和澄清会谈之后,评标组进一步对三家厂商的报价、优惠条件及其他优势进行综合、全面而公正的最终评审,做了五方面对比分析。

第一,标价评审:除进行总价比较及其计算依据评审之外,还逐项进行了项目单价及计日工资比较,并从宏观角度将关税、工商税、利息等因素统筹考虑做了综合比较,其结果大成公司仍占明显优势。

第二,优惠条件评审:经过对三家公司提出的馈赠施工设备、提供低息贷款、与中方作中标后分包、中标后联营、无偿提供技术培训和技术转让等优惠条件进行综合分析,结合国际招标惯例及世界银行的有关规定,把软贷款、标后联营排除在外,而将设备馈赠、技术协作、免费培训和钢管制作分包作为中标主要影响因素加以考虑,这样大成公司明显具备优势。

第三,财务实力的评审:经过对三家承包商的财务实力、财务招标和外币支付利息比较,仍以大成公司财务实力和资本最为雄厚,其余两家次之。

第四,施工经验及实力评审:经综合比较,三家公司都是信誉好、设备强、经验丰富的大型承包商。从隧洞施工经验看:英波吉洛公司最强,20 世纪 60 年代以来共完成 6 米以上直径水工隧洞 34 条计 4 万多米,前田公司干过 17 条隧洞总长 1.76 万米,大成公司干过 6 条隧洞计 5 500 米,从投入本工程的施工设备看,前田公司设备实力最强。

第五,施工方法和施工进度评审:经过对三家公司施工方案、开挖和衬砌工艺、进度计划安排及专用设备配置的综合分析,三家各有特点,工期保证措施以前田公司最强,大成公司居中,英波吉洛公司最差。

经上述五方面因素的综合评价,首先淘汰了报价最高、优惠条件与招标要求不符的英波吉洛公司。大成与前田两公司各有长短,综合优势势均力敌,竞争能力不相上下,评审意见不一。经各方专家多次评议讨论,最后取标价最低的大成公司中标。

1984 年 4 月,经报请中国水电部、经贸部和世界银行认可,业主方与日本大成公司谈判并草签了有关协议和备忘录。

1984 年 6 月 16 日,业主方向大成公司发出中标通知书,双方于 1984 年 7 月 14 日合同正式签字。

项目回顾

1. 开标应当在招标文件确定的提交投标文件截止时间的同一时间公开进行,开标地点应当为招标文件中预先确定的地点。

2. 依法必须进行招标的项目,其评标委员会由招标人的代表和有关技术、经济等方面的专家组成,成员人数为五人以上单数,其中技术、经济等方面的专家不得少于成员总数的三分之二。

3. 评标方法一般为经评审的最低投标价法和综合评标法等。

4. 中标人确定后,招标人应当向中标人发出中标通知书,并同时将中标结果通知所有未中标的投标人。

5. 招标人和中标人应当自中标通知书发出之日起 30 日内,按照招标文件和中标人的投标文件订立书面合同。

思考题

1. 简述建设工程开标的程序。
2. 简述建设工程施工的评标办法。
3. 简述建设工程定标过程。

习题

一、单项选择题

1. 业主为防止投标者随意撤标或拒签正式合同而设置的保证金为( )。

A. 投标保证金　　　B. 履约保证金　　　C. 担保保证金　　　D. 合同保证金

2. 评标中,下列投标文件对招标文件响应的偏差中属于细微偏差的是( )。

A. 联合体投标没有联合体协议书

B. 投标工期长于招标文件要求的工期

C. 投标报价的大写金额与小写金额不一致

D. 投标文件没有投标人授权代表的签字

3. 按照《招标投标法》及相关法规的规定,下列评标定标行为中违法的是( )。

A. 甲企业投标报价高于招标文件设定的最高限价,评标委员会没有将其列入中标候选人

B. 乙企业投标报价最低,但评标委员会认为该报价可能低于其企业成本,未作为中标候选人推荐

C. 招标人在评标委员会推荐的中标候选人之外确定了中标人

D. 排名第一的中标候选人未按规定交履约保证金,招标人将排名第二的候选人定为中标人

4. 某工程项目招标采用评标价法评标。中标人的投标报价为 5 000 万元,投标工期比招标文件要求的工期提前获得评标优惠 150 万元。若评标时不考虑其他因素,则评标价和合同价应分别为( )。

A. 4 850 万元和 5 000 万元　　　　B. 4 850 万元和 4 850 万元

C. 5 150 万元和 5 000 万元　　　　D. 5 150 万元和 4 850 万元

5. 根据《中华人民共和国招标投标法》,中标通知书发出后招标人和中标人应在( )天内订立书面合同。

A. 10　　　　　B. 20　　　　　C. 30　　　　　D. 40

6. 评标委员会成员中,成员人数应为(　　)人以上单数,其中技术、经济专家不得少于成员总数的(　　)。

A. 3,3/4 　　　　 B. 3,2/3 　　　　 C. 5,3/4 　　　　 D. 5,2/3

7. 我国招标投标法规定,开标时间应为(　　)。

A. 提交投标文件截止时间
B. 提交投标文件截止时间的次日
C. 提交投标文件截止时间的 7 日后
D. 其他约定时间

二、案例分析题

1. 某市政府投资的一建设工程项目,项目法人单位委托某招标代理机构采用公开招标方式代理项目施工招标,并委托具有相应资质的工程造价咨询企业编制了招标控制价。招标过程中发生以下事件。

事件 1:招标信息在招标信息网上发布后,招标人考虑该项目建设工期紧,为缩短招标时间,而改用邀请招标方式,并要求在当地承包商中选择中标人。

事件 2:资格预审时,招标代理机构审查了各个潜在投标人的专业、技术资格和技术能力。

事件 3:招标代理机构设定招标文件出售的起止时间为 3 个工作日;要求投标人提交的投标保证金为 120 万元。

事件 4:开标后,招标代理机构组建评标委员会,由技术专家 2 人、经济专家 3 人、招标人代表 1 人、该项目主管部门主要负责人 1 人组成。

事件 5:招标人向中标人发出中标通知书后,向其提出降价要求,双方经过多次谈判,签订了书面合同,合同价比中标价降低 2%。招标人在与中标人签订合同 3 周后,退还了未中标的其他投标人的投标保证金。

【问题】

(1) 说明工程造价咨询企业编制招标控制价的主要依据。
(2) 指出事件 1 中招标人行为的不妥之处,并说明理由。
(3) 说明事件 2 中招标代理机构在资格预审时还应审查哪些内容。
(4) 指出事件 3、事件 4 中招标代理机构行为的不妥之处,并说明理由。
(5) 指出事件 5 中招标人行为的不妥之处,并说明理由。

2. 某市政府采用通用技术建设一体育场,采用公开招标方式选择承包商。在资格预审后,招标人向 A、B、C、D、E、F、G 这 7 家投标申请人发出了资格预审合格通知书,并要求各投标申请人在提交投标文件的同时提交投标保证金。

2012 年 2 月 12 日,招标人向 7 家投标申请人发售了招标文件,并在同一张表格上进行了投标登记和招标文件领取签收。招标文件规定:投标截止时间为 2012 年 2 月 27 日 10时;评标采用经评审的最低投标价法;工期不得长于 18 个月。7 家投标申请人均在投标截止时间前提交了投标文件。F 投标人在 2 月 27 日上午 11:00 以书面形式通知招标人撤回其全部投标文件,招标人没收了其投标保证金。由于招标人自身原因,评标工作不能在投标有效期结束日 30 个工作日前完成,招标人以书面形式通知所有投标人延长投标有效期 30天。G 投标人拒绝延长,招标人退回其投标文件,但没收了其投标保证金。

各投标人的投标报价和工期承诺汇总见表 4 - 10,投标文件的技术部分全部符合招标文件要求和工程建设强制性标准的规定。

表 4-10　投票人的投标报价和工期承诺汇总表

投标人	基础工程		结构工程		装饰工程		结构工程与装饰工程搭接时间/月	备　注
	报价/万元	工期/月	报价/万元	工期/月	报价/万元	工期/月		
A	4 200	4	10 000	10	8 000	6	0	各分部分项工程每月完成的工程量相等(匀速施工)
B	3 900	3.5	10 800	9.5	9 600	5.5	1	
C	4 000	3	11 000	10	10 000	5	1	
D	4 600	3	10 600	10	10 000	5	2	
E	3 800	3.5	8 000	9.5	8 000	6	3	

【问题】

(1) 指出上述招标活动和招标文件中的不妥之处,并说明理由。

(2) 招标人没收 F 和 G 投标人的投标保证金是否合适? 说明理由。

(3) 本项目采用"经评审的最低投标价法"评标是否恰当? 说明理由。

(4) 招标人应选择哪家投标人作为中标人(要求列出计算分析过程)? 签订的合同价应为多少?

3. 某建设单位经当地主管部门批准,自行组织某项建设项目施工公开招标工作,招标程序如下:

成立招标工作小组;发出招标邀请书;编制招标文件;编制标底;发放招标文件;投标单位资格预审;组织现场踏勘和招标答疑;接收投标文件;开标;确定中标单位;发出中标通知书;签订承包合同。

该工程有 A、B、C、D、E 五家经资格审查合格的施工企业参加投标。经招标小组确定的评标指标及评分方法为:

(1) 评价指标包括报价、工期、企业信誉和施工经验四项,权重分别为 50%、30%、10%、10%;

(2) 报价在标底价的(1±3%)以内为有效标,报价比标底价低 3% 为 100 分,在此基础上每上升 1% 扣 5 分;

(3) 工期比定额工期提前 15% 为 100 分,在此基础上,每延长 10 天扣 3 分。

5 家投标单位的投标报价及有关评分见表 4-11。

表 4-11　5 家投标单位的投标报价及有关评分

项目　　投标单位	报价(万元)	工期(天)	企业信誉评分	施工经验得分
A	3 920	580	95	100
B	4 120	530	100	95
C	4 040	550	95	100
D	3 960	570	95	90
E	3 860	600	90	90
标底	4 000	600	—	—

【问题】

（1）该工程的招标工作程序是否妥当？为什么？

（2）根据背景资料填写下表，并据此确定中标单位。

表 4 - 12 5 家投标单位的各项得分及总分

项目 ＼ 投标单位	A	B	C	D	E	权重
报价得分						
工期得分						
企业信誉得分						
施工经验得分						
总　分						
名　次						

（注：若报价超出有效范围，注明废标）

4. 某工程项目业主邀请甲、乙、丙三家承包商参加投标。根据招标文件的要求，这三家投标单位分别将各自报价按施工进度计划分解为逐月工程款，如表 4 - 13 所示。招标文件中规定按逐月进度拨付工程款，若甲方不能及时拨付工程款，则以每月 1% 的利率计息；若乙方不能保证逐月进度，则以每月拖欠工程部分的 2 倍工程款滞留至工程竣工（滞留工程款不计息）。

评标规则规定，按综合百分制评标，商务标和技术标分别评分，商务标权重为 60%，技术标权重为 40%。

商务标的评标规则为，以三家投标单位的工程款现值的算术平均数（取整数）为评标基数，工程款现值等于评标基数的得 100 分，工程款现值每高出评标基数 1 万元扣 1 分，每低于评标基数 1 万元扣 0.5 分（商务标评分结果取 1 位小数）。

技术标评分结果是：甲、乙、丙三家投标单位分别得 98 分、96 分、94 分。

表 4 - 13 各投标单位逐月工程款汇总表　　　　单位：万

投标单位	1	2	3	4	5	6	7	8	9	10	11	12	工程款合计
甲	90	90	90	180	180	180	180	180	230	230	230	230	2 090
乙	70	70	70	160	160	160	160	160	270	270	270	270	2 090
丙	100	100	140	140	140	140	300	300	180	180	180	180	2 080

【问题】

（1）计算三家投标单位的综合得分。

（2）以得分最高者中标的原则，确定中标单位。

（注：扫描前言二维码获取全书习题答案）

 **思政园地**

泄露评标专家名单的"内鬼"

2021年1月24日，某市学校迁建工程招标，在公共资源交易中心抽取专家评委。25日上午9时44分，省公共资源交易中心通知被系统抽中的朱某等7名评委，于当日下午14点50分到该市公共资源交易中心参与评标。25日14时40分许，省公共资源交易中心将相关专家名单信息推送至该市公共资源交易中心，15时25分评标专家进入评标室。

但是，市公共资源交易中心信息技术与市场服务科工作人员熊某早在评标前，就受参与投标的某公司委托人所托，等省里将专家名单发给市公共资源交易中心，就与本单位抽取室工作人员陈某合谋，将专家名单搞到手，交给该公司委托人。

省里将名单推到市系统的同时，熊某找到陈某借走打印专家名单的CA证书，在办公室将该项目的评委专家名单私自打印出来，交给秘密接头的另一委托人。事后，熊某收到感谢费4 000元，与陈某平分。

收到名单后，该公司委托人利用专家进入评标室前的这段时间，先后给3名专家评委打电话，请他们在评标中给予照顾。3名专家评委的评分结果第一名均为该公司。

市纪委监委收到相关情况的举报，调查组随即展开调查，很快查实了熊某、陈某顶风违纪违法问题。两人主动交代，从2020年12月开始，以同样的方式受同一人之托提前泄露评标专家名单3次。每次事成后熊某会收到对方送来的感谢费4 000元，都分了一半给陈某。目前，2人已将违纪违法所得上交国库，给予熊某、陈某留党察看一年处分，熊某、陈某受到政务撤职处分，相关监管人员、专家和某公司及其涉及人员均受到相应处理。

项目五　国际工程招投标

学习目标

知识目标：

（1）了解国际工程、国际工程承包的基本概念；

（2）熟悉国际工程招投标的方式和程序。

技能目标：

能够参与国际工程承包以及招投标活动。

思政目标：

（1）开阔国际合作视野；

（2）树立国际担当精神和责任担当意识。

国际工程行业：
"一带一路"
专题报告

任务一　国际工程承包

一、国际工程的概念

国际工程是指一个建设项目从咨询、融资、采购、承包、管理及培训等各个阶段，由国际上若干个国家参与，并按照国际上通用的工程项目管理模式进行管理的工程。

二、国际工程承包的概念

国际工程承包是以工程建设为对象，在国际范围内，由业主通过招标投标或议标洽商的方式，委托具有法人地位和工程实施能力的承包商，完成建设任务的经济活动。

国际工程承包是一种国际经济交易活动，是国际经济合作的一个重要组成部分。

三、国际工程承包的特点

1. 跨国的经济活动

国际工程承包涉及不同地区、不同国家、不同民族、不同组织、不同的政治背景、不同的经济背景、不同的参与单位、不同的经济利益、不同的经济关系、不同的经济纠纷，是一项复杂的跨国经济活动。

2. 严格的合同管理

国际工程承包涉及面广，参与对象众多，不可能依靠行政管理的模式进行管理，必须采用国际上多年来已形成惯例的、行之有效的一整套科学管理方法。

3. 高风险和高利润

国际工程承包一般来说都是投资巨大、规模巨大的项目，业主要求高，竞争激烈，充满了风险,稍有不慎,就可能发生巨额亏损,这也就是国际上每年都有不少工程公司倒闭的原因;但高风险又相伴着高利润,如果决策正确,报价合理,订好合同,科学管理,不但能赢得声誉,还能获得高额利润,这也是国际上每年都有一批新的工程公司成长发达起来的原因。

4. 进入和占领市场的艰巨性

国际工程承包市场的形成和发展,都是与西方发达国家多年前的国外大量投资、咨询和承包分不开的。他们凭借雄厚的资本、先进的技术、高水平的管理和多年的经验,占据了国际工程市场的大部分份额。因此,我们要进入和占据这个市场的一定份额,必须认清其艰巨性,做好充分的准备,并且必然要付出艰辛的努力。

5. 业务范围广泛

国际工程承包的业务范围非常广泛,几乎涉及国民经济的各个领域,既有工业项目,又有农业项目;既有基础项目,又有高科技项目;既有民用项目,又有军事项目。

十个重大的
"一带一路"工程

6. 资金筹措渠道多

一般由国际银行、国际财团、国际金融机构与工程所在国政府一道安排项目开发资金或为承包者提供贷款,支持其承揽或实施项目。

7. 咨询设计先进

项目主办单位通常聘请掌握世界同类项目最先进技术的咨询公司来规划设计,保证项目的先进性和合理性。

8. 竞争激烈

国际工程承包的竞争机制能充分发挥作用,按照择优汰劣的原则,尽可能地利用国际承包商的技术和人才优势,保证工程建设的顺利进行。

9. 有充分挑选余地

国际承包工程的物资采购具有国际化特征,业主或承包商可在全球范围内寻求价廉物美的材料设备。

10. 劳动力资源充足

由于劳动力资源丰富,承包商既可在当地挑选劳务,在许多情况下,还可以由本国或其他国家选派素质较高的劳务。

11. 选用法律公平合理

承包工程的合同条款大多以国际法律、惯例为基础,项目实施过程中出现的问题一般都能得到比较合理的解决。

12. 受国际政治、经济因素影响大

除了工程本身的合同义务和权利外,国际工程承包可能受到国际政治和经济形势变化的影响。例如工程所在国的政策变化,项目资金来源的制约,政治上的制裁、禁运、内乱、战争、政治派别的斗争等等,都严重地影响国际工程承包的运营。

13. 费用支付的多样性

国际工程承包与国内工程承包有明显的差别,进行工程费用结算时,肯定要使用多种货币。承包商要用国内货币支付其国内应缴纳的各种费用及内部开支;要用工程所在国的货币支付当地的费用;要用多种货币支付不同来源地的设备、材料采购费用等等。国际工程承包的支付方式,除了现金和支票支付外,还有银行信用证、国际托收、银行汇付等不同方式。

因此,国际工程承包商必须熟悉和研究国际范围内的各种汇率和利率的变化,必须随时审度和分析国际金融形势,否则就有可能出现严重的后果。

14. 国际工程承包市场的相对稳定性

国际工程市场分布于世界各地,虽然各地区的政治与经济形势不一定十分稳定,但就全球来说,只要不发生世界大战,尽管国际资金流向可能有所变动,但用于建设的投资还是巨大的。国际工程市场总体来说是稳定的。因此,我们应加强调查研究,善于分析市场形势,不断适应市场的变化,才能立于不败之地。

任务二　国际工程招投标方式

国际工程招投标一般可以分为公开招标、邀请招标(又称有限招标、指名竞争等)和议标(又称谈判招标)三种。

一、公开招标

公开招标又称无限竞争性招标,是指招标机构通过新闻媒体发布招标公告,凡具备相应资质并符合条件的承包商不受地域和部门限制,均可申请投标。其主要特点是:

(1)必须发出公开招标通知,且不限制招标通知的传播范围,使尽可能多的承包商得到招标信息。

(2)不限制投标人的数量,任何对招标感兴趣的承包商均可参加。

(3)开标必须以公开的形式进行,以使投标人了解报价情况。

(4)选择合适的中标人后,不但要通知中标人,还要以适当的方式向其他投标人宣布投标结果。

公开招标的优点是招标方可以在较广泛的范围内选择承包商,有利于取得最佳的工程方案,而各投标人可以充分发挥自己在技术、资金、管理等方面的优势参与竞争,体现了公平竞争的原则。

缺点是投标人数量多,评标工作量较大,容易造成招标的时间长、费用高。这种方式国际上一般多应用于政府工程或规模较大的工程。

二、邀请招标

邀请招标即有限招标,也称有限竞争性招标或指名竞争,是指业主或招标机构向预先选择的若干家具备相应资质、符合投标条件的承包商发出邀请函,将招标工程情况、工作范围和实施条件等做出简要说明,请他们参与投标竞争。其主要特点是:

(1)招标的通知不用公开的广告形式,或由于招标项目的特殊性,或出于减少招标机构的负担和招标成本。

(2)只有接受邀请的承包商才是合法投标人。

(3)被邀请参加投标的承包商数量较少,但一般不应少于3家。

英国的《土木工程承包招标投标指南》规定为4~8家;德国的《建筑工程招标一般规定,DIN1960》规定为3~8家,而日本则规定为10家左右。

邀请招标的优点是简化了招标程序,可节约招标费用和节省招标时间;缺点是招标竞争性较差,有可能漏掉某些有竞争力的承包商。

三、议标

议标即谈判招标,是一种非竞争性招标,是指招标单位与几家具备相应资质、符合投标条件的承包商,分别就承包工程的有关事宜进行协商,最终与某一家达成协议,签订合同。从严格意义上讲,议标属于谈判协商方式,不属于招投标的范畴,但由于它自身的特点,在某些方面可以把它看成是前两种方式的补充。国外严格限制其应用范围。议标的主要特点是招标程序简单,但由于其竞争性差,往往导致合同条件和价格有利于承包商。

各个国家针对不同情况在相应的法律上对议标范围都做了非常明确严格的限定。美国、奥地利、比利时等国家的法律规定,采用议标一般情况下也必须引入竞争机制,都必须事先公布招标通告,中标结果确定后也应该发布通告,让其他投标人知道中标结果以便让其询问或向政府司法部门提出异议或诉讼。表5-1列出了联合国《示范法》和德国《建筑工程招标一般规定,DIN1960》中有关议标的规定。

表5-1　有关议标的规定

法律法规	联合国国际贸易法委员会《货物、工程和服务采购示范法》	德国《建筑工程招标一般规定》
有关内容	① 招标人不可能拟定有关工程的详细规格,或不可能确定服务的特点; ② 招标涉及国防或国家安全; ③ 已采用公开招标或有限招标,但未有人响应,或招标人根据法律规定拒绝了全部投标,而且再进行新的招标也不可能产生内容结果; ④ 急需工程,采用公开或有限招标不切实际,但条件是非招标人所造成的或能预见的; ⑤ 由于某一灾难性事故,急需进行工程建设而采用其他方式因耗时太久而不可行	① 由于特殊原因(专利保护、特殊经验或设备等),只能考虑某一家公司; ② 工程非常紧急,来不及公开招标; ③ 工程主要部分已招标承包,剩余的小部分工程可用议标方式招标; ④ 在招标以前,工程规模、数量、图纸资料等难以确定,需要边设计边施工的工程; ⑤ 公开招标或有限招标没有成功

国际工程招标流程

任务三　国际工程招投标程序

一、国际工程招标程序

国际工程招标工作虽然因工程和业主而异,但其基本要求和程序大致相同,都需要经过招标前的准备工作、发出招标公告或邀请函、对投标人进行资格审查、发售招标文件、开标与评标直至签订工程承包合同等几个主要步骤。

(一)招标前的准备工作

业主进行工程招标前,需要考虑是否聘请专业咨询公司作为招标代理。由于工程招标工作量大,涉及的方面多,需要相应的专业人员进行准备,否则会拖延时间,增加费用,有失招标的本意。所以规模较大的工程一般均请专业的咨询公司进行代理,以保证招标工作的顺利展开和维护招标工作的公正性。但无论是业主自理还是聘请专业咨询公司进行代理,作为招标机构均应满足以下要求：招标机构的相对独立性和决策权，招标机构要具有与工程相适应的专业能力。

工程招标机构应由下列人员组成：负责人，即招标机构中的决策者和负责人；专业人员，包括技术、经济及法律专业人员，这是招标机构的主要组成人员；辅助人员，即提供信息调查、计算、绘图、统计等工作的人员。

（二）招标公告

采用公开招标的项目，必须在正式的传播媒体上刊登招标公告，以尽可能广泛地向所有潜在的投标者发出信息，使有意参与的投标者都能公平地得到投标竞争的机会。招标公告应包含以下内容：项目名称和业主；资金来源（如金融贷款并写出贷款编号，政府投资并写明已被批准情况等）；工程情况介绍；投标截止时间、开标时间及地点；购买招标文件的时间、联系地址及费用；招标机构的联系地址及其他事项。

对于邀请招标，通常不要求发出招标公告，而只是向被邀请的承包商发出邀请信及上述有关信息。

（三）资格审查

资格审查是招标机构对参加投标的承包商进行技术水平、财务实力和管理经验等的调查，目的在于剔除不合格的承包商，以保证招标项目的顺利实施，并提高招标机构的工作效率，相应地还可降低招标成本。资格审查分为资格预审和资格后审，一般以资格预审为主。

资格预审应完全以预期的投标人能满意地履行工程合同为基础。以英国《土木工程承包招标投标指南》为例，其中资格预审的主要内容有：

1. 承包商的财务状况

该承包商财务上是否稳定，或有无大集团作为保险后台以应付在合同执行期间可能发生的并非不合理的任何财务问题。审查通常包括审查年度报告（如为公营公司），以及由该承包商开户银行出具的函件或信用报告。

2. 技术和组织能力

该承包商是否有在所考虑的时间内完成该工程的足够能力。

3. 一般经验和履行合同的记录

该承包商对该类型和同规模的工程是否有足够的经验，以及是否有令人满意的履行合同的信誉。这种信息的获得最好是通过与承包商面谈，这比完全依赖公开出版的文献或者他人的评论要可靠。

（四）工程招标文件

工程招标文件是为招标服务的对外正式文件。从招标通告直至将要签订合同的格式与内容等都属于招标文件的范围。招标文件具有严肃的法律意义，它是招投标双方的行动准则与指南，也是投标人编制投标文件的依据和合同的基础。虽然招标文件的详细程度随招标方与招标工程的大小或性质不同而有所差异，但一般招标文件都应包括以下内容：招标公告、投标人须知、投标书格式、合同的通用条款、合同的专用条款、技术规格和图纸、工程量清单、各种必要附件（如投标保函及履约保函格式等）等。

招标文件应在资格预审之后才开始发售，招标文件的发售通常有以下规定：

（1）文件只售给业已获得投标资格的申请投标者。

（2）招标文件通常收文件工本费，购买后，不论是否投标，其费用一律不予退还。

（3）招标文件的正本上一般均应有主管招标机构的印鉴，这份正本在投标时应交回，通常不允许用自己的复印本投标。

（4）招标文件是保密的，不得转让他人。

（五）开标、评标与授标

1. 开标

开标就是将所有投标人的标书启封揭晓。按国际惯例，开标时间应为截止投标时至以后的 3 个月之内。开标由招标机构主持，并在投标文件所规定的时间、地点进行。工程招标一般公开开标，而且应有投标人或其代表出席。开标时应当众宣读并记录投标人名称、投标的总金额，以及任何替代投标方案的总金额（如果要求或允许报替代方案的话）。在规定时间之后收到的投标以及没有在开标时开启并宣读的投标，均不予以考虑。

在公开招标和邀请招标中，一般不允许投标人在投标截止期后修改其投标书。招标机构可以要求投标人进行必要的澄清，以便对投标进行评审，但通常不允许改变其投标书的实质性内容或投标价。澄清的要求和投标人的答复均应采用书面形式。

2. 评标

评标是招标中的关键环节，只有做出全面和客观的公正评价，才能在众多的合格投标者中正确地选择最佳的投标者。评标通常由专门的评标委员会或评审小组负责。标价的高低不是唯一的标准，通常要审查投标报价细目的合理性，以及审查承包商的计划安排、施工技术、财务安排等内容。评标小组要由各方面的专家组成，以便于对承包商的标书进行认真而又全面的评定。

标书的评审应考虑以下三个方面：

（1）标书的合格性。首先，标书应满足以下要求：投标书包括招标文件规定的内容；有要求的必要的支持性文件和资料；标书应是原件，并且有投标人的法定代表签字或盖章。

（2）标书的技术评审。技术评审的目的是分析投标人完成工程的技术能力及其施工方案的可靠性，主要围绕投标书中有关的施工方案、施工计划和各种技术措施进行审查。审查的主要内容有：技术资料的完备性，施工方案的可行性，施工进度计划的合理性，施工质量的保证措施，工程材料和机械设备的技术性能是否符合设计要求，分包商的技术能力和施工经验，投标书中对某些技术要求有何保留性意见，投标书中按招标文件规定提交的建议方案的适用性等。

（3）标书的商务评审。商务评审是从费用、财务和经济分析等方面评审投标报价的正确性、合理性、经济效益和风险等，估量授标给不同的投标人产生的不同后果。商务评审在整个评标工作中占有重要地位。在技术评审中合格或基本合格的投标人当中，究竟授标给谁，商务评审结论往往起着决定性的作用，其评审的主要内容包括：报价是否正确和合理；投标书中的支付和财务问题；关于价格调整问题；投标保证书（银行保函或保险公司出具的保证书）是否符合投标文件的要求，包括审查保函的格式、内容、金额及有效期限等；对建议方案（副标）的商务评审。

经过以上方面的评审后，评审小组应完成最后的综合评审报告，综述整个招标过程中的评审准则，对标书进行对比分析，并提出推荐意见。一般来说，在评审报告中通常推荐前几名作为候选人并应说明理由。

3. 授标

评标报告完成后，由招标机构和工程项目的业主商定中标人，然后由业主或招标机构代表业主向中标人发出授标信或中标通知书。通知书中通常要简明扼要地表明该投标人的投标书已被接受,授标的价格是多少,应在何时与业主商签合同等内容。在向中标的承包商授标后,对未能中标的其他投标人应同时发出相应的通知书,注明退还投标人的投标保证金的办法。

在招标文件中规定的授标最后期限内,若招标机构因故未能做出授标的决定,则应通知投标人,并请投标人延长投标保证的有效期。若某些投标人不愿延长投标保证有效期,则可自动退出投标。各国在工程招标中对于重新投标问题的态度都很严肃,如果要求重新投标必须说明有足够的原因。英国《土木工程承包招标投标指南》规定:"一旦标书已返还雇主,再邀请对实际上的同一工程重新投标,是不符合良好习惯的不公正态度。如果由于特殊情况和不得已的原因而被动员重新投标,投标者则应得到关于导致此决定的情况和理由的充分说明。"

(六)签订工程合同

工程招标授标后,业主和中标的承包商应在规定的期限内签订合同,明确双方的权利、义务和责任。合同一经生效,即具有法律约束力。按国际惯例,工程承包合同文件通常包括以下两部分。

1. 合同文件第一部分

该部分包括合同协议书;合同附录(或补充条款);中标通知书;投标人法人地位文件,包括公证书、委托代理人的授权书以及与别的公司联营的协议书等;保函,包括履约保函、预付款保函等;招标规定,包括投标人须知等;合同条款,包括一般条款和专用条款;投标文件;工程量清单和单价表;施工说明,包括施工方法、施工进度表等;其他文件,如有关会议及谈判文件等。

2. 合同文件的第二部分

该部分主要包括技术规范和工程图纸。

国外在工程承包中一般都编有专用的合同条款等文件,如 FIDIC 的《土木工程施工合同条款》、美国的《工程承包合同通用条款,A201》等。归纳起来各国的工程承包合同条款都有以下五个方面内容:

(1)基本条款:包括当事人双方、合同文件、合同语言、通知条款、保密条款等;

(2)主要条款:包括工作范围、内容、价格及工程变更、支付条款、工期要求等;

(3)保证条款:包括保函、保险及误期罚款等;

(4)法律条款:包括各种税收要求、合同效力、不可抗力、仲裁等;

(5)其他条款:包括临时工程、转包和分包、工程师及其代表等。

二、国际工程投标程序

(一)投标前的准备

国外承包商十分注重投标前的准备,主要包括三方面内容。

国际工程投标风险

1. 收集招标信息和资料

首先是寻找投标目标,获取招标信息的关键在于及时准确。各国政府、国际组织、各国企业进行建设工程招标时,都在影响较大的报刊发布消息,因此从这些媒体上得到信息是寻找投标机会的一种方式。除了招标信息,还应收集与招标有关的其他资料,如招标人情况、招标工程情况及可能参与投标的对手的情况等。

2. 投标可行性分析

参加投标往往要耗费大量的人力、物力及时间,而这些代价要由投标人承担,因此,要认真谨慎地研究中标的可能性和将来的风险。

3. 组成投标小组

如果确认参加投标后,就要成立投标小组,要挑选市场经营、工程施工、采购、财务及合同管理等人员组成。投标小组的任务是按招标要求确定投标工作安排及分工。

(二)工程投标的询价

工程投标的询价是投标人按招标文件要求的规格,向供货人询问相应材料、人工、机械以及服务等方面的价格,了解并确定所需物资的价格。询价工作要注意以下问题:

(1)要认真选择询价对象,至少应货比三家。

(2)要详细明确内容。要注意 FOB(离岸价)、CIF(到岸价)或 EXW(工厂交货价)的运用,要详细说明所需的货物质量、性能规格等。如果询价单不明确,则对方发出的报价就可能产生错误,使成本计算不准确。

(三)标价计算

投标价格的制订是整个投标的关键,投标价格的高低不仅直接关系到投标的成败,而且对中标后盈亏有重要影响。在国际工程中业主是根据承包商实际完成的工程量付款的,报价单中的单价为综合单价。国际通用的《建筑工程量计算规则》的总则中规定:除非另有规定,工程单价中应包括:人工及其有关费用;材料、货物及其一切有关费用;机械设备的费用;临时工程的费用;开办费、管理费及利润。

国际工程投标报价阶段工程造价调研内容和方法探讨

初步计算出标价后,应对其进行综合分析,并考虑将来的盈利和风险,从而做出最终报价。在分析中应考虑以下三种影响:工期延误影响;物价上涨的影响;外汇比例、汇率等可变因素的影响。

(四)填制标书与竞标

标书是投标人正式参加投标竞争的证明,是投标人向业主发出的正式书面报价。承包商的实力体现于标书之中,标书一般包括:

(1)投标证明文件,如授权书、资信证明、资产负债表等;

(2)填制招标人已编制成表格的文件,主要有投标书、报价单、投标保函等;

(3)对招标项目和合同内容的说明性文件,如投标须知、合同条款、技术规范及图纸等;

(4)招标人要求提供的说明性文件,即招标机构要求投标人对项目施工的某一方面进行详细说明的文件,如施工计划等。

全部标书编好经校核并签署后,投标人应按投标须知的规定封装好,在投标截止时间前送达招标人。开标后,中标候选人可按对项目的掌握进一步澄清投标文件,补充某些优惠条件等以进行进一步的竞标活动。

项目回顾

本项目介绍了国际工程、国际工程承包的基本概念以及国际工程招投标的方式和程序,要求学生学习完本章内容后,对国际工程承包以及招投标有一定的了解即可。

思考题

1. 国际工程承包有哪些特点?

2. 国际工程招投标有哪些方式？与国内的招投标方式有什么不同？

3. 简述国际工程招标程序。

习题

1. 国际工程招标方式一般有四种，分别为_____、_____、_____、_____。

2. 国际工程招标项目发布招标公告一般从刊登招标广告或发售招标文件（两个中以时间较晚的为准）算起，给予投标商准备投标的时间不得少于_____天。

3. 对于我国属于国际工程范畴的有（　　）。

A. 参与在本国投资的工程项目　　　　B. 在香港承包工程

C. 参与世行投资项目　　　　　　　　D. 参与我国在国外的投资项目

E. 参与外国在我国的投资项目

（注：扫描前言二维码获取全书习题答案）

项目六　建设工程合同

 学习目标

知识目标：

(1) 了解合同及建设工程施工合同的基础知识；

(2) 掌握建设工程施工合同示范文本相关知识；

(3) 熟悉建设工程施工合同管理的内容；

(4) 熟悉工程建设相关合同管理的内容。

技能目标：

(1) 能够签订建设工程施工合同；

(2) 能够解决建设工程合同中的实际问题。

思政目标：

(1) 严谨细致、法律意识、证据意识、沟通协调、谈判能力、资料整理能力。

(2) 培养科学严谨和细致认真的职业态度；

(3) 树立契约精神、合作共赢精神；

(4) 强化技术责任、生态责任和社会责任。

任务一　概　述

一、合同的概念、特征和分类

（一）合同的概念

合同亦称契约，是指平等主体的自然人、法人、其他组织之间设立、变更、终止民事权利义务关系的协议。

（二）合同的特征

1. 合同是一种民事法律行为

合同不是一种事实行为，而是一种法律行为。合同是当事人在自愿的基础上达成的协议，是以发生一定民事法律后果为目的的法律行为。不具有发生民事法律后果目的的行为不是合同。

2. 合同是双方的或多方的民事法律行为

合同的主体必须有两个或者两个以上，合同的成立是双方或多方当事人意思表示一致的产物，所以合同是双方或多方的民事法律行为，不是单方的法律行为。

3. 合同当事人的法律地位平等

在合同关系中，当事人的法律地位平等，应通过协商的方法签订合同，一方不得凭借行

政权力、经济实力,将自己的意思强加给另一方。

4. 合同是当事人合法的行为

合同的订立和内容必须合法,合同中确立的权利、义务必须是双方当事人依法可以行使的权力和承担的义务。

(三)合同分类

根据不同的标准,可将合同分为不同的种类。对合同进行分类的意义,在于可以帮助当事人更好地订立和履行合同,正确地运用法律处理合同纠纷。一般来说,合同可以分为以下几类:

1. 指令合同与非指令合同

指令合同是指根据国家下达指令而订立的合同;不以国家指令为合同订立前提的合同是非指令合同,也称普通合同。

2. 双务合同与单务合同

缔约双方互负义务为双务合同。仅由当事人一方负担义务,而他方只享有权利的合同为单务合同,如赠予合同、无息借贷合同、无偿保管合同等。

3. 有偿合同与无偿合同

当事人因取得权利需付出一定代价的合同为有偿合同;只取得利益,不付出代价的合同为无偿合同。

4. 要式合同与非要式合同

要式合同指合同成立须依一定方式始为有效的合同,否则为非要式合同。

5. 诺成合同与实践合同

诺成合同指以当事人双方意思表示一致合同即告成立的合同;除当事人意思表示一致外,还须以实物给付合同始能成立,为实践合同。

6. 主合同与从合同

主合同为不依他种合同的存在为前提而能独立成立的合同。从合同是必须以主合同的存在为前提方能成立的合同。

7. 有名合同与无名合同

有名合同又称典型合同或列名合同,指法律上已确定一定名称及规则的合同。《民法典》第三编合同中第二分编典型合同规定的 19 大类合同就是有名合同。无名合同又称非典型合同,指法律上未定一定名称及规则的合同。《民法典》第三编合同中第二分编典型合同规定的 19 大类合同以外的涉及财产关系的合同就属于无名合同。

二、民法典合同编

1.《民法典》合同编的概念

2020 年 5 月 28 日,第十三届全国人大第三次会议表决通过了《中华人民共和国民法典》,自 2021 年 1 月 1 日起施行。原《合同法》同时废止。《中华人民共和国民法典》(简称《民法典》)共 7 编,各编依次为总则、物权、合同、人格权、婚姻家庭、继承、侵权责任,以及附则。《民法典》第三编合同即为《民法典》合同编。

2. 合同的适用范围

《民法典》合同编是调整因合同产生的民事关系。合同是民事主体之间设立、变更、终止

工程招投标腐败里的民法问题

民事法律关系的协议。民法调整平等主体的自然人、法人和非法人组织之间的人身关系和财产关系。

3.《民法典》合同编的基本原则

（1）遵守法律、法规和公序良俗原则

签订合同的双方当事人的主体资格要合法；订立的合同条款不能违反法律、行政法规的强制性规定，否则所签订的合同无效；订立合同的程序和形式要合法。《民法典》合同编第四百六十九条规定："当事人订立合同，可以采用书面形式、口头形式或者其他形式。"第四百七十一条规定："当事人订立合同，可以采取要约、承诺方式或者其他方式。"《民法典》第八条规定："民事主体从事民事活动，不得违反法律，不得违背公序良俗。"

（2）自愿原则

当事人依法享有自愿订立合同的权利，任何单位和个人不得非法干预。

（3）平等原则

平等的含义为：合同当事人的法律地位平等，一方不得将自己的意志强加给另一方。

（4）公平原则

公平原则就是要求合同双方在权利、义务的安排上大致相等，合同一方不得利用对方没有经验而签订显失公平的合同。

（5）诚信原则

诚实，就是订立合同的当事人的意思表示要真实、合法，不歪曲或隐瞒事实真相，不欺骗对方；信用，就是信守合同条款，严格履行双方约定的合同条款，不失信，不违约。坚持诚实信用原则，有利于合同当事人权益实现，确保社会经济秩序稳定。

三、合同的订立

（一）合同订立的概念

合同的订立是指两个或者两个以上的当事人通过协商，依法就合同的主要条款达成一致协议的法律行为。

合同订立的
概念及形式

订立合同的形式，是合同双方当事人之间明确相互权利和义务的方式，是双方当事人意思表示一致的外在表现。

合同的当事人可以是自然人，也可以是法人或者其他组织。订立合同的当事人必须具备与所订立合同相适应的民事权利能力和民事行为能力。当事人也可以依法委托代理人订立合同。因此，在订立合同时，应当注意了解对方是否具有相应的民事权利能力和民事行为能力，是否受委托以及委托代理的事项、权限等。

（二）合同订立的形式

合同的订立形式，指合同的表现方式。当事人订立合同，有书面形式、口头形式和其他形式。法律、行政法规规定采用书面形式的，应当采用书面形式；当事人约定采用书面形式的，应当采用书面形式。

1. 口头合同

口头合同是以口头的（包括电话等）意思表示方式而订立的合同。它的主要优点是简便迅速，缺点是发生纠纷时难于举证和分清责任。因此，应限制使用口头形式。

2. 书面合同

书面形式是指合同书、信件和数据电文(包括电报、电传、传真、电子数据交换和电子邮件)等可以有形地表现所载内容的形式。书面合同的优点是把合同条款、双方责任均笔之于书,有利于分清是非责任,有利于督促当事人履行合同。建设工程合同应当采用书面形式。

3. 其他形式合同

除了书面形式和口头形式以外,合同还可以以其他形式成立。一般认为,不属于上述两种形式,但根据当事人的行为或者特定情形能够推定合同的其他形式(推定形式),或者根据交易习惯所采用的其他形式(如默示形式),都属于法律上认可的合同的其他形式。

案例分析一

监理工程师王某为了工作方便,2004年5月租了李某位于开发区的一套住房,约定租期为一年。到2005年5月一年期满后,王某没有搬出而是继续居住,并且以同样的标准继续支付了2005年6月的房租,房东李某也没有表示任何异议。

请分析监理工程师王某与房东李某之间是否仍然存在合同关系。

案例解析

监理工程师王某与房东李某之间仍然存在合同关系。

因为虽然监理工程师王某与房东李某之间合同已经到期,但是,王某仍然继续居住并且支付了租金,房东李某也没有表示异议,故根据合同形式的相关法律规定,可以推定双方都默认了租房合同的继续存在。

(三)订立合同当事人的主体资格

当事人订立合同,应当具有相应的民事权利能力和民事行为能力。民事权利能力,是指法律赋予民事主体享有的民事权利和承担民事义务的资格。民事行为能力,指民事主体通过自己的行为取得民事权利和设定民事义务的资格。在建筑工程活动中,发包人与承包人的主体资格必须合格,特别是承包人必须具备法人资格,否则所签订的工程合同无效。

(四)合同的订立

当事人订立合同,采取要约和承诺方式,即合同的订立包括要约和承诺两个阶段。

1. 要约

(1)要约的概念:要约又称发盘、出盘、发价、出价、报价。《民法典》合同编第四百七十二条规定,要约是希望和他人订立合同的意思表示,该意思表示应当符合下列规定:

① 内容具体确定;

② 表明经受要约人承诺,要约人即受该意思表示约束。

(2)要约的特征。根据《民法典》合同编第四百七十二条、第四百七十四条、第四百七十九条的规定,要约的特征是:

① 特定的要约人向特定的相对人发出的缔结合同的意思表示;

② 要约的内容具体确定;

③ 要约的内容具有使合同成立的必备条款;

④ 要约一经发出,要约人即受要约约束,否则需承担缔约过失责任;

⑤ 要约必须送达到受要约人；

⑥ 要约一经承诺，除法律另有规定或当事人另有约定外，合同即为成立。

（3）要约邀请。要约邀请又称为要约引诱。要约邀请是希望他人向自己发出要约的意思表示。寄送的价目表、拍卖公告、招标公告（建设工程发包人公开发布的招标公告，在有形建筑市场上发布的招标信息均视为要约邀请）、招股说明书、商业广告等均为要约邀请。

要约邀请具有以下法律特征：

① 一方邀请对方向自己发出要约；

② 是当事人订立合同的预备行为；

③ 是引诱他人发出要约。

案例分析二

甲公司向包括乙公司在内的 10 余家公司发出关于某建设项目的招标书。乙公司在接到招标书后向甲公司发放了投标书。甲公司经过决标，并向其发出中标通知书。请分析甲公司发出招标书和乙公司发出投标书行为的性质。

案例解析

甲公司发出招标书的行为在性质上属于要约邀请，乙公司发出投标书的行为在性质上属于要约。因为甲公司发出招标书的行为是希望收到招标书的公司能够向自己发出要约的意思表示，故属于要约邀请；而乙公司发出投标书的行为是希望能够和甲公司订立合同的意思表示，故属于要约。

（4）要约的生效。要约生效时间关系到对要约人产生的约束力，也涉及承诺期限的问题。根据《民法典》第四百七十四条和第一百三十七条规定，以对话方式作出的要约，受要约人知道其内容时生效。以非对话方式作出的要约，到达受要约人时生效。以非对话方式作出的采用数据电文形式的要约，相对人指定特定系统接收数据电文的，该数据电文进入该特定系统时生效；未指定特定系统的，受要约人知道或者应当知道该数据电文进入其系统时生效。当事人对采用数据电文形式的要约的生效时间另有约定的，按照其约定。

案例分析三

洪达安装公司于 2005 年 5 月 6 日向万宁公司发出购买安装设备要约，称对方如果同意该要约条件，请在 10 日内予以答复，否则将另找其他公司签约。第 3 天正当万宁公司准备回函同意要约时，洪达安装公司又发一函，称前述要约作废，已与别家公司签订合同，万宁公司认为 10 日尚未届满，要约仍然有效，自己同意要约条件，要求对方遵守要约。双方发生争执，起诉至法院。要求分析洪达安装公司的要约是否生效，要约能否撤回或撤销。

案例解析

洪达安装公司的要约已经生效。

因为根据《民法典》的规定，要约到达受要约人时生效。洪达安装公司发出的要约已经到达受要约人,所以该要约已经生效。

洪达安装公司的要约不能撤回也不能撤销。

根据《民法典》的规定,在要约生效前,要约可以撤回。洪达安装公司发出的要约已经生效,因此不能撤回。受要约人在要约生效后,受要约人承诺前,可以撤销要约,但是《民法典》规定,要约中规定了承诺期限或者以其他形式表明要约是不可撤销的,则要约不能撤销。本案中,洪达安装公司的要约称对方如果同意该要约条件,请在 10 日内予以答复,属于要约中明确规定了承诺期限,所以不得撤销。

(5) 要约的法律效力表现为对要约人和受要约人的法律约束力。首先,对要约人的约束力,指要约一经生效,要约人即受要约的约束;其次,对受要约人的约束力,即受要约人在要约生效时即取得承诺而合同成立。

(6) 要约撤回和撤销:

① 撤回指要约发出后,未到达受要约人之前,当事人宣告取消要约。根据《民法典》第四百七十五条和第一百四十一条规定:"要约可以撤回。撤回要约的通知应当在要约到达受要约人前或者与要约同时到达受要约人。"

② 撤销指要约到达受要约人生效后,将该要约取消,从而使要约的效力归于消灭。《民法典》合同编第四百七十六条和第四百七十七条规定:"要约可以撤销。撤销要约的意思表示以对话方式作出的,该意思表示的内容应当在受要约人作出承诺之前为受要约人所知道;撤销要约的意思表示以非对话方式作出的,应当在受要约人作出承诺之前到达受要约人。"

(7) 要约不得撤销的几种情形。《民法典》合同编第四百七十六条规定,有下列情形之一的,要约不得撤销:

① 要约人确定了承诺期限或者以其他形式明示要约不可撤销;

② 受要约人有理由认为要约是不可撤销的,并已经为履行合同作了准备工作。

(8) 要约失效指要约丧失法律的约束力。有下列情形之一的,要约失效:

① 拒绝要约的通知到达要约人;

② 要约人依法撤销要约;

③ 承诺期限届满,受要约人未做出承诺;

④ 受要约人对要约的内容做出实质性变更。

2. 承诺

(1) 承诺的概念:承诺是受要约人同意要约的意思表示。承诺一经做出,并送达要约人,合同即告成立,要约人不得加以拒绝。

(2) 承诺的特征:

① 承诺是由受要约人向要约人做出的;

② 承诺的内容应当与要约的内容一致;

③ 承诺要在要约有效期内做出;

④ 承诺必须表明受要约人决定与要约人订立合同;

⑤ 承诺的方式必须符合要约的要求。

(3) 承诺方式指受要约人以何种形式将承诺的意思送达给要约人。《民法典》合同编第四百八十条规定:"承诺应当以通知的方式做出,但是,根据交易习惯或者要约表明可以通过行为作出承诺的除外。"

（4）期限：承诺应当在要约确定的期限内到达要约人。要约没有确定承诺期限的，承诺应当依照下列规定到达：

① 要约以对话方式做出的，应当即时做出承诺，但当事人另有约定的除外；

② 要约以非对话方式做出的，承诺应当在合理期限内到达。

（5）生效：承诺通知到达要约人时生效。承诺不需要通知的，根据交易习惯或者要约的要求做出承诺的行为时生效。

受要约人在承诺期限内发出承诺，按照通常情形能够及时到达要约人，但因其他原因承诺到达要约人时超过承诺期限的，除要约人及时通知受要约人因承诺超过期限不接受该承诺的以外，该承诺有效。

承诺对要约的内容做出非实质性变更的，除要约人及时表示反对或者要约表明承诺不得对要约的内容做出任何变更的以外，该承诺有效，合同的内容以承诺的内容为准。

（6）承诺的撤回：承诺可以撤回。撤回承诺的通知应当在承诺通知到达要约人之前或者与承诺通知同时到达要约人。

（7）新要约：

① 受要约人超过承诺期限发出承诺的，除要约人及时通知受要约人该承诺有效的以外，为新要约。

② 承诺的内容应当与要约的内容一致。受要约人对要约的内容做出实质性变更的，为新要约。有关合同标的、数量、质量、价款或者报酬、履行期限、履行地点和方式、违约责任和解决争议方法等的变更，是对要约内容的实质性变更。

四、合同成立的时间与地点

1. 合同成立的时间

（1）当事人采用合同书形式订立合同的，自双方当事人签字或者盖章时合同成立。

（2）当事人采用信件、数据电文等形式订立合同的，可以在合同成立之前要求签订确认书，签订确认书时合同成立。

（3）法律、行政法规规定或者当事人约定采用书面形式订立合同，当事人未采用书面形式，但一方已经履行主要义务，对方接受的，该合同成立。

（4）采用合同书形式订立合同，在签字或者盖章之前，当事人一方已经履行主要义务，对方接受的，该合同成立。

2. 合同成立地点

确定合同成立地点在法律上有十分重要的意义，主要涉及合同发生争议起诉到法院时，可以作为法院管辖的依据。

（1）承诺生效的地点为合同成立的地点。采用数据电文形式订立合同的，收件人的主营业地为合同成立的地点；没有主营业地的，其经常居住地为合同成立的地点。当事人另有约定的，按照其约定执行。

（2）当事人采用合同书形式订立合同的，双方当事人签字或者盖章的地点为合同成立的地点。

案例分析四

甲建筑公司向乙水泥厂发出购买水泥的要约,称如果对方同意其条件,将答复意见发至其电子邮箱中,乙水泥厂应约将承诺发至其邮箱中,即开始准备履行合同。但是,甲建筑公司经办人却因为在外开会,一直未打开邮箱查看,致使甲建筑公司以为乙水泥厂未做承诺。1个月后,当乙水泥厂要求甲建筑公司履行合同义务时,甲建筑公司称双方并未签订合同,故没有履行义务。

请分析甲建筑公司与乙水泥厂之间是否存在合同关系。

案例解析

甲建筑公司与乙水泥厂之间存在合同关系。

根据《民法典》的规定,承诺生效时合同成立。承诺通知到达受要约人时生效。采用数据电文形式订立合同的,数据电文进入收件人指定系统的时间是到达时间。故乙水泥厂应约将承诺发至甲建筑公司指定的邮箱中,承诺即生效,合同就成立,甲建筑公司与乙水泥厂之间存在合同关系。

五、合同条款

1. 合同条款的概念和要求

合同条款主要指合同当事人的权利和义务在合同中的约定,是合同的主要内容。在合同中,合同条款的基本要求是全面、明确,条款之间不能相互矛盾。

2. 合同条款的种类

合同条款的种类包括:

(1) 一般条款与特别条款;

(2) 必备条款和非必备条款;

(3) 格式条款和非格式条款;

(4) 实体条款和程序条款。

3. 合同的一般条款

合同的一般条款包括:

(1) 当事人的名称或者姓名和住所;

(2) 标的;

(3) 数量;

(4) 质量;

(5) 价款或者报酬;

(6) 履行期限、地点和方式;

(7) 违约责任;

(8) 解决争议的方式。

任务二　建设工程施工合同

浅谈施工合同/
施工合同的类型

一、建设工程施工合同类型与选择

在施工合同中,建设单位是发包方,施工单位是承包方,施工单位承包多少工程内容和采用什么形式承包,往往是由建设单位决定的。建设单位发包的形式多种多样,因此合同也有多种类型。

(一)按承包人所处的地位来划分

1. 总承包

总承包是建设单位把整个建设工程全部交给一个施工单位承包。这种施工单位必须是具有总承包资质和能力的总承包公司。总承包公司可以把部分专业任务交给专业公司去分包,但是工程中的所有管理工作仍旧由总承包公司负责。总承包公司可为设计施工总承包,即所谓"交钥匙"工程。总承包公司也可以为施工总承包,它承包的内容是土建施工和设备安装,但是不包括勘察设计。

2. 分包

分包单位从总承包单位分包部分专项工程,如电梯安装、土方工程等专业性较强的工程项目。分包单位只与总承包单位签订承包合同,它对总承包单位负责,总包单位对建设单位负责,因此总承包单位选择分包单位应得到建设单位的同意。

3. 独立承包

凡是工程项目不大,技术并不复杂的工程,建设单位往往只交给一家施工单位承包工程而不同意转包给其他分包单位。这样的施工单位就是独立承包,它必须具有完成独立承包的资质和能力。

4. 联合承包

联合承包是由两家以上的建筑企业联合起来承包一项建设工程项目。如设计施工联合承包,由两家以上的施工单位联合承包建筑安装工程等。两家以上的施工企业联合组成承包单位,统一与建设单位签订合同。但参加联合承包的企业在该项工程上是联合承包,而在其他方面仍是各自独立、自主经营、独立核算的。

5. 直接承包

建设单位由于自己的管理力量比较强,往往把工程中的不同专业直接交于不同性质的专业施工单位进行直接承包,由建设单位直接管理,协调各个专业承包单位的关系。采用直接承包给各个不同专业施工单位的总费用,要比直接由总承包付出的费用要便宜得多。

(二)按计价方式划分

1. 总价合同

根据合同规定的工程施工内容和有关条件,业主应付给承包商的款额是一个规定的金额,即明确的总价。总价合同也称作总价包干合同,即根据施工招标时的要求和条件,当施工内容和有关条件不发生变化时,业主付给承包商的价款总额就不发生变化。如果由于承包人的失误导致投标价计算错误,合同总价格也不予调整。总价合同又分固定总价合同和变动总价合同。

（1）固定总价合同。即合同总价一次包死，不因环境因素（如通货膨胀、法律等）变化而调整，承包人承担全部风险。通常仅设计和合同工程范围变化才允许调整合同总价，这种合同用于工期较短（一般不超过一年），且要求十分明确的项目。

（2）可调总价合同，承包人以总价结算。这个总价在合同执行中可以因工资、物价、法律等因素的变化而调整。这种合同，发包人承担了通货膨胀的风险，而承包人承担其他风险，一般适用于工期较长（一年以上）的项目。

（3）固定工程量总价合同。发包人要求投标者在投标时按单价合同办法分别填报分项工程单价，从而计算出工程总价，据之签订合同。原定工程项目全部完成后，根据合同总价付款给承包人。如果改变设计或增加新项目，则用合同中已确定的单价来计算新的工程量和调整总价，这种方式适用于工程量变化不大的项目。

2. 单价合同

当发包工程的内容和工程量尚不能明确、具体地规定时，则可以采用单价合同形式，即根据技术工程内容和估算工程量，在合同中明确每项工程内容的单位价格，实际支付时则根据实际完成的工程量乘以合同单价计算应付的工程款。在实际工程中单价合同又分为以下三种形式。

（1）估算工程量单价合同。这种合同是以工程量表和工程单价表为基础和依据来计算合同价格的。通常是由发包人委托咨询单位按分部分项工程列出工程量表及估算的工程量，由承包人以此为基础填报单价，据此计算出合同总价作为投标报价之用。但在每月结账时，以实际完成的工程量结算。在工程全部完成时以竣工图最终结算工程的总价。这种合同对双方风险都不大，所以是比较常用的一种形式。

（2）纯单价合同。采用这种形式的合同，发包人只向承包人给出发包工程的有关分部分项工程以及工程范围，不需要对工程量做出任何规定。承包人在投标时只需要对这种给定范围的分部分项工程做出报价即可，而工程量则按实际完成的数量结算。这种合同形式主要适用于没有施工图，工程不明，却急需开工的紧迫工程。

（3）单价与包干混合式合同。以单价合同为基础，但对其中某些不易计算工程量的分项工程（如施工导流、小型设备购置与安装调试）采用包干办法，而对能用某种单位计算工程量的，均要求报单价，按实际完成工程量及合同上的单价结账。

由于单价合同允许随工程量变化而调整工程总价，业主和承包商都不存在工程量方面的风险，因此对合同双方都比较公平。另外，在招标前，发包单位无需对工程范围做出完整详尽的规定，从而可以缩短招标准备时间，投标人也只需对所列工程内容报出自己的单价，从而缩短投标时间。

3. 成本加酬金合同

成本加酬金合同也称为成本补偿合同，工程施工的最终合同价格将按照工程的实际成本再加上一定的酬金进行计算。在合同签订时，工程实际成本往往不能确定，只能确定酬金的取值比例或者计算原则。

（1）成本加固定百分比酬金合同。根据这种合同，发包人对承包人支付的人工、材料和施工机械使用费、其他直接费及管理费，同时按照实际直接成本的固定百分比付给承包人一笔酬金，作为承包人的利润。这种合同形式的建筑安装工程总承包价及付给承包人的酬金随工程成本而水涨船高，不利于鼓励承包人降低成本，这也是此种形式的弊病所在，因此很少被采用。

(2)成本加固定金额酬金合同。这种合同形式与成本加固定百分比酬金合同相似。其不同之处仅在于所增加费用是一笔固定金额的酬金。酬金一般是按估算的工程成本的一定百分比确定,数额是固定不变的。

采用上述两种合同计价方式时,为了避免承包人为获得更多的酬金而对工程成本不加控制,往往在承包合同中规定一些"补充条款",以鼓励承包人节约资金,降低成本。

(3)成本加奖罚合同。采用这种形式的合同,首先要确定一个目标成本,这个目标成本是根据粗略估算的工程量和单价表编制出来的。在这些基础上,根据目标成本来确定酬金的数额,可以是百分数的形式,也可以是一笔固定酬金。然后,根据工程实际成本支出情况,另外确定一笔奖金,还可根据成本降低额来得到一笔奖金。当实际成本高出目标成本时,承包人仅能得到成本加酬金的补偿。此外,视实际成本高出目标成本情况,若超过合同规定的限额,还要处以一笔罚金。除此之外,还可设工期奖罚。

(4)最高限额成本加固定最大酬金合同。在这种形式的合同中,首先要确定限额成本、报价成本和最低成本,当实际成本没有超过最低成本时,承包人花费的成本费用及应得酬金等都可以得到发包人的支付,并与发包人分享节约额;如果实际工程成本在最低成本与报价成本之间,承包人只能得到成本和酬金;如果实际工程成本在报价成本与最高限额成本之间,则只有全部成本可以得到支付;实际工程成本超过最高限额成本,则超过部分,发包人不予支付。

采用这种合同,承包商不承担任何价格变化或工程量变化的风险,这些风险主要由业主承担,对业主的投资控制很不利。而承包商则往往缺乏控制成本的积极性,常常不仅不愿意控制成本,甚至还会期望提高成本以提高自己的经济效益,因此这种合同容易被那些不道德或不称职的承包商滥用,从而损害工程的整体效益。所以,应该尽量避免采用这种合同。

成本加酬金合同通常用于如下情况:

① 工程特别复杂,工程技术、结构方案不能预先确定,或者尽管可以确定工程技术和结构方案,但是不可能进行竞争性的招标活动并以总价合同或单价合同的形式确定承包商,如研究开发性质的工程项目;

② 时间特别紧迫,如抢险、救灾工程,来不及进行详细的计划和商谈。

(三)按劳动和材料供应来划分

1. 包工包料

承包工程的所有材料和人工都是由施工单位承包。

2. 包工不包料

承包工程的施工企业负责施工中的全部技术工种和普工,并负责施工技术和管理,但不负责材料供应,而材料由建设单位负责供应。

3. 包工及部分包料

承包工程的施工企业负责施工中的全部人工及部分材料,但其中有部分材料由总包单位或建设单位负责供应。

二、建设工程施工合同文本的主要条款

根据《建设工程施工合同(示范文本)》(GF—2017—0201),建设工程施工

施工合同的内容

合同具有以下主要条款：

(1) 工程名称和地点；

(2) 工程范围和内容；

(3) 开、竣工日期及中间交工工程开、竣工日期；

(4) 工程质量保修期和保修条件；

(5) 工程造价；

(6) 工程价款的支付、结算及交工验收办法；

(7) 设计文件及概、预算，技术资料提供日期；

(8) 材料和设备的供应和进场期限；

(9) 双方相互协作事项；

(10) 违约责任；

(11) 争议的解决方式。

由于建设工程施工合同标的物的特殊性，合同执行期长，还有关于安全施工、专利技术实用、发现地下障碍和文物、工程分包、不可抗拒力、工程有无保险、工程停建或缓建等问题，都是建设工程施工合同的重要内容。

任务三　建设工程施工合同管理

施工合同管理的
主要工作/施工
合同管理的重要性

一、发包人与承包人相关条款

1. 发包人相关条款与规定

(1) 委托监理人向承包人发出开工通知，提供施工场地，在合理期限内按照合同约定数量向承包人提供设计图纸。

(2) 将施工所需水电、通信线路从施工场地外部接至《专用条款》约定地点，满足施工需要。

(3) 办理土地征用、拆迁手续、平整土地，办理取得施工场地出入的专用和临时道路通行权，取得为施工所需修建场外设施权利，并承担有关费用。

(4) 向承包商提供测量基准点、基准线、水准点及其书面资料；提供工程地质与地下管线资料，并对其可靠性负责。

(5) 办理施工许可证和其他法律、法规规定的申请批准手续和施工所需要的有关证件。

(6) 组织承包人和设计单位进行图纸会审和设计交底。

(7) 协调处理现场设施保护、环境保护、文物保护工作，并承担有关费用。

(8) 发包人提供的材料和工程设备具体内容要求应在专用合同条款中写明，在材料、设备到货前7天通知承包人，承包人会同监理人在约定时间内在交货地点共同验收后，承包人负责接收、运输、保管。若提供材料、设备的数量、质量、规格不符合要求，或改变交货地点、时间延误，发包人应承担由此增加的费用和工期延误，并向承包人支付合理利润。

(9) 发包人按合同约定在开工前支付预付款。承包人按合同约定完成施工任务后发包人负责组织竣工验收，支付工程进度款和竣工结算款。按合同约定履行安全职责，授权监理人按合同约定的安全工作内容监督、检查承包人安全工作的实施。对其现场机构雇用的全部人员的工伤事故承担责任。

(10) 负责赔偿约定情况下造成的第三者人身伤亡和财产损失。按照有关法律规定参加主伤保险,为其现场机构雇用的全部人员投保人身意外伤害险、工伤事故险。

(11) 对承包人提出的合理化建议,缩短了工期,提高了工程经济效益,按相关规定(约定)给予奖励。

2. 承包人相关条款与规定

(1) 按工程需要提供和维修施工使用的照明、围栏设施,并负责安全保卫工作,负责修建、维护、管理施工所需临时道路和交通设施。

(2) 遵守有关部门对施工场地交通、施工噪声以及环境保护和安全生产管理的规定,避免损害公众与他人的利益。按《专用条款》的约定做好施工现场管理和邻近建筑物、古树名木、文物建筑的保护工作。

(3) 按《专用条款》约定,向发包人提供现场办公和生活用房及设施,发生费用由发包人承担。向工程师提供年、季、月度计划及相关统计报表。

(4) 已竣工工程未交付之前,应负责已完工程成品的保护工作,保护期发生损坏,由承包方自费修复。承包人应对施工作业和施工方法的完备性和安全可靠性负责,编制施工组织设计、施工进度和施工措施计划。

(5) 承包人组成联合体时,应共同与发包人签订合同协议,各方应为履行合同承担连带责任,要确定牵头人,负责与发包人、监理人联系,并接受指示。按监理人指示进行工程变更。

(6) 承包人应按合同约定指派项目经理,并在约定期限内到职,负责组织合同工程实施。接到开工通知 28 天内,向监理人提交施工管理机构设置、人员构成报告,并及时通报人员变动情况。

(7) 承包人应保障承包人员的合法权益,与他们签订合同,包括发放工资,休息休假,食宿条件,劳动保护,办理保险(工伤事故险、意外伤害险,施工材料、进场设备保险,以承包人发包人的共同名义投第三者责任险)等。

(8) 承包人应按合同约定对其采购的材料、工程设备的数量、质量、规格的可靠性、完备性负责,应会同监理人进行检验和交货验收,查验产品合格证书,并按合同约定和监理人指示进行材料抽验和工程设备检验测试,所需费用由承包人承担,结果提交监理方。

(9) 承包人应对施工现场和周围环境进行勘察,并收集有关资料。在全部合同工作中,应视为承包人已充分估计了应承担的责任和风险。按合同约定及监理人有关安全的指示,编制施工安全措施计划并报监理人审批,加强作业安全管理,制定应对灾害与突发事件预案。按合同约定的环保工作内容,编制施工环保措施计划,报送监理人审批,采取有效措施防止环境被破坏、污染,进行水土保护,避免因施工造成的地质灾害。

(10) 项目经理负责组织合同工程的实施,在紧急情况无法与监理人取得联系时可采取紧急措施,并在采取措施后 24 小时内向监理人提交书面报告。承包人为履行合同发出的一切函件均应盖有承包人授权的施工管理机构章。

二、工程价款的管理

(一) 工程预付款

包工包料工程的预付款按合同预定拨付,原则上预付比例不低于合同金额的 10%,不高于合同金额的 30%。对重大工程项目,按年度工程计划逐年预付。

在具备施工条件的前提下,发包人应在双方签订合同后的 1 个月内或不迟于约定的开工期前的 7 天内预付工程款,发包人不按约定预付,承包人应在预付时间到期后 10 天内向发包人发出要求预付的通知,发包人收到通知后仍不按要求预付,承包人可发出通知 14 天后停止施工,发包人应从约定应付之日起向承包人支付应付款的利息(利率按同期银行贷款利率计),并承担违约责任。预付的工程款必须在合同中约定抵扣方式,并在工程进度中进行抵扣。

(二)工程进度款

1. 工程款的计量(工程量的确认)

承包人应当按照合同约定的方法和时间,向发包人提交已完工程量的报告。发包人接到报告后 14 天内核实已完工程量,并在核实前 1 天通知承包人,承包人应提供条件并派人参加核实,承包人收到通知后不参加核实,以发包人核实的工程量作为付款依据。发包人不按规定通知承包人,使承包人未能参加核实,核实结果无效。发包人收到承包人报告后 14 天内未核实完工程量,从第 15 天起,承包人报告的工程量即视为被确认,作为工程价款支付的依据。

2. 工程款进度款支付

根据确定的工程计量结果,承包人向发包人提出支付工程进度款申请 14 天内,发包人应按不低于工程价款的 60%,不高于工程价款的 90% 向承包人支付工程进度款。按约定时间发包人应扣回的预付款,与工程进度同期结算抵扣。

3. 工程价款的调整

工程变更通常涉及工程费用的变动和施工工期的变化,对合同价有较大的影响时需要调整合同价。合同价款调整因素包括:

(1)法律、行政法规和国家有关政策变化影响合同价款;

(2)工程造价管理机构的价格调整;

(3)经批准的设计变更;

(4)发包人更改经审定批准的施工组织设计造成费用增加;

(5)双方约定的其他因素。

合同价款调整情况发生后 14 天内,将调整原因、金额以书面形式通知发包人,发包人确认调整金额后将其作为追加合同价款,与工程进度款同期支付。发包人收到承包人通知后 14 天内不予确认也不提出修改意见,视为已同意该项调整。

变更合同价款调整原则:

(1)合同中已有适用于变更工程的价格,按合同已有的价格变更合同价款;

(2)合同中只有类似于变更工程的价格,可以参照类似价格变更合同价款;

(3)合同中没有适用或类似于变更工程的价格,由承包人或发包人提出适当的变更价格,经对方确认后执行。如双方不能达成一致的,双方可向工程所在地工程造价管理机构进行咨询,或按合同约定的争议或纠纷解决程序办理。

4. 竣工结算编制与工程价款的结算

发包人收到竣工结算报告及完整的结算资料后,在合同约定期限内,对结算报告及资料没有提出意见,则视为认可。

承包人如未在规定时间内提供完整的工程结算资料,经发包人催促后14天内仍未提供或没有明确答复,发包人有权根据已有资料进行审查,责任由承包人自负。根据确认的竣工结算报告,承包人向发包人申请支付工程竣工结算款,发包人应在收到申请后15天支付结算款,到期没有支付的应承担违约责任。

三、施工合同中工程质量的管理

工程施工中的质量管理是施工合同履行中的重要环节。施工合同的质量管理涉及许多方面的因素,任何一个方面的缺陷和疏漏,都会使工程质量无法达到预期的标准。项目经理必须严格按照合同的约定抓好施工质量,施工质量好坏是衡量项目经理管理水平的重要标准。

建筑施工企业的经理,要对本企业的工程质量负责,并建立有效的质量保证体系。施工企业的总工程师和技术负责人要协助经理管好质量工作。施工企业应当逐级建立质量责任制。项目经理(现场负责人)要对本施工现场内所有单位工程的质量负责,栋号工长要对单位工程质量负责,生产班组要对分项工程质量负责。现场施工员、工长、质量检验员和关键工种工人必须经过考核取得岗位证书后方可上岗。企业内各级职能部门必须按企业规定对各自的工作质量负责。

(一) 标准、规范和图纸

建设工程施工的技术要求和方法即为强制性标准,施工合同当事人必须执行。施工中必须使用国家标准、规范;没有国家标准、规范,但有行业标准、规范的,使用行业标准、规范;没有行业标准、规范的,使用工程所在地的地方标准、规范。发包人应当按照《专用条款》约定的时间向承包人提供一式两份约定的标准、规范。

建设工程施工应当按照图纸进行。在施工合同管理中的图纸是指由发包人提供或者由承包人提供经工程师批准、满足承包人施工需要的所有图纸(包括配套说明和有关资料)。按时、按质、按量提供施工所需图纸,也是保证工程施工质量的重要方面。

(二) 材料设备供应的质量控制

工程建设的材料设备供应的质量控制,是整个工程质量控制的基础。

1. 材料生产和设备供应单位应具备法定条件

要求建筑材料、配件生产及设备供应单位必须具备相应的生产条件、技术装备和质量保证体系,具备必要的检测人员和设备,把好产品看样、订货、储存、运输和核验的质量关,材料设备质量应符合要求。

2. 材料设备质量应符合要求

(1) 符合国家或者行业现行有关技术标准规定的合格标准和设计要求。

(2) 符合在建筑材料、构配件及设备或其包装上注明采用的标准,符合以建筑材料、配件及设备说明、实物样品等方式表明的质量状况。

3. 材料设备或其包装上的标识应符合的要求

(1) 有产品质量检验合格证明。

(2) 有中文标明的产品名称、生产厂家厂名和厂址。

(3) 产品包装和商标样式符合国家有关规定和标准要求。

(4) 设备应有详细的使用说明书,电气设备还应附有线路图。

（5）实施生产许可证或使用产品质量认证标志的产品，应有许可证或质量认证的编号、批准日期和有效期限。

（三）工程验收的质量控制

工程验收是一项以确认工程是否符合施工合同规定为目的的行为，是质量控制的最重要的环节。

1. 工程质量标准

工程质量应当达到协议书约定的质量标准，质量标准的评定按国家或者专业的质量验证评定标准。发包人要求部分或者全部工程质量达到优良标准，应支付由此增加的追加合同价款，对工期有影响的应给予相应顺延。这是"优质优价"原则的具体体现。

达不到约定标准的工程部分，工程师一经发现，可要求承包人返工，承包人应当按照工程师的要求返工，直到符合约定标准。因承包人原因达不到约定标准的，由承包人承担返工费用，工期不予顺延；因发包人原因达不到约定标准的，由发包人承担返工的追加合同价款，工期相应顺延；因双方原因达不到约定标准的，责任由双方分别承担。按照《建设工程质量管理办法》的规定，对达不到国家标准规定的合格要求的或者合同中约定的相应等级要求的工程，要扣除一定幅度的承包价。

双方对工程质量有争议的部分，由《专用条款》约定的工程质量监督管理部门鉴定，所需费用及因此造成的损失，由责任方承担。双方均有责任的，由双方根据其责任分别承担。

2. 施工过程中的检查和返工

在工程施工过程中，工程师及其委派人员对工程的检查检验，是他们一项日常性工作和重要职能。

承包人应认真按照标准、规范和设计要求以及工程师依据合同发出的指令施工，随时接受工程师及其委派人员的检查检验，为检查检验提供便利条件，并按工程师及其委派人员的要求返工、修改，承担由于自身原因导致返工、修改的费用。

检查检验合格后，又发现因承包人原因引起的质量问题，由承包人承担责任，赔偿发包人的直接损失，工期相应顺延。

检查检验不应影响施工正常进行，如影响施工正常进行，检查检验不合格时，影响正常施工的费用由承包人承担。除此之外，影响正常施工的追加合同价款由发包人承担，相应顺延工期。因工程师指令失误和其他非承包人原因发生的追加合同价款，由发包人承担。

3. 隐蔽工程和中间验收

由于隐蔽工程在施工中一旦完成隐蔽，很难再对其进行质量检查，因此必须在隐蔽前进行检查验收。对于中间验收，合同双方应在《专用条款》中约定需要进行中间验收的单项工程和部位的名称、验收的时间和要求，以及发包人应提供的便利条件。

工程具备隐蔽条件和达到《专用条款》约定的中间验收部位，承包人进行自检，并在隐蔽和中间验收前48小时以书面形式通知工程师验收。通知包括隐蔽和中间验收内容、验收时间和地点。承包人准备验收记录，验收合格，工程师在验收记录上签字后，承包人可进行隐蔽和继续施工。验收不合格，承包人在工程师限定的时间内修改后重新验收。

工程质量符合标准、规范和设计图纸等的要求，验收24小时后，工程师在验收记录上签字，视为工程已被批准，承包人可进行隐蔽或者继续施工。

4. 重新检验

工程师不能按时参加验收,必须在开始验收前 24 小时向承包人提出书面延期要求,延期不能超过 2 天。工程师未能按以上时间提出延期要求,不参加验收,承包人可自行组织验收,发包人应承认验收记录。

无论工程师是否参加验收,当其提出对已经隐蔽的工程重新检验的要求时,承包人应按要求进行剥露,并在检验后重新覆盖或者修复。检验合格,发包人承担由此发生的全部追加合同价款,赔偿承包人损失,并相应顺延工期;检验不合格,承包人承担发生的全部费用,工期不予顺延。

5. 工程试车

(1)单机无负荷试车。设备安装工程具备单机无负荷试车条件,由承包人组织试车,单机试运转达到规定要求,才能进行联试,承包人应在试车前 48 小时书面通知工程师。承包人准备试车记录,发包人为试车提供必要条件。试车通过,工程师在试车记录上签字。

(2)联动无负荷试车。设备安装工程具备无负荷联动试车条件,由发包人组织试车,并在试车前 48 小时书面通知承包人。通知内容包括试车内容、时间、地点和对承包人的要求,承包人按要求做好准备工作和试车记录。试车通过,双方在试车记录上签字。

(3)投料试车。投料试车应当在工程竣工验收后由发包人全部负责。如果发包人要求承包人配合或在工程竣工验收前进行时,应当征得承包人同意,另行签订协议。

6. 竣工验收

根据建设项目的规模大小和复杂程度,整个建设项目的验收可分为初步验收和竣工验收两个阶段进行。规模较大、较复杂的建设项目应先进行初验,然后进行全部建设项目的竣工验收。规模较小、较简单的项目,可以一次进行全部项目的竣工验收。

建设项目在竣工验收之前,由建设单位组织施工、设计及使用等有关单位进行初验。初验前由施工单位按照国家规定,整理好文件、技术资料,向发包人提供完整的竣工资料及竣工验收报告。

发包人收到竣工验收报告后 28 天内组织有关单位验收,并在验收后 14 天内给予认可或提出修改意见。承包人按要求修改。由于承包人原因而使工程质量达不到约定的质量标准,承包人承担修改费用。

工程未经竣工验收或竣工验收未通过的,不得交付使用。若发包人强行使用,发生的质量问题及其他问题,由发包人承担责任。

7. 保修

建设工程办理竣工验收手续后,在规定的期限内,因勘察、设计、施工、材料等原因造成的质量缺陷,应当由施工单位负责维修。质量缺陷是指工程不符合国家或行业现行的有关技术标准、设计文件以及合同中对质量的要求。

(1)工程质量保修范围。承包人应当在工程竣工验收之前与发包人签订质量保修书,作为合同附件。质量保修范围包括地基基础工程、主体结构工程、屋面防水工程和双方约定的其他土建工程,以及电气管线、给水排水管线的安装工程,供热、供冷系统工程等项目。工程质量保修范围是国家强制性的规定,合同当事人不能约定减少国家规定的工程质量保修范围。工程质量保修的内容由当事人在合同中约定。

(2)质量保修期。质量保修期从工程竣工验收之日算起。其中部分工程的最低质量保修期为：

① 基础设施工程、房屋建筑的地基基础工程和主体结构工程，为设计文件规定的该工程合理使用年限；

② 屋面防水工程，有防水要求的卫生间、房间和外墙面的防渗漏，保修期为 5 年；

③ 供热与供冷系统，为 2 个供暖期、供冷期；

④ 电气管线、给水排水管道、设备安装和装修工程，其他项目的保修期限由发包人和承包人约定。

（3）质量保修责任：

① 属于保修范围和内容的项目，承包人应在接到修理通知之日后 7 天内派人修理。承包人不在约定期限内派人修理，发包人可委托其他人员修理，修理费用从质量保证金内扣除。

② 在工程合理使用期限内，承包人确保地基基础工程和主体结构的质量。因承包人原因致使工程在合理使用期限内造成人身和财产损害，承包人应承担损害赔偿责任。

（四）施工合同中工程进度的管理

进度管理，是施工合同管理的重要组成部分。合同当事人应当在合同规定的工期内完成施工任务，发包人应当按时做好准备工作，承包人应当按照施工进度计划组织施工。为此，项目经理应当落实进度控制部门的人员、具体的控制任务和管理职能分工，并且编制合理的施工进度计划并控制其执行，即在工程进展全过程中，进行计划进度与实际进度的比较，对出现的偏差及时采取措施。

施工合同偏差分析

施工合同的进度控制可以分为施工准备阶段、施工阶段和竣工验收阶段的进度控制。

1. 施工准备阶段的进度控制

施工准备阶段的许多工作都对施工的开始和进度有直接影响，包括双方对合同工期的约定、承包方提交进度计划、设计图纸的提供、材料设备的采购、延期开工的处理等。

（1）合同双方约定合同工期。施工合同工期，是指施工的工程从开工起到完成施工合同专用条款中双方约定的全部内容，工程达到竣工验收标准所经历的时间。合同工期是施工合同的重要内容之一，故《施工合同文本》要求双方在协议书中做出明确约定。约定的内容包括开工日期、竣工日期和合同工期总日历天数。合同当事人应当在开工日期前做好一切开工的准备工作，承包人则应按约定的开工日期开工。

（2）承包人提交进度。承包人应当在《专用条款》约定的日期，将施工组织设计和工程进度计划提交工程师。群体工程中采取分阶段进行施工的工程，承包人则应按照发包人提供图纸及有关资料的时间，分阶段编制进度计划，分别向工程师提交。

（3）工程师对进度计划予以确认或者提出修改意见。工程师接到承包人提交的进度计划后，应当予以确认或者提出修改意见，时间限制则由双方在《专用条款》中约定。如果工程师逾期不确认也不提出书面意见，则视为已经同意。工程师对进度计划予以确认或者提出修改意见，并不免除承包人对施工组织设计和工程进度计划本身的缺陷所应承担的责任。工程师对进度计划予以确认的主要目的是为工程师对进度进行控制提供依据。

（4）其他准备工作。在开工前，合同双方还应当做好其他各项准备工作。发包人应当按照专用条款的规定使施工现场具备施工条件，开通施工现场与公共道路。承包人应当做好施工人员和设备的调配工作。对于工程师而言,特别需要做好水准点与坐标控制点的交验,按时提供标准、规范。为了能够按时向承包人提供设计图纸,工程师可能还需要做好设计单位的协调工作,按照《专用条款》的约定组织图纸会审和设计交底。

(5)延期开工。承包人应当按协议书约定的开工日期开始施工。如果承包人要求延期开工,应在不迟于协议书约定的开工日期前 7 天,以书面形式向工程师提出延期开工的理由和要求。工程师在接到延期开工申请后的 48 小时内以书面形式答复承包人。工程师在接到延期开工申请后的 48 小时内不答复,视为同意承包人的要求,工期相应顺延。

因发包人的原因不能按照协议书约定的开工日期开工,工程师以书面形式通知承包人后,可推迟开工日期。承包人对延期开工的通知没有否决权,但发包人应当赔偿因此给承包人造成的损失,相应顺延工期。

2. 施工阶段的进度控制

工程开工后,合同履行即进入施工阶段,直至工程竣工。承包方应控制施工任务在协议书规定的合同工期内完成。

(1)监督进度计划的执行阶段进度控制任务。开工后,承包人必须按照工程师确认的进度计划组织施工,接受工程师对进度的检查、监督。这是工程师进行进度控制的一项日常性工作,检查、监督的依据是已经确认的进度计划。一般情况下,工程师每月检查一次承包人的进度计划执行情况,由承包人提交一份上月进度计划实际执行情况和本月的施工计划。同时,工程师还应该进行必要的现场实地的检查。工程实际进度与进度计划不符时,承包人应当按照工程师的要求提出改进措施,经工程师确认后执行。如果采用改进措施后,经过一段时间工程实际进度赶上了进度计划,则仍可按原进度计划执行;如果采用改进措施一段时间后,工程实际进度仍明显与进度计划不符,则工程师可以要求承包人修改原进度计划,并经工程师确认。但是,这种确认并不是工程师对工程延期的批准,而仅仅是要求承包人在合理的状态下施工。因此,如果修改后的进度计划不能按期完工,承包人仍承担相应的违约责任。

工程师应当随时了解施工进度计划执行过程中所存在的问题,并帮助承包人解决,特别是承包人无力解决的内外关系协调问题。

(2)暂停施工。在施工过程中,有些情况会导致暂停施工。暂停施工当然会影响工程进度,作为工程师应当尽量避免暂停施工。暂停施工的原因是多方面的,但归纳起来有以下三个方面:

第一方面,工程师要暂停施工。工程师在主观上是不希望暂停施工的,但有时继续施工会造成更大的损失。工程师认为确有必要时,应当以书面形式要求承包人暂停施工,承包人应当按照工程师要求停止施工,并妥善保护已完工程。如果停工责任在发包人,由发包人承担所发生的追加合同款,相应顺延工期;如果停工责任在承包人,由承包人承担发生的费用,工期不予顺延。由于工程师不及时作出答复,导致承包人无法复工,由发包人承担违约责任。

第二方面,由于发包人违约,承包人主动暂停施工。当发包人出现某些违约情况时,承包人可以暂停施工。这是承包人保护自己权益的有效措施。如发包人不按合同规定及时向承包人支付工程预付款、发包人不按合同规定及时向承包人支付工程进度款且双方未达成延期付款协议,承包人均可暂停施工。这时,发包人应当承担相应的违约责任。出现这种情况时,工程师应当尽量督促发包人履行合同,以尽量减少双方的损失。

第三方面,意外情况导致的暂停施工。在施工过程中出现一些意外情况,如果需要暂停施工,则承包人应暂停施工。在这些情况下,工期是否给予顺延应视风险责任的承担确定。如发现有价值的文物、发生不可抗力事件等,风险责任应当由发包人承担,故应给予承包人工期顺延。

(3)工程设计变更。施工中发包人如果需要对原工程设计进行变更,应在不迟于变更前14天以书面形式向承包人发出变更通知。变更超过原设计标准或者批准的建设规模时,必须经原规划管理部门和其他有关部门审查批准,并由原设计单位提供变更的相应图纸和说明。承包方应当严格按照图纸施工,不得对原工程设计进行变更。

由于发包人对原设计进行变更,以及经工程师同意的、承包人要求进行的设计变更,导致合同价款的增减及造成的承包人损失,由发包人承担,延误的工期相应顺延。

3. 竣工验收阶段的进度控制

竣工验收是发包人对工程的全面检验,是保修期外的最后阶段。在竣工验收阶段,项目经理进度控制的任务是督促完成工程扫尾工作,协调竣工验收中的各方关系,参加竣工验收。

(1)承包人提交竣工验收报告。当工程按合同要求全部完成后,工程具备了竣工验收条件,承包人按国家工程竣工验收的有关规定并按《专用条款》要求的日期和份数,向发包人提供完整的竣工资料和竣工验收报告,并向发包人提交竣工图。

(2)发包人组织验收。发包人在收到竣工验收报告后28天内组织有关部门验收,并在验收14天内给予认可或者提出修改意见。竣工日期为承包人送交竣工验收报告日期;需修改后才能达到验收要求的,竣工日期为承包人修改后提请发包人验收的日期。

(3)发包人不按时组织验收的后果。发包人收到承包人送交的竣工验收报告后28天内不组织验收,或者在验收后14天内不提出修改意见,则视为竣工验收报告已经被认可。发包人收到承包人送交的竣工验收报告后28天内不组织验收,从第29天起承担工程保管及一切意外责任。

在施工中,发包人如果要求提前竣工,发包人应当与承包人进行协商,协商一致后应签订提前竣工协议,发包人应为赶工提供方便条件。

案例分析五

工程未经竣工验收使用纠纷案

2010年6月,某施工单位(下称承包人)承建某建设单位(下称发包人)酒店装修工程。2010年9月,工程竣工。但未经竣工验收,发包人的酒店即于2010年10月中旬开张。2010年11月,双方签订补充协议,约定发包人提前使用工程,承包人不再承担任何责任,发包人应于2010年12月支付50万元工程款并对总造价委托审价。

2011年4月,承包人起诉发包人,要求按约定支付工程欠款和结算款。但发包人在法庭上辩称并反诉称:承包人施工工程存在质量问题,现场制作安装与设计图纸不符,并要求被告支付工程质量维修费及维修期间营业损失。

诉讼过程中,酒店的平顶突然下塌,发包人自行委托修复,导致承包人施工工程量无法计算。因此,本案的争议焦点是:未经签证增加工程量如何审价鉴定? 纠纷争议工程质量问题是施工原因还是使用不当造成的? 未经竣工验收的工程的质量责任应由谁承担?

案例解析

(1) 双方在施工过程中未就隐蔽工程验收、竣工验收等做好相关记录,现场制作安装与设计图纸也不符,但发包人未经验收就使用了工程,故可认为双方实际上变更了工程内容,工程造价应当按照施工现场实际情况按实结算。

(2) 根据最高人民法院关于《建设工程施工合同司法解释的理解与适用》第十三条规定发包人未经验收擅自使用工程,因无法证明承包人最初交给发包人的建筑产品的原状,应承担举证不能的法律后果是:

① 发包人难以以未予签证或现场发生变更为由拒付原工程实际发生的工程款;

② 发包人难以向承包人主张质量缺陷免费保修的责任;

③ 发包人不能向承包人主张已使用部分工程质量缺陷责任,只能自行承担修复费用。

(3) 法院判决,发包人支付工程款(包括发包人未确认的工程量),同时判决承包人酌情承担12万元修复费和5万元营业损失。

(五) 签订建设施工合同应注意的几个问题

(1) 仔细阅读使用的合同文本,掌握有关建设工程施工合同的法律、法规规定。

(2) 严格审查发包人资质等级及履约信用。

(3) 关于工期、质量、造价的约定,是施工合同最重要的内容。

(4) 对工程进度拨款和竣工结算程序做出详细规定。

(5) 总承包合同中应具体规定发包人、总承包人和分包人各自的责任和相互关系。

(6) 明确规定监理工程师及双方管理人员的职责和权限。

(7) 要量化不可抗力。

(8) 运用担保条件,降低风险系数。

除上述八个方面外,签订合同时对材料设备采购、检验,施工现场安全管理,违约责任等条款也应充分重视,做出具体明确的约定。

(六) 无效合同

有下列情况之一的,双方所签订的合同视为无效合同:

(1) 承包人未取得建筑施工企业资质或者超越资质等级;

(2) 没有资质的实际施工企业借用有资质的建筑施工企业名义;

(3) 建设工程必须进行招标而未招标或者中标无效;

(4) 承包人非法转包建设工程;

(5) 承包人违法分包建设工程。

合同无效的情形

(七) 建设工程施工合同的解除

承包人具有下列情形之一,发包人可以请求解除建设工程施工合同:

(1) 明确表示或者以行为表明不履行合同主要义务的;

（2）合同约定的期限内没有完工，且在发包人催告的合理期限内仍未完工的；

（3）已经完成的建设工程质量不合格，并拒绝修复的；

（4）将承包的建设工程非法转包、违法分包的。

承包人的上述行为都属于不履行合同主要义务的行为，并且会导致发包人按质按期获得建设工程的合同目的难以实现，依法应当准许发包人解除合同。

任务四　建设工程监理合同

一、建设工程监理合同的相关概念

1. 工程

工程是指委托人委托实施监理的工程。工程名称、工程地点、工程规模、工程总投资均需在协议书中明确填写。

2. 委托人

委托人是指承担直接投资责任和委托监理业务的一方以及其合法继承人。

为了与监理人做好配合工作，委托人通常会任命一位熟悉工程项目情况的常驻代表，一般称为甲方代表，负责与监理人联系。对代表应有一定的授权，使其能对监理合同履行过程中出现的有关问题和工程施工过程中发生的某些情况在需要时做出决定。

3. 监理人

监理人是指承担监理业务和监理责任的一方以及其合法继承人。

委托人和监理人构成了合同的主体。委托人和监理人在合同中具有平等的法律地位。委托人和监理人经协商一致签订监理合同，在履行合同过程中双方都依法享有权利和义务，他们都处于监理合同这一民事法律关系的主体地位，这种主体地位是平等的。

4. 监理机构

监理机构是指监理人派驻本工程现场实施监理业务的组织。监理机构的人员通常包括总监理工程师、专业监理工程师和监理员等，委托人应给监理机构提供必要的工作条件。监理机构不能等同于监理人或者监理单位。

5. 监理总工程师

监理总工程师是指经委托人同意，监理人派到监理机构全面履行本合同的全权负责人。

工程监理项目实行总监理工程师负责制，对于法律法规规定必须实行监理的工程项目，该项目的总监理工程师不得同时兼任其他项目的总监理工程师。

担任总监理工程师岗位职务的监理人员必须取得《中华人民共和国注册监理工程师注册执业证书》和执业印章，并具有三年以上工程监理实践经验，有与监理工程类别相同的专业背景或工作经历。

6. 承包人

承包人是指除监理人以外，委托人就工程建设有关事宜签订合同的当事人。如监理人承担的施工监理任务中与委托人签订工程施工合同的承包商等。

7. 工程监理的正常工作

工程监理的正常工作是指双方在专用条件中约定，委托人委托的监理工作范围和内容。

委托人委托监理与相关服务业务的范围非常广泛,从工程建设各阶段来说可以包括项目前期立项咨询到设计阶段、实施阶段、保修阶段的监理。各阶段委托监理工作的范围和内容都不尽相同。应根据施工的特点、监理人的能力等诸方面因素,将委托的业务详细写入合同专用条件。

8. 日

日是指任何一天零时到第二天零时的时间段。

9. 月

月是指根据公历从一个月份中的任何一天开始到下个月相应日期的前一天的时间段。

二、监理人的权利、义务和责任

(一) 监理人的权利

根据我国现行监理合同文本,监理人执行监理任务可以行使的权利主要包括以下方面。

1. 授权范围内的一般权利

(1) 选择工程总承包人的建议权。

(2) 选择工程分包人的认可权。

(3) 对工程建设有关事项包括工程规模、设计标准、规划设计,生产工艺设计和使用功能要求,向委托人的建议权。

(4) 对工程设计中的技术问题,按照安全和优化的原则,向设计人提出建议;如果拟提出的建议可能会提高工程造价或延长工期,应当事先征得委托人的同意。当发现工程设计不符合国家颁布的建设工程质量标准或设计合同约定的质量标准时,监理人应当书面报告委托人并要求设计人更正。

(5) 审批工程施工组织设计和技术方案,按照保质量、保工期和降低成本的原则,向承包人提出建议,并向委托人提出书面报告。

(6) 主持工程建设有关协作单位的组织协调,需要协调事项应事先向委托人报告。

(7) 征得委托人同意,监理人有权发布开工令、停工令、复工令,但应当事先向委托人报告,如在紧急情况下未能事先报告时,则应在24小时内向委托人做出书面报告。

(8) 工程上使用的材料和施工质量的检验权。对于不符合设计要求和合同约定及国家质量标准的材料、构配件、设备,有权通知承包人停止使用;对于不符合规范和质量标准的工序、分部分项工程和不安全施工作业,有权通知承包人停工整改、返工,承包人得到监理机构复工令后才能复工。

(9) 工程施工进度的检查、监督权,以及工程实际竣工日期提前或超过工程施工合同规定的竣工期限的签认权。

(10) 在工程施工合同约定的工程价格范围内,工程款支付的审核和签认权,以及工程结算的复核确认权与否决权。未经总监理工程师签字确认,委托人不支付工程款。

2. 特别授权

监理人在委托人授权下,可对任何承包人合同规定的义务提出变更。如果由此严重影响了工程费用或质量或进度,则这种变更须经委托人事先批准。在紧急情况下未能事先报委托人批准时,监理人所做的变更也应尽快通知委托人。在监理过程中如发现工程承包人人员工作不力,监理机构可要求承包人调换有关人员。

3. 协商调节权

在委托的工程范围内,委托人或承包人对对方的任何意见和要求(包括索赔要求)均必须首先向监理机构提出,由监理机构研究处置意见,再同双方协商确定。当委托人和承包人发生争议时,监理机构应根据自己的职能,以独立的身份判断,公正地进行调节。当双方的争议由政府建设行政主管部门调解或仲裁机关仲裁时,应当提供作证的事实材料。

4. 资料版权

监理人对于由其编制的所有文件拥有版权,委托人有权为本工程使用或复制此类文件。

(二)监理人义务

监理人在履行监理义务时应承担的主要义务包括以下方面:

(1)监理人按合同约定派出监理工作需要的监理机构及监理人员,向委托人报送委托的总监理工程师及其监理机构主要成员名单、监理规划,完成监理合同专用条件中约定的监理工程范围内的监理义务。在履行合同义务期间,应按合同约定定期向委托人报告监理工作。

(2)监理人在履行合同的义务期间,应认真勤奋工作,为委托人提供与其水平相适应的咨询意见,公正维护各方面的合法权益。

(3)监理人在履行合同义务的期间,应运用合理的技能,为委托人提供与其监理机构水平相适应的咨询意见,帮助委托人实现合同的预定目标,公正地维护各方的合法权益。

(4)监理人使用委托人提供的设备和物品属于委托人的财产,在监理工作完成或中止时应将其设施和剩余的物品按合同约定的时间和方式移交给委托人。

(5)在合同期间或合同终止后,未征得有关方面同意,不得泄露与本工程、本合同业务有关的保密资料。监理人在监理过程中,不得泄露委托人申明的秘密,监理人也不得泄露设计人、承包人等提供并申明的秘密。

(6)监理人驻地监理机构及其职员不得接受监理工程项目施工承包人的任何报酬或者经济利益。监理人不得参与可能与合同规定的与委托人的利益相冲突的任何活动。

(三)监理人责任

(1)监理人的责任期即委托监理合同有效期,在监理过程中,如果因工程建设进度的推迟或延误而超过合同约定的日期,双方应进一步约定,相应延长合同期。

(2)监理人在责任期内,应当履行约定的义务,如果因监理人过失而造成了委托人的经济损失,应当向委托人赔偿。累计赔偿总额不应超过监理报酬总额(除去税金)。

(3)监理人对承包人违反合同规定的质量要求和完工(交图、交货)时限,不承担责任。因不可抗力导致委托监理合同不能全部或部分履行,监理人不承担责任。但因不认真履行职责或提供超出其资质范围的咨询意见而给委托人造成损失的,应向委托人承担赔偿责任。

(4)监理人向委托人提出赔偿要求不能成立时,监理人应当补偿由于该索赔所导致委托人的各种费用支出。

三、委托人的权利、义务和责任

(一)委托人权利

(1)委托人有选定工程总承包人以及与其订立合同的权利。

（2）委托人有对工程规模、设计标准、规划设计、生产工艺设计和设计使用功能要求的认定权，以及对工程设计变更的审批权。

（3）监理人调换总监理工程师须事先经委托人同意。

（4）委托人有权要求监理人提交监理工作月报及监理业务范围内的专项报告。

（5）当委托人发现监理人员不按监理合同履行监理职责，或与承包人串通给委托人或工程造成损失的，委托人有权要求监理人更换监理人员，直到终止合同并要求监理人承担相应的赔偿责任或连带赔偿责任。

（二）委托人义务

（1）委托人在监理人开展监理业务之前应向监理人支付预付款。

（2）委托人应当负责工程建设的所有外部关系的协调，为监理工作提供外部条件。根据需要，如将部分或全部协调工作委托监理人承担，则应在专用条件中明确委托的工作和相关的报酬。

（3）委托人应该在双方约定的时间内免费向监理人提供与工程有关的，为监理工作所需要的工程资料。

（4）委托人应当在专用条款约定的时间内就监理人书面提交并要求做出决定的一切事宜做出书面决定。

（5）委托人应当授权一名熟悉工程情况、能在规定时间内做出决定的常驻代表（在专用条款中约定），由其负责与监理人联系。更换常驻代表，要提前通知监理人。

（6）委托人应当授权监理人的监理权利，以及监理人主要成员的职能分工、监理权限及时书面通知已选定的承包合同的承包人，并在与第三人签订的合同中予以明确。

（7）委托人应在不影响监理人开展监理工作的时间内提供如下资料：

① 与本工程合作的原材料、构配件、机械设备等生产厂家名录；

② 与本工程有关的协调单位、配合单位的名录。

（8）委托人应当免费向监理人提供办公用房、通信设施、监理人员工地住房及合同专用条件约定的设施，对监理人自备的设施给予合理的经济补偿。

（9）根据情况需要，如果双方约定由委托人免费向监理人提供其他人员，应在监理合同专用条件中予以明确。

（三）委托人责任

（1）委托人应当履行委托监理合同的义务，如有违反则应当承担违约责任，赔偿给监理人造成的经济损失。

（2）监理人处理委托业务时，因非监理人的原因受到损失的，可以向委托人要求补偿损失。

（3）委托人如果向监理人提出赔偿的要求不能成立，则应当补偿由该索赔所引起的监理人的各种费用支出。

四、合同生效、变更终止

1. 监理合同的生效

监理合同一般以双方签字之日起生效，也有在合同规定生效条件的，如在专用条件中规定，合同通过建设主管部门的审查之日起生效。

2. 监理合同的变更及解除

（1）由于委托人或承包人的原因使监理工作受到阻碍或延误，以致发生了附加工作或延长了工作时间，监理人应当将此情况与可能产生的影响及时通知委托人，完成监理业务的时间相应延长，并得到附加工作的报酬。

（2）在委托监理合同签订后，实际情况发生变化，使得监理人不能全部或部分执行监理业务时，监理人应当立即通知委托人，该监理业务的完成时间应给予延长。当恢复执行监理业务时，应当增加不超过 42 日的时间用于恢复执行监理业务，并按双方约定的数量支付监理报酬。

（3）当事人一方要求变更或解除合同时，应当在 42 日前通知对方。因解除合同使一方遭受损失的，依法可以免除责任的除外，应由责任方负责赔偿。

变更或解除合同的通知或协议采取书面形式，协议未达成之前，原合同仍有效。

3. 监理合同的终止

监理人向委托人办理完竣工验收或工程移交手续，承包人和委托人已签订工程保修责任书，监理人收到监理报酬尾款，本合同终止。

4. 争议的解决

违反或终止合同而引起的争议，应首先通过双方协商友好解决；如协商未能达成一致，可提交主管部门协调；仍不能达成一致时，根据约定提交仲裁机构仲裁或向法院起诉。

案例分析六

某监理公司因承接监理任务困难，在一次监理招标中，向招标单位承诺，愿意在国家规定的监理收费标准的基础上予以六折优惠。中标后，监理公司与招标单位按国家规定的收费标准签订了一份合同，并向政府主管部门备案，另外采用了补充合同的形式，将原合同下降 40%（即按六折收费）。

在监理合同的履行过程中，由于业主单位增加了施工项目，导致了工期的拖延，为此，监理公司要求业主按国家规定的监理收费日工资标准支付额外的监理费，但业主只同意按国家规定的监理收费日工资标准的 60% 支付额外的监理费，双方发生合同纠纷，诉至法院。

案例思考

1. 法院将如何审理？为什么？

2. 如果不是采用补充合同来优惠价款，而是在合同中表明，如果在合同履行期内，遇到工期的延长，监理公司不再收费，则上述纠纷又应如何处理？

案例分析

1. 该案例的关键之处是看监理单位的优惠承诺是否成立，补充合同是否有效。根据《招标投标法》的有关规定，招标人和中标人在订立合同时不得对招投标文件（包括价款）作实质性的修改，监理的收费标准应严格按照国家的规定实施，且合同已经政府主管部门备案，因此，以补充合同的形式对监理费做出优惠是不允许的，即补充合同应为无效。监理合同当事人各方应严格按备案的合同履行。所以，业主应按国家规定的监理收费日工资标准向监理公司支付额外的监理费。

2. 如果不是采用补充合同来优惠价款,而是在合同中表明,如果在合同履行期内,遇到工期的延长,监理公司不再收费,而应将其看作是监理公司对业主单位的优惠,法律上将予以认可,视为有效条款。因此,法院将对监理公司要求额外支付监理费的诉请不予支持。

任务五　建设工程勘察、设计合同

一、建设工程勘察、设计合同概念

建设工程勘察、设计合同,简称为勘察、设计合同,是指建设单位或项目管理部门和勘察、设计单位为完成特定的勘察、设计任务,明确双方权利、义务关系的协议。建设单位或项目管理部门是发包方,勘察、设计单位是承包方。根据勘察、设计合同,承包人完成发包人委托的勘察、设计任务,发包人接受符合约定要求的勘察、设计成果,并支付报酬。

工程勘察资质分为工程地质勘查、岩土工程、水文地质勘查、工程测量等四个专业。工程设计资质按行业或工程性质分类。工程勘察、工程设计实行一个行业一认证制度。工程勘察、工程设计资质按承担不同业务范围一般分为甲、乙、丙、丁四个等级,分级标准的主要依据为:各专业技术人员及执业注册人员的配备,完成项目的能力、技术特长和业绩,技术水平、技术基础工作能力、技术装备、工作场所、勘察设计质量及管理水平,注册资本。

二、建设工程勘察、设计合同的特征

1. 合同双方的资格

勘察、设计合同的发包人应当是法人或者自然人,承接方必须具有法人资格。

(1) 作为发包人的建设单位或项目管理部门必须是具体落实国家批准的建设项目计划的企事业单位或社会组织。

(2) 作为承包人的勘察、设计单位是持有建设行政主管部门颁发的工程勘察设计资质证书、工程勘察设计收费资格证书和工商行政管理部门核发的企业法人营业执照的工程勘察设计单位。

2. 合同依据的法律、规定

建设工程勘察、设计合同的签订必须以《中华人民共和国民法典》《中华人民共和国建筑法》《建设工程勘察设计管理条例》,国家及地方有关建设工程勘察设计管理法规和规章、建设工程批准文件为基础。

3. 合同的基本特征

勘察、设计合同属于建设工程合同,应具有建设工程合同的基本特征。

三、建设工程勘察、设计合同的作用及分类

1. 建设工程勘察、设计合同的作用

(1) 有利于保证建设工程勘察、设计任务按期、按质、按量顺利完成。

(2) 有利于委托(发包)与承包双方明确各自的权利、义务的内容以及违约责任,一旦发

生纠纷,责任明确,可以避免不必要的争执。

(3) 促使双方当事人加强管理与经济核算,提高管理水平。

(4) 为监理工程师在项目设计阶段的工作提供法律依据和监理内容。

2. 建设工程勘察、设计合同的分类

(1) 按发包的内容(即合同标的)分类:

① 勘察、设计总承包合同:这是由具有相应资质的承包人与发包人签订的包含勘察和设计两部分内容的承包合同。勘察设计总承包合同减轻了发包人的协调工作,尤其是减少了勘查与设计之间的责任推诿和扯皮。

② 勘察合同:勘察合同是发包人与具有相应资质等级的承包商签订的委托勘察任务的合同。

③ 设计合同:设计合同是发包人与具有相应资质等级的承包商签订的委托设计任务的合同。

(2) 按计价方式分类:

① 总价合同。适用于勘察设计总承包,也适用于勘察设计分别承包的合同。

② 单价合同。与总价合同适用范围相同。

③ 按工程造价比例收费合同。适用于勘察设计总承包和设计承包合同。

四、建设工程勘察设计合同的内容

建设工程勘察、设计合同一般包括以下内容:

(1) 合同依据;

(2) 发包人义务;

(3) 勘察人、设计人的义务;

(4) 发包人权利;

(5) 勘察人、设计人的权利;

(6) 发包人责任;

(7) 勘察人、设计人的责任;

(8) 合同生效、变更与终止;

(9) 勘察、设计取费;

(10) 争议的解决与其他。

五、建设工程勘察、设计合同的订立

1. 签约前对当事人资格和资信的审查

在合同签订前对合同双方当事人的资格和资信进行审查,不仅是为了保证合同有效和受法律保护,而且是保证合同得到有效实施的必不可少的工作。

(1) 资格审查。资格审查主要审查承包人是否是按法律规定成立的法人组织,有无法人章程和营业执照,承担的勘察设计任务是否在其证书批准的范围之内。同时,还要审查签订合同的有关人员是否是法定代表人或法定代表人的委托代理人,以及代理人的活动是否在代理权限范围内等。

(2) 资信审查。资信审查主要审查建设单位的生产经营状况和银行信用情况等。

（3）履约能力审查。履约能力审查主要审查发包人建设资金的到位情况和支付能力。同时，通过审查承包人的勘察、设计许可证，了解其资质等级、业务范围，以此来确定承包人的专业能力。

2. 建设工程勘察、设计合同订立的形式和程序

建设单位的建设工程勘察、设计任务通过招标或设计方案竞赛的方式确定勘察设计单位后，要遵循工程建设的基本建设程序与勘察设计单位签订工程设计合同。

（1）承包人审查工程项目的批准文件。承包人在接受委托勘察或设计任务前，必须对发包人所委托的工程项目的批准文件进行全面审查。这些文件是工程项目实施的前提条件。

（2）发包人提出勘察、设计要求。主要包括勘察设计的期限、进度、质量等方面的要求。勘查工作有效期限以发包人下达的开工通知书或合同规定的时间为准，如遇特殊情况（设计变更、工作量变化、不可抗力影响以及勘察人原因造成的停工、窝工等）时，工期相应顺延。

（3）承包人确定收费标准和进度。承包人根据发包人的勘察、设计要求和资料，研究确定收费标准和金额，提出付费方法和进度。

（4）合同双方当事人，就合同的各项条款协商并取得一致意见。

六、建设工程勘察合同的履行

（一）勘察合同中双方的义务

1. 发包人的义务

发包人应负责提供资料或文件、技术要求、期限，以及合同中规定的共同协作应承担的有关准备工作和其他服务项目。

（1）向承包人提供开展勘察设计所必需的有关基础资料，并对提供的时间与资料的可靠性负责。

委托勘察工作的，应在勘察工作开始前，向承包人提交以下文件：

① 本工程批准文件（复印件），以及用地（附红线范围）、施工、勘察许可等批文（复印件）；

② 工程勘察任务委托书、技术要求和工作范围的地形图、建筑总平面布置图；

③ 勘察工作范围已有的技术资料及工程所需的坐标与标高资料；

④ 勘察工作范围地下已有埋藏物的资料（如电力、通信电线，各种管道，人防设施，洞室等）及具体位置分布图。

（2）在勘察人员进入现场作业时，发包人应对必要的工作和生活条件负责。

（3）发包人应保护勘察人的投标书、勘察方案、报告书、文件、资料图样、数据、特殊工艺（方法）、专利技术和合理化建议，未经勘察人同意，发包人不得复制、不得泄露、不得擅自修改、传送或向第三人转让或用于本合同外的项目，以保护勘察人的知识产权。

2. 承包人的义务

（1）勘察单位应按照现行的标准、规范、规程和技术条例，进行工程测量和工程地质、水文地质等方面的勘查工作，并按合同规定的进度、质量要求提供勘测成果，并对其负责。

（2）在工程勘察前，提出勘察纲要或勘察组织设计，派人与发包人的人员一起验收发包人提供的材料。

（3）在现场工作的勘察人员，应遵守发包人的安全保卫及其他有关的规章制度，承担有关资料保密义务。

（二）勘察合同中双方的责任

1. 发包人的责任

（1）发包人应负责勘查现场的水电供应、道路平整、现场清理等工作，以保证勘查工作的顺利进行。

（2）若勘查现场需要看守，特别是在有毒、有害等危险现场作业时，发包人应派人负责安全保卫工作。按国家有关规定，对从事危险作业的现场人员进行保健防护，并承担费用。

（3）工程勘察前，若发包人负责提供材料的，应根据勘察人提出的工程用料计划，按时提供各种材料及其产品合格证明，并承担费用和运到现场，派人与勘察人员一起验收。

（4）勘查过程中的任务变更，经办理正式变更手续后，发包人应按实际发生的工作量支付勘察费。

（5）由于发包人原因造成勘察人停工、窝工，除工期顺延外，发包人应支付停工、窝工费；发包人若要求在合同规定时间内提前完工（或提交勘察成果资料）时，发包人应向勘察人支付一定的加班费。

（6）按照国家有关规定和合同的约定支付勘察费用，按规定收取费用的勘察合同生效后，发包人应向勘察人支付定金。

（7）发包人承担合同有关条款规定和补充协议中发包人应承担的其他责任。

2. 承包人的责任

（1）由于勘察人提供的勘察成果资料质量不合格，勘察人应负责无偿给予补充完善使其达到质量合格；若勘察人无力补充完善，需另委托其他单位时，勘察人应承担全部勘察费用。

（2）勘察人承担同有关条款规定和补充协议中勘察人应负的其他责任。

七、建设工程设计合同的履行

（一）设计合同中双方的义务

1. 发包人的义务

（1）委托初步设计的，在初步设计前，发包人在规定的日期内应向承包人提供经过批准的设计任务书（或可行性报告），选择建设地址的报告，原料（或经过批准的资源收支）、燃料、水、电、运输等方面的协议文件和能满足初

建设工程设计
合同纠纷

步设计要求的勘察资料，以及需要经过科研取得的技术资料等。超过规定期限时，设计单位有权重新确定提交设计文件的时间。

（2）在施工图设计前，发包人应在规定日期内提供经过批准的初步设计文件和能满足施工设计要求的勘察资料、施工条件，以及有关设备的技术资料等。

（3）发包人变更委托设计项目规模、条件或因提交的资料错误，或所提交资料作较大修改，以致造成设计人设计需返工时，双方除另行协商签订补充协议（或另订合同），重新明确有关条款外，发包人还应按设计人所耗工作量向设计人增付设计费。

（4）发包人应保护设计人的投标书、设计方案、文件、资料图样、数据、计算软件和专利技术。未经设计人同意，发包人对设计人交付的设计资料及文件不得擅自修改、复制或向第三人转让或用于本合同外的项目。

2. 承包人的义务

（1）设计单位要根据已批准的设计任务书（或可行性研究报告）或之前阶段设计的批准文件，以及有关设计的经济技术文件、设计标准、技术规范、规程、定额等提出勘察设计要求，并进行设计，按合同规定的进度和质量提交设计文件（包括概预算文件、材料设备清单等），并对其负责。

（2）初步设计经上级主管部门审查后，若在原定任务书范围内的必须修改，由设计单位负责。如果原定任务书有重大变更而重做或修改设计时，须具有审批机关或设计任务书批准机关的议定书，经由双方协商后另订合同。

（3）设计单位应配合所承担设计任务的建设项目施工，施工前进行设计技术交底，解决工程施工过程中有关设计的问题，负责设计变更和修改预算，参加试车考核及工程竣工验收。对于大中型工业项目和复杂的民用工程应派现场设计代表，参加隐蔽工程验收。

（二）设计合同中双方的责任

1. 发包人的责任

（1）在未签合同前发包人已同意设计人为发包人所做的各项设计工作，应按收费标准支付相应设计费。

（2）发包人要求设计人比合同规定时间提前交付设计资料及文件时，如果设计人能做到，发包人应根据设计人提前投入的工作量，向设计人支付赶工费。

（3）在设计人员进入现场指导和配合施工时，发包人应负责提供必要的工作、生活及交通等方便条件。

（4）发包人应向承包人明确设计的范围和深度。

（5）负责及时向有关部门办理各设计阶段设计文件的审批工作。

（6）发包人应负责引进项目的设计任务，从询价、对外谈判、国内外技术考察指导到建成投产的各阶段，应通知承担有关设计任务的单位参加。

（7）按照国家有关规定和合同的约定支付设计费用，设计合同经双方当事人签字盖章，并于3月内在发包人向设计人支付合同的定金后生效。设计合同履行后，定金抵作设计费，设计任务的定金为估算设计费的20%。设计工作的取费，一般应根据工程种类、建设规模和工程的繁简程度确定。

（8）发包人应承担承包人规定的设计文件中保密条款的保密责任。

2. 承包人的责任

（1）如果建设项目的设计任务由两个以上的设计单位配合设计，如委托其中一个设计单位为总承包时，签订总承包合同，总承包单位对发包人负责。总包单位和各分包单位签订分包合同，分包单位对总包单位负责。

（2）发包人或承包人因不履行合同而造成违约行为的，应承担违约责任。

八、建设工程勘察、设计合同示范文本

为规范工程勘察设计市场秩序，维护工程勘察设计合同当事人的合法权益，住房和城乡

建设部、国家工商行政管理总局制定了《建设工程勘察合同示范文本》(GF—2016—0203)和《建设工程设计合同示范文本(房屋建筑工程)》(GF—2015—0209)。上述勘察、设计合同(示范文本)采用的是填空式文本,即合同示范文本的编制者将勘察、设计中共性的内容抽出来编写成固定的条款,但对于一些需要在具体勘察、设计任务中明确的内容则留下空格由合同当事人在订立合同时填写。

《建设工程勘察合同示范文本》(GF—2016—0203)共17条,内容包括:工程勘察范围、委托人应当向承包人提供的文件资料、承包人应当提交的勘察成果、取费标准及拨付办法、双方责任、违约责任、纠纷的解决、其他事宜等。

《建设工程设计合同示范文本(房屋建筑工程)》(GF—2015—0209)共17条,内容包括:签订依据,设计项目的名称、阶段、规模、投资、设计内容及标准,委托人应当向承包人提供的文件资料,承包人应当提交的设计文件,取费标准及拨付办法,双方责任,其他(包括纠纷的解决)等。

案例分析七

2010年4月A单位拟建办公楼一栋,工程地址位于已建成的×小区附近。A单位就勘察任务与B单位签订了工程合同。合同规定勘察费15万元。该工程经过勘察、设计等阶段于10月20日开始施工。施工承包商为D建筑公司。

案例思考

1. 委托方A应预付勘察定金数额是多少?

2. 该工程签订勘察合同几天后,委托方A单位通过其他渠道获得×小区业主C单位提供的×小区的勘察报告。A单位认为可以借用该勘察报告,A单位即通知B单位不再履行合同。请问在上述事件中,哪些单位的做法是错误的?为什么?A单位是否有权要求返还定金?

3. 若A单位和B单位双方都按期履行勘察合同,并按B单位提供的勘察报告进行设计与施工,但在进行基础施工阶段,发现其中有部分地段地质情况与勘察报告不符,出现软弱地基,而在原报告中并未指出。由于需要增加进行地基处理,使得施工费用增加20万元,工期延误20天。对于这种情况,A单位应承担哪些责任?B单位又应承担什么责任?

案例分析

本案例主要考核在建设单位工程勘察合同的履行中合同双方的违约责任。

问题1:要求按《建设工程勘察合同(示范文本)》规定的比例20%计算出委托方A单位应付给B单位定金数额。定金为15万元×20%=3万元。

问题2、3答案要求掌握勘察合同的履行原则,分清委托方与承包方的责任。

问题2:A单位和C单位的做法都是错误的。A单位不履行勘察合同,属违约行为;C单位应该维护他人的勘察成果和设计文件,不得擅自转让给第三方,也不得用于合同以外的项目,而C单位却将他人的勘察报告擅自提供给A单位,并用于合同外项目,这种做法是错误的。由于委托方A单位不履行勘察合同,所以无权要求返还定金。

问题 3：若勘察合同继续履行，B 单位应完成勘察任务。由于在施工中发现有部分地段的地质情况与勘察报告不符，出现软弱地基，因此可以认为勘察质量违反了合同的约定。对于因勘察质量低劣造成的损失，应视造成损失的大小，减收或免收勘察费。

由于变更计划，提供的资料不准确而造成施工方的窝工、停工，首先委托方 A 单位应按施工方 D 单位实际消耗的工程量增付费用。因此，A 单位应承担地基处理所需的 20 万元，并顺延工期 20 天。同时，A 单位可以将其额外的损失转向 B 单位追讨。但由于 A、B 单位间签订的勘察合同定额只有 15 万元，所以，A 单位能够得到的 B 单位的赔偿也就最多不会超过 15 万元(且 B 单位还要扣除税金)。

任务六　建设工程物资采购合同

一、物资采购合同的概念

工程建设过程中的物资包括建筑材料(含构配件)和设备。材料和设备的供应一般需要经过订货、生产(加工)、运输、储备、使用(安装)等各个环节，经历一个非常复杂的过程。

物资采购合同分建筑材料采购合同和设备采购合同，其合同当事人为供方和需方。供方一般为物资供应单位或建筑材料和设备的生产厂家，需方为建设单位(业主)、项目总承包单位或施工承包单位。供方应对其生产或供应的产品质量负责，而需方则应根据合同的规定进行验收。

二、建筑材料采购合同的主要内容

1. 标的

标的主要包括购销物资的名称(注明牌号、商标)，品种，型号，规格，等级，花色，技术标准或质量要求等。

标的物的质量要求应该符合国家或者行业现行有关质量标准和设计要求，应该符合以产品采用标准、说明、实物样品等方式表明的质量状况。

约定质量标准的一般原则是：
(1) 按颁布的国家标准执行；
(2) 没有国家标准而有部颁标准的则按照部颁标准执行；
(3) 没有国家标准和部颁标准为依据时，可按照企业标准执行；
(4) 没有上述标准或虽有上述标准但采购方有特殊要求，按照双方在合同中约定的技术条件、样品或补充的技术要求执行。

2. 数量

合同中应该明确所采用的计量方法，并明确计量单位。要按照国家或主管部门的规定执行，或者按照供需双方商定的方法执行。

对于某些建筑材料，还应在合同中写明交货数量的正负尾数差、合理磅差和运输途中的自然损耗的规定及计算方法。

3. 包装

包装包括包装的标准、包装物的供应和回收。

包装标准是指产品包装的类型、规格、容量以及标记等。产品或者其包装标识应该符合要求,如包括产品名称、生产厂家、厂址、质量检验合格证明等。

包装物一般应由建筑材料的供方负责供应,并且一般不得另外向需方收取包装费。

4. 交付及运输方式

交付方式可以是需方到约定地点提货或供方负责将货物送达指定地点两大类。如果是由供方负责将货物送达指定地点,要确定运输方式,可以选择铁路、公路、水路、航空、管道运输及海上运输等,一般由需方在签订合同时提出要求,供方代办发运,运费由需方负担。

5. 验收

合同中应该明确货物的验收依据和验收方式。

验收依据包括:

(1) 采购合同;

(2) 供货方提供的发货单、计量单、装箱单及其他有关凭证;

(3) 合同约定的质量标准和要求;

(4) 产品合格证、检验单;

(5) 图纸、样品和其他技术证明文件;

(6) 双方当事人封存的样品。

验收方式有驻厂验收、提运验收、接运验收和入库验收等方式。

6. 交货期限

合同中应明确具体的交货时间。如果分批交货,要注明各个批次的交货时间。

合同中交货日期的确定可以按照下列方式:

(1) 供方负责送货的,以需方收货戳记的日期为准;

(2) 需方提货的,以供方按合同规定通知的提货日期为准;

(3) 凡委托运输部门或单位运输、送货或代运的产品,一般以供方发运产品时承运单位签发的日期为准,不是以向承运单位提出申请的日期为准。

7. 价格

(1) 有国家定价的材料,应按国家定价执行;

(2) 按规定应由国家定价的但国家尚无定价的材料,其价格应报请物价主管部门的批准;

(3) 不属于国家定价的产品,可由供需双方协商确定价格。

8. 结算

合同中应明确结算的时间、方式和手续。首先应明确的是验单付款还是验货付款。结算方式可以是现金支付、转账结算或异地托收承付。现金支付适用于成交货物数量少且金额小的合同;转账结算适用于同城市或同地区内的结算;异地托收承付适用于合同双方不在同一城市的结算方式。

9. 违约责任

当事人任何一方不能准确履行合同义务时,都可以以违约金的形式承担违约赔偿责任。

双方应通过协商确定违约金的比例,并在合同条款内明确。

供方的违约行为可能包括不能按期供货、不能供货、供应的货物有质量缺陷或数量不足等。如有违约,应依照法律和合同规定承担相应的法律责任。

需方的违约行为可能包括不按合同要求接受货物、逾期付款或拒绝付款等,应依照法律和合同规定承担相应的法律责任。

三、设备采购合同的主要内容

成套设备供应合同的一般条款可参照建筑材料供应合同的一般条款,包括产品(设备)的名称、品种、型号、规格、等级、技术标准或技术性能指标,数量和计量单位,包装标准及包装物的供应与回收,交货单位,交货方式,交货地点,运输方式,提货单位,交(提)货期限,验收方式,产品价格,结算方式,违约责任等。此外,还需要注意以下几个方面。

1. 设备价格与支付

设备采购合同通常采用固定总价合同,在合同交货期内价格不进行调整。应该明确合同价格所包括的设备名称、套数,以及是否包括附件、配件、工具和损耗品的费用,是否包括调试、保修服务的费用等。合同价内应该包括设备的税费、运杂费、保险费等与合同有关的其他费用。

合同价款的支付一般分三次:

(1)设备制造前,采购方支付设备价格的10%作为预付款;

(2)供货方按照交货顺序在规定的时间内将货物送达交货地点,采购方支付该批设备价的80%;

(3)剩余的10%作为设备保证金,待保证期满,采购方签发最终验收证书后支付。

2. 设备数量

合同中应明确设备名称,套数,随主机的辅机、附件,易损耗备用品,配件和安装修理工具等,应在合同中列出详细清单。

3. 技术标准

合同中应注明设备系统的主要技术性能,以及各部分设备的主要技术标准和技术性能。

4. 现场服务

合同可以约定设备安装工作由供货方负责还是采购方负责。如果由采购方负责,可以要求供货方提供必要的技术服务。现场服务内容可能包括:供方派必要的技术人员到现场向安装施工人员进行技术交底;指导安装和调试,处理设备的质量问题,参加试车和验收试验等。在合同中应明确服务内容,对现场技术人员在现场的工作条件、生活待遇及费用等做出明确规定。

5. 验收和保修

成套设备安装后一般应进行试车调试,合同中应明确成套设备的验收办法以及是否有保修,保修期限及费用负担等。

任务七　建设工程合同案例分析

 案例一

甲服务公司诉乙建筑设计院建设工程合同质量纠纷案

甲服务公司因建办公楼与丙建设工程总公司签订了《建筑工程承包合同》。其后，经甲服务公司同意，丙建设工程总公司分别与乙建筑设计院和丁建筑工程公司签订了《建筑工程勘察设计合同》和《建设工程施工合同》。《建筑工程勘察设计合同》约定由乙建筑设计院对甲服务公司的办公楼及采暖外管线工程提供勘察、设计服务，做出工程设计书及相应施工图纸。《建设施工合同》约定由丁建筑工程公司根据乙建筑设计院提供的设计图纸进行施工，工程竣工时依据国家有关验收的规定及设计图纸进行质量验收。合同签订后，乙建筑设计院按时做出设计书并将相关图纸资料交付丁建筑工程公司，丁建筑工程公司依据设计图纸进行施工。工程竣工后，甲服务公司会同有关质量监督部门对工程进行验收，发现工程存在严重质量问题，其原因是设计不符合规范。原来，乙建筑设计院未对现场进行仔细勘察导致设计不合理，给甲服务公司造成了重大损失。由于乙建筑设计院拒绝承担责任，丙建筑工程总公司又以自己不是设计人为由推卸责任，甲服务公司遂以乙建筑设计院为被告向法院起诉。法院受理后，追加丙建设工程总公司为共同被告，让其与乙建筑设计院一起对工程建设质量问题承担连带责任。

案例思考：在本案中，谁应当对甲服务公司承担违约责任？

【案例分析】

根据《民法典》合同编第七百九十一条规定，总承包人或者勘察、设计、施工承包人经发包人同意，可以将自己承包的部分工作交由第三人完成。第三人就其完成的工作成果与总承包人或者勘察、设计、施工承包人向发包人承担连带责任。

在本案中，甲服务公司是发包人，丙建设工程总公司是总承包人，乙建筑设计院和丁建筑工程公司分别是《建设工程勘察设计合同》和《建设工程施工合同》的分包人。工程质量问题是因《建设工程勘察设计合同》的分包人乙建筑设计院的设计不符合规范所致，与丁建筑工程公司无关。根据《民法典》合同编第七百九十一条的上述规定，乙建筑设计院应与丙建设工程总公司对甲服务公司共同承担连带责任。丙建设工程总公司不得以该工程并非自己勘察设计为由拒绝承担违约责任，乙建筑设计院也不得以其与发包人没有合同关系为由拒绝向发包人承担违约责任。

 案例二

某住宅小区施工合同分析

2008年6月，×××省××市甲房地产开发公司与乙建筑公司签订了一份施工合同。拟建某一住宅小区，小区建成后，经验收质量合格，验收一个月后甲房地产开发公司发现楼

房屋顶漏水,遂要求乙建筑公司负责无偿修理并赔偿损失,乙建筑公司则以施工合同中并未规定质量保证期限,且工程验收已经合格为由,拒绝无偿修理要求。甲房地产开发公司遂诉至法院,法院判决施工合同有效,认为合同中虽然并没有明确规定质量保证期限,但依建设部 1999 年 11 月 16 日发布的《建设工程质量管理办法》的规定,屋面防水工程保修期限为 3 年,因此本案工程交工后两个月内出现的质量问题应由建设单位承担赔偿修理并赔偿损失的责任,判乙建筑公司应当承担赔偿损失的责任。

【案例分析】

《民法典》合同编第七百九十五条规定:"施工合同的内容一般包括工程范围、建设工期、中间交工工程的开工和竣工时间、工程质量、工程造价、技术资料交付时间、材料和设备供应责任、拨款和结算、竣工验收、质量保修范围和质量保证期、相互协作等条款。"因此,质量保修范围和质量保证是建设工程施工合同中很重要的条款。

本案争议的施工合同虽欠缺质量保证条款,但并不影响双方当事人对施工合同主要义务的履行,故该合同有效。由于合同中没有质量保证期限的约定,故应当依照法律的规定或者其他规章确定的工程质量保证期。法院依照《建设工程质量管理办法》的有关规定对欠缺的条款进行补充,依照该规定,出现的质量问题在保证期限内,故认定要求乙建筑公司负责无偿修理和赔偿损失是正确的。另外,《建设工程质量管理办法》已于 2001 年 10 月 26 日废止,2000 年 1 月 30 日发布的《建设工程质量管理条例》规定,在正常使用条件下,屋面防水工程,有防水要求的卫生间、房间和外墙的最低保修期限为 5 年。该条例第 41 条规定,建设工程在保修范围和保修期内发生质量问题的,施工单位应当履行保修义务,并且对造成的损失承担赔偿责任。

 案例三

某花园别墅施工合同分析

某房地产开发公司欲建一豪华别墅,遂与某建筑工程承包公司签订建设工程施工合同。关于施工进度,双方在专用条件中约定:4 月 1 日至 4 月 20 日,地基完工;4 月 21 日至 6 月 30 日主体工程竣工;7 月 1 日至 10 日,封顶,全部工程竣工。4 月初工程开工,该房地产公司的楼花在房地产市场极为走俏,为尽早建成该项目,房地产开发公司便派专人检查监督施工进度。检查人员曾多次要求建筑公司缩短工期均被建筑公司以质量无法保证为由拒绝。为使工程尽早完工,房地产开发公司所派检查人员以承包公司名义要求材料供应商提前送货至目的地,造成材料堆积过多,管理困难,部分材料损坏。该承包公司遂起诉该企业,要求其承担损害赔偿责任。房地产开发公司以检查作业进度、督促完工为由抗辩,法院判决该房地产开发公司抗辩不成立,应依法承担赔偿责任。

【案例分析】

本案涉及发包方如何行使检查监督权力的问题。《民法典》合同编第七百九十七条规定:"发包人在不妨碍承包人正常作业的情况下,可以随时对作业进度、质量进行检查。"

发包人有权随时对承包人作业进度和质量进行检查,但这一权利的行使不得妨碍承包人的正常作业,这是其行使监督检查权利的前提。所谓正常作业,是指承包人依据建设工程合同的约定,按施工进度计划表、预先设计的施工图纸及说明书等完成建设工程任务的行

为。在行使监督检查权利的时间方面,《民法典》合同编第七百九十七条规定发包人可随时行使。在行使权利的范围方面,包括作业进度和质量两方面发包人对承包人作业进度的检查,一般依承包方提供的施工进度计划表、月份施工作业计划为据。检查、监督为发包人的权利,接受检查、监督便成为承包人的义务。对于发包人不影响其工作的必要监督、检查,承包人应予以支持和协助,不得拒绝。

　　根据《民法典》合同编第七百九十七条规定,如果发包人对作业进度质量进行检查,妨碍了承包人正常作业,那么承包人有权要求发包人承担由此造成的一切后果和损失;如果发包人的检查工作虽未妨碍承包人的正常作业,但却超出了进度和质量两方面的范围限制,则承包人亦可拒绝接受检查,或要求发包人承担由此造成的损失。

　　在本案中,房地产开发公司派专人检查工程施工进度的行为本身是行使检查权的表现。但是,检查人员的检查行为,已超出了施工进度和质量进行检查的范围,且以承包公司名义促使材料供应商提早供货,在客观上妨碍了承包公司的正常作业,因而构成权利滥用行为,理应承担损害赔偿责任。

 案例四

某学生公寓建设工程合同分析

　　2008年4月,甲大学为建设学生公寓,与乙建筑公司签订了一份建设工程合同,合同约定:工程采用固定总价合同形式,主体工程和内外承重砖墙一律使用国家标准砌块,每层加水泥圈梁;甲大学可预付工程款(合同价款的10%);工程的全部费用于验收合格后全部付清;交付使用后,如果在6个月内发生严重质量问题,由承包人负责修复等。一年后,学生公寓如期完工,在甲大学和乙建筑公司修复后再验收,乙建筑公司认为不影响使用而拒绝修复,因为很多新生有待入住,甲大学接受了宿舍楼。在使用了8个月之后,公寓楼5层的内承重墙倒塌,致使一人死亡,三人受伤,其中一个致残。受害者与甲大学要求乙建筑公司赔偿损失,并修复倒塌工程,乙建筑公司以使用不当且已过保修期为由拒绝赔偿。无奈之下,受害者与甲大学诉至法院,请法院主持公道,法院在审理期间对工程事故原因进行了鉴定,鉴定结论为乙建筑公司偷工减料导致宿舍楼内承重墙倒塌。因此,法院对乙建筑公司以保修期已过拒绝赔偿的主张不予支持,判决乙建筑公司应当向受害者承担损害赔偿责任并负责修复倒塌的部分工程。

【案例分析】

　　《民法典》合同编第八百零二条规定:"因承包人的原因致使建设工程在合理使用期限内造成人身损害和财产损失的,承包人应当承担赔偿责任。"

　　本条所规定的承包人的损害赔偿责任不是基于承包人与发包人之间的合同约定产生的,而是基于国家对有关工程质量保修的强制性规定产生的。

　　《建筑法》第六十二条规定:"建筑工程实行质量保修制度。建筑工程的保修范围应当包括地基基础工程、层面防水工程和其他土建工程,以及电气管线、上下水管线的安装工程,供热、供冷系统工程等项目;保修期限内应当按照保证建筑物合理寿命年限内正常使用,维护使用合法权益的原则确定,具体的保修范围和最低保修年限由国务院规定。"

　　《建筑工程质量管理条例》第四十条规定:"在正常使用条件下,建筑工程最低保修期限

为：建筑设施工程、房屋建筑的地基基础工程、主体结构工程，为设计文件规定的该工程的合理使用年限。"

 案例五

发包人某公司与承包人某建筑公司于 2008 年 9 月签订了一份土地平整工程合同。合同规定：承包人为发包人平整土地工程，造价 26.5 万元，交工日期是 2008 年 11 月底。在合同履行中因发包人未解决征用土地问题，承包人施工时被当地居民阻拦，使承包人 6 台推土机无法进入施工现场，窝工 260 个台班。后经双方协调协商同意将原合同规定的交工日期延迟到 2008 年 12 月底。工程完工结算时，双方因停工、窝工问题发生争议，发包人拒绝付工程款，承包人向法院起诉要求支付工程款，赔偿窝工的实际损失。法院裁决发包人依合同约定支付工程款，并且赔偿给承包人造成的停工、窝工的损失。

【案例分析】

《民法典》合同编第八百零三条规定："发包人未按照约定的时间和要求提供原材料、设备、场地、资金、技术资料的，承包人可以顺延工程日期，并有权请求赔偿停工、窝工等损失。"根据该条规定，不论是新建或改建工程，发包人都应当为承包人提供工程建设的必要条件。在通常情况下，发包人应按建设工程约定的时间和要求，一次或分阶段完成以下工作：

(1) 按照合同规定的分工范围和要求，按期提供原材料和设备，双方一般应在合同中明确约定发包人供应材料和设备的名称、规格型号、数量、供应的时间和送达的地点。

(2) 负责办理正式工程和临时设施范围内的土地征用、租用、申请施工许可证和占道、爆破以及临时铁道专用线接岔等许可证。

(3) 确定建筑物、道路线路、上线水道的定位标注、水准点和坐标值点。

(4) 开工前应接通施工现场水源、电源和运输道路，平整拆迁现场内民房和障碍物(也可委托承包人承担)，做到"三通一平"。

(5) 组织有关单位对施工图等技术资料进行审定，按照合同规定的时间和份数交给承包人。

(6) 向承包人提供施工场地的工程地质和地下网络资料，保证数据真实准确。

此外，根据《民法典》合同编的规定，如果发包人不按合同约定完成以上工作造成损失、窝工，除工程日期得以顺延外，还应偿付承包人因此造成的停工、窝工的实际损失。

在本案中，发包人应当为承包人提供施工场地和施工条件，既然该承包工程为平整场地工程，发包人在施工之前应负责将土地征用事宜办理完毕。而发包人不仅没有办妥土地征用手续，没有为承包人提供施工条件，而且也没有通知承包人不能如期开工，致使承包人按原日期开始施工时受到当地群众阻拦，推土机无法进入施工现场，窝工 260 个台班。事后虽经双方协商将交工日期延迟，但是已经给承包人造成了不可挽回的经济损失。而且承包人的经济损失是因为发包人未能按合同约定提供施工场地而造成的，发包人当然应该赔偿因此给承包人造成的实际窝工的损失。

 **案例六**

浙江 A 市人民医院综合病房大楼建设工程设计为 24 层,建筑面积 37 704 m²,工程总造价 9 791 万元,属 A 市重点建设工程。该项目采取公开招标的方式,于 1999 年 11 月 30 日和 12 月 1 日在《浙江日报》和《温州日报》上刊登了招标公告。公告发出后,有 46 家国家一级资质建筑企业报名。最后,由招标单位会同有关部门在筛选、考察后,有 5 家公司入围参加竞标。

2000 年 5 月 6 日,由 A 市建设工程招标投标监理处组织开标,浙江 B 建设工程集团中标,交纳了 600 万元履约保证金。5 月 26 日,B 集团接到了由 A 市人民医院与负责招标管理的 A 市建设工程招标投标监理处签发的中标通知书,5 月 30 日举行了由多位当地政府领导参加的隆重的奠基仪式。

B 公司在投标过程中,精心选择了自己的施工队伍与项目经理。该公司自 1992 年起就在温州市及 A 市进行施工,建设了十几项大型工程,其工程优良率达到了 85% 以上。A 市政府大院、A 市商城等 A 市标志性建筑都出于这个公司之手,而建筑面积达 6 万多平方米的 A 市商城,更是集中体现了该公司的实力。对于这个公司的建筑质量及施工能力,该市的城市重点建设办公室副主任说,我们了解这一公司,如果将 A 市人民医院的工程交付给他们,他们是能够建好并能够达到优良工程的标准的。

然而,A 市人民医院却迟迟不与 B 公司签订这项工程的建筑施工合同。

2000 年 7 月 13 日,A 市建设工程招标投标管理处还为此发了一份关于催订建设施工合同的函件,函中根据招标投标法第 45 条的规定,要求招标人和中标人应在中标通知书发出之日起 30 日内,按照招标投标文件和中标人的投标文件订立书面合同,并送交有关单位备案。

谁料想,风云突变。2000 年 9 月 1 日,B 公司收到这样一份“通知书”,通知书中称:由于中标单位所承诺的项目经理吴××至今仍然担任着广东省中山市在建工程项目经理,未能按照要求办妥与中山方面业主的解除手续。根据建设施工企业项目经理资质管理办法与招标投标法及相关规定,讨论决定:取消浙江 B 建设工程集团有限公司中标资格。落款处盖着 A 市人民医院、A 市建设工程招标投标管理处和 A 市重大工程项目前期工作及重点工程建设办公室的大红印章。

浙江 B 公司无论如何也没有想到,经过多日准备与精心策划,终于按法律程序得到中标通知,竟被这样一纸文件宣告作废了。

时隔不久,在公开招标中未中标的浙江 C 建设集团有限公司却拿到了中标通知。

A 市人民医院和 A 市招标投标办有关领导表示,这是他们经调查讨论后几方面共同做出的决定。他们认为,如果项目经理吴××不能按时到位,那么公司就是欺骗行为。所以根据我国有关法律,取消了 B 公司的中标资格。对此,B 公司负责此项目的负责人表示,以上述三方的名义取消该公司的中标是行政干预,是政府有关部门领导听取了院方单方面的意见和误导而做出的错误决定。在 B 公司中标后,讨论废止 B 公司的中标资格的会议,应有 B 公司参加。而现在的情况是,这一会议从未通知过 B 公司参加,剥夺了 B 公司为自己辩护的权利。B 公司从来就未承诺项目经理吴××一定会按时到位,不存在所谓欺骗行为。

从废除 B 公司的通知书来看,招标人与 A 市政府有关部门的主要理由是该公司项目经理吴××不能按时到位。似乎如果吴××按时到位了,人民医院方面就可以与B公司签合同了。但媒体记者了解到的情况与这一表面原因却有相当大的差距。

从表面上看,吴××能否按时到位成了这次取消中标是否合法的一个重要问题。A市人民医院与A市政府派人到广东中山市进行了调查,调查表明B公司吴××确实在该市承建着一些工程。但B公司为此出具了一份证明,称该市的一项工程已于2000年5月完工,另几项工程实际上是工程的一二期,其中一期已经完工,二期也基本完工。记者采访人民医院的有关领导时,他们表示,他们了解到的情况不是如此,吴××在该市的两个工程中最晚的一项要到2001年6月才能完工,因此,吴××根本不可能按期到位。

对此,B公司负责此项工程的负责人表示,吴××在中山市承担的是一项四级工程,不过是一些小的别墅建设。最重要的是,A市人民医院与B公司一直没有签订施工合同,在没有签订施工合同前,人民医院对吴××没有约束力。另一方面,B公司还与医院方面意向性地提出了如何处理吴××不到位或是到位后离开工程的处罚决定。其中双方都认可的是:如果吴××届时不在工程工地上,每天罚B公司一万元人民币,而且在中标后,总额达200万元人民币的项目经理到位保证金已存入人民医院的账户。这位负责人表示,吴××能否按时到位也可以在签订合同时明确规定,如"吴××不能按时到位,此合同无效"之类的条款。然而,在B公司与人民医院没有签订正式合同的情况下,仅仅以B公司项目经理"有可能不能百分之百到位"为由就取消了B公司的中标合同,是毫无道理,同时也是违反法律规定的。

记者在采访中发现了与B公司的项目经理吴××相类同的另一个有趣的现象,那就是B公司被取消中标资格后,紧接着另一家中标公司——C建筑集团有限公司的项目经理潘××也有同样的问题。记者了解到,C公司的项目经理潘××当时担任着温州安澜大厦的项目副经理,同时还担任着红旗大厦的项目工程师的职务。在C公司被宣布中标后,该公司出具了一份证明,证明已解除了潘在那两处工地的职务,可以全身心地投入到A市人民医院的建筑工程中。

【案例分析】

下面仅就取消中标资格的做法和拒签合同的行为谈谈粗浅看法。

1. 取消中标资格的做法于法无据。

从案例看,B公司中标A市人民医院的程序和内容不违反法律法规的规定,B公司由此取得的中标资格应受法律保护。案例中争议的焦点是:中标单位承诺的项目经理不能到位是否能取消B公司的中标资格。

首先,我们要问招标人和政府主管部门一起发出的"取消中标资格通知书"的法律依据是什么? 就作者所有资料范围之内,仅在《工程建设项目施工招标投标办法》中找到一条关于招标人可以取消中标人资格的规定,该办法第81条规定:"中标通知书发出后,中标人放弃中标项目的,无正当理由不与招标人签订合同的,在签订合同时向招标人提出附加条件或者更改合同实质性内容的,或者拒不提交所要求的履约保证金的,招标人可取消其中标资格,并没收其投标保证金;给招标人的损失超过投标保证金数额的,中标人应当对超过部分予以赔偿;没有提交投标保证金的,应当对招标人的损失承担赔偿责任。"其他再也找不到一条规定,允许招标人或政府主管部门可以向中标人发出"取消中标资格通知书"。

法律规定,政府行政监督管理部门发现招标投标活动中有违反法律规定的行为,可以认定中标无效,并进行处罚。按本案例所介绍的内容,中标单位承诺的项目经理不能到位构不成法律所规定的法定无效中标情形,因此,不能"取消"B 公司的中标资格。

退一万步讲,即便 B 公司有违法行为,构成了法律所规定的法定无效中标情形,也不应由招标人发通知,而只能由政府监督部门发行政处罚通知。

2. A 市人民医院应对拒绝与 B 公司签合同的行为承担法律责任。

《招标投标法》第 45 条规定:"中标人确定后,招标人应当向中标人发出中标通知书,并同时将中标结果通知所有未中标的投标人。中标通知书对招标人和中标人具有法律效力。中标通知书发出后,招标人改变中标结果的,或者中标人放弃中标项目的,应当依法承担法律责任。"第 46 条规定:"招标人和中标人应当自中标通知书发出之日起 30 日内,按照招标文件和招标人的投标文件订立书面合同。招标人和中标人不得再行订立背离合同实质性内容的其他协议。"

从本案例看,A 市人民医院通过发出一纸"取消中标资格通知书",否决了自己先前做出的"中标通知书"的承诺,事实上在法定时间内,其没有与中标人签订合同。

《招标投标法》第 59 条规定:"招标人与中标人不按照招标文件和中标人的投标文件订立合同的,或者招标人、中标人订立背离合同实质性内容的协议的,责令改正;可以处中标项目金额千分之五以上千分之十以下的罚款。"

《工程建设项目施工招标投标办法》第 81 条规定:"招标人不按规定期限确定中标人的,或者中标通知书发出后,改变中标结果的,无正当理由不与中标人签订合同的,或者在签订合同时向中标人提出附加条件或者更改合同实质性内容的,有关行政监督部门给予警告,责令改正,根据情节可处三万元以下的罚款;造成中标人损失的,并应当赔偿损失。"

在本案例中,对于发出中标通知书后不签订合同,责任人应当承担法律责任这一点,通常情况下是没有争议的。但到底是承担缔约过失责任还是承担违约责任,还存在不同看法。

一种观点认为:根据《民法典》合同编第四百八十三条规定,承诺生效时合同成立。因此,中标通知书发出时,即发生承诺生效、合同成立的法律效力(签订书面合同时合同生效)。招标人改变中标结果,变更中标人,实质上是一种单方撕毁合同的行为;中标人放弃中标项目的,则是一种不履行合同的行为。两种都属于违约行为,所以要承担违约责任。《民法典》合同编第五百七十七条规定,"当事人一方不履行合同义务或者履行合同义务不符合约定的,应当承担继续履行、采取补救措施或者赔偿损失等违约责任",第五百八十四条规定,"当事人一方不履行合同义务或者履行合同义务不符合约定,造成对方损失的,损失赔偿额应当相当于因违约所造成的损失,包括合同履行后可以获得的利益;但是,不得超过违约一方订立合同时预见到或者应当预见到的因违约可能造成的损失"。

另一种观点认为:在一般情况下,承诺通知到达要约人时合同成立。但由于《民法典》合同编规定,当事人采用书面形式订立合同的,自双方当事人签字或盖章时合同成立。《招标投标法》又规定,在招标人向中标人发出中标通知书之后依法订立书面合同,所以,在招标人向中标人发出中标通知书并且中标通知书送达中标人后,依法订立书面合同之前,合同还未成立。根据《民法典》合同编第五百条,应当承担缔约过失责任。

缔约过失的规定是将合同法规的"诚实信用原则"具体落实到条文中,给法律适用带来了极大的便利。缔约过失责任和承担违约责任的差别比较大,前者只是赔偿对方因此遭受的损失;后者若约定有违约金的,则要支付违约金,并可要求一方赔偿另一方合同在履行时可以获得的利益。违约责任要比缔约过失责任重得多。

　　从本案例介绍的资料看,中标合同不能如期签订的主要原因是招标人节外生枝,违反中标人意志,强令中标人转包(分包)工程内容。于法而言,应该受到处罚的恰恰是招标人,而非中标人。

项目回顾

　　本项目主要讲述了合同的概念、特征、分类;《民法典》合同编的基本原则;建设工程施工合同类型与选择;建设工程施工合同管理的内容;监理人的权利、义务和责任,委托人的权利、义务和责任;建设工程勘察、设计合同的分类和内容;建筑材料采购合同的主要内容;设备采购合同的主要内容。通过本章学习,能提高学生运用所学知识,解决建设工程合同中的实际问题的能力。

思考题

　　1. 什么是合同? 合同法律关系包括哪些内容?

　　2. 合同一般包括哪些条款?

　　3. 建设工程合同如何分类?

　　4. 简述建设工程合同的特征。

　　5. 简述建设工程施工合同示范文本的组成。

　　6. 简述施工合同中承包人和发包人的主要工作。

　　7. 建筑工程保修有哪些具体规定? 建筑工程保修期限如何定?

　　8. 简述工程合同价款的确定方式。

　　9. 工程进度款有什么样的支付程序?

　　10. 工程进度款有哪几种结算方式? 各适用于什么情况?

　　11. 如何进行工程竣工结算?

　　12. 什么情况下施工合同可以解除? 解除程序如何?

　　13. 建设工程施工分包的内容包括哪些? 分包过程中哪些行为属于违法?

　　14. 劳务分包合同中,工程承包人和劳务分包人的工作各有哪些?

　　15. 建设工程施工合同中涉及的担保有哪几种? 各采用什么形式?

　　16. 建设工程监理合同中,监理人和委托人有哪些权利、义务和责任?

　　17. 建设工程勘察设计合同有哪些内容?

　　18. 简述建筑材料采购合同的主要内容。

习题

一、单项选择题

　　1. 建设工程招标投标是以订立建设工程合同为目的的民事活动。从《民法典》合同编意义上讲,下列说法正确的是(　　　)。

　　A. 招标人发出的中标通知书是承诺　　B. 投标人递交的投标书是要约邀请

　　C. 招标人寄送的投标邀请书属于邀约　　D. B和C都正确

　　2. 根据《建设工程施工合同(示范文本)》,当组成合同的文件出现矛盾时,应按合同约定的优先顺序进行解释,合同中没有约定的,优先顺序正确的是(　　　)。

A. 合同协议书、通用条款、专用条款　　　B. 中标通知书、专用条款、协议书

C. 中标通知书、专用条款、投标书　　　　D. 中标通知书、专用条款、工程量清单

3. 下列关于施工合同计价方式的说法中,正确的是(　　)。

A. 工期在 18 个月以上的合同,因市场价格不易准确预期,宜采用可调价格合同

B. 业主在初步设计完成后即招标的,因工程量估算不够准确,宜采用固定总价合同

C. 采用新技术的施工项目,因合同双方对施工成本不易准确确定,宜采用固定单价合同

D. 设备安装工程因无法估算工程量,宜采用成本加酬金合同

4. 采用《建设工程施工合同(示范文本)》订立合同的工程项目,建设工程一切险的投保人应为(　　)。

A. 发包人　　　　　B. 承包人　　　　　C. 监理人　　　　　D. 分包人

5. 合同争议的解决顺序为(　　)。

A. 和解—调解—仲裁—诉讼　　　　　B. 调解—和解—仲裁—诉讼

C. 和解—调解—诉讼—仲裁　　　　　D. 调解—和解—诉讼—仲裁

6. 根据《建设工程施工合同(示范文本)》,"将施工用水、电力、通信线路等施工所必须的条件接至施工现场"是(　　)的责任和义务。

A. 设计单位　　　B. 发包人　　　　　C. 承包人　　　　　D. 监理人

7. 发包人应当在收到缺陷责任期届满通知后 14 天内,向承包人颁发(　　)。

A. 工程接收证书　　　　　　　　　B. 缺陷责任期届满通知

C. 竣工付款证书　　　　　　　　　D. 缺陷责任期终止证书

二、多选题

1. 根据《建设工程施工合同(示范文本)》通用条款的规定,当合同的组成文件之间出现矛盾或歧义时,下列有关文件优先解释顺序中,正确的有(　　)。

A. 中标通知书—合同协议书—合同专用条款

B. 中标通知书—投标书—合同通用条款

C. 履行过程中的书面洽商—合同专用条款—工程量清单

D. 投标书—合同专用条款—标准规范

E. 图纸—合同专用条款—工程量清单

2. 根据《建设工程施工合同(示范文本)》,下列工作中,应由发包人完成的工作有(　　)。

A. 从施工现场外部接通施工用电线路　　B. 施工现场的安全保卫

C. 已完工程的保护　　　　　　　　　D. 办理爆破作业行政许可手续

E. 施工现场邻近建筑物的保护

3. 根据《民法典》合同编,下列合同属于建设工程合同的有(　　)。

A. 勘察合同　　　B. 设计合同　　　C. 施工承包合同

D. 咨询合同　　　E. 工程监理合同

4.《建设工程施工合同(示范文本)》的价格形式分为(　　)。

A. 单价合同　　　B. 总价合同　　　C. 固定价格合同

D. 可调价格合同　　E. 其他价格形式

(注:扫描前言二维码获取全书习题答案)

思政园地

设计合同主要条款缺少的后果

甲工厂与乙勘察设计单位签订了《厂房建设设计合同》,委托乙完成厂房建设初步设计,约定设计期限为付定金后60天,设计费用按国家标准算。另约定,若甲要求增加工作内容,则费用增加10%,合同并未对基础资料的提供进行约定。甲付定金后,只提供了设计任务书,没有其他资料。乙收集相关资料,于第77天交付设计成果,要求甲按约定增加设计费用。甲以合同没有约定提供资料为由,拒绝增加设计费用,并要求乙就完成合同逾期进行违约赔偿。双方协商不成,乙起诉甲。

分析: 首先,设计合同无效。本案例的设计合同缺乏一个主要条款,即基础资料的提供。按照《民法典》第七百九十四条规定:"勘察、设计合同的内容一般包括提交有关基础资料和概预算等文件的期限,质量要求,费用以及其他协作条件等条款。"《建设工程设计合同示范文本》的规定,勘察设计合同应具备以下主要条款:①建设工程名称、规模、投资额、建设地点;②委托方提供资料的内容、技术要求及期限,承包方勘察的范围、进度和质量,设计的阶段,进度、质量和设计文件份数;③勘察、设计取费的依据,取费标准及拨付方法;④违约责任。合同的主要条款是合同成立的前提,甲、乙双方签订的合同缺乏主要条款,则合同自身也就无效。其次,甲应该向乙提供基础材料,但乙不应以此为由要求甲增加设计费用。委托方应向承包方提供开展勘察设计工作所需的有关基础资料,并对提供的时间、进度与资料的可靠性负责,故甲应该向乙提供基础材料。《民法典》第八百零五条规定:"因发包人变更计划,提供的资料不准确,或者未按照期限提供必需的勘察、设计工作条件而造成勘察、设计的返工、停工或者修改设计,发包人应当按照勘察人、设计人实际消耗的工作量增付费用。"虽然本案例由于未对基础资料的提供进行约定,造成乙工作增加,但增加的工作内容并不属于设计范畴,故乙要求增加设计费用并不合理。还有,乙应就超期完工对甲进行赔偿。根据《民法典》第八百条"勘察、设计的质量不符合要求或者未按照期限提交勘察、设计文件拖延工期,造成发包人损失的,勘察人、设计人应当继续完善勘察、设计,减收或者免收勘察、设计费并赔偿损失。"《民法典》合同编第五百七十七条"当事人一方不履行合同义务或者履行合同义务不符合约定的,应当承担继续履行、采取补救措施或者赔偿损失等违约责任。"乙于第77天交付设计成果,超过了约定的设计期限,违约属实,应该对甲进行赔偿。

项目七　建设工程施工索赔

 **学习目标**

知识目标：

(1) 熟悉工程索赔的基本知识；

(2) 掌握索赔的程序及处理原则；

(3) 掌握工期索赔和费用索赔的计算。

技能目标：

(1) 能够正确计算索赔工期和费用；

(2) 能够及时合理地进行索赔。

思政目标：

(1) 培养科学严谨和细致认真的职业态度；

(2) 树立证据意识和主动索赔意识。

任务一　建设工程施工索赔概述

索赔的概念

一、建设工程索赔的概念

建设工程索赔通常是指在工程合同履行过程中,合同当事人一方因对方不履行或未能正确履行合同或者由于其他非自身因素而受到经济损失或权利损害,通过合同规定的程序向对方提出经济或时间补偿要求的行为。在工程建设的各个阶段,都有可能发生索赔,但在施工阶段索赔发生较多。

对施工合同的双方来说,索赔能保证合同的顺利实施,维护双方合法利益的权利。它同合同条件中双方的合同责任一样,构成严密的合同制约关系。承包商可以向业主提出索赔,业主也可以向承包商提出索赔。通常将承包人向发包人提出的索赔称为施工索赔,将发包人向承包人提出的索赔称为反索赔。

从工程索赔的基本含义,可以看出索赔具有以下基本特征：

1. 索赔是双向的

由于实践中发包人向承包人索赔发生的频率相对较低,而且在索赔处理中,发包人始终处于主动和有利地位,对承包人的违约行为他可以直接从应付工程款中抵扣、扣留保留金或通过履约保函向银行索赔来实现自己的索赔要求。因此在工程实践中大量发生的、处理比较困难的是承包人向发包人的索赔,这也是工程师进行合同管理的重点内容之一。承包人的索赔范围非常广泛,一般只要因非承包人自身责任造成的工期延长或成本增加,都有可能向发包人提出索赔。有时发包人违反合同,如未及时交付施工图纸、提供的施工现场不符合要求、决策错误等造成工程修改、停工、返工、窝工，未按合同规定支付工程款等，承包人都可向发包人提出赔偿要求；也可能由于发包人应承担风险的原因，如恶劣气候条件影响、国家法规修改等造成承包人损失或损害时，也会向发包人提出补偿要求。

2. 只有实际发生了经济损失或权利损害，一方才能向对方索赔

经济损失是指因对方因素造成合同外的额外支出，如人工费、材料费、机械费、管理费等额外开支；权利损害是指虽然没有经济上的损失，但造成了一方权利上的损害，如由于恶劣气候条件对工程进度的不利影响，承包人有权要求工期延长等。因此发生了实际的经济损失或权利损害，应是一方提出索赔的一个基本前提条件。有时上述两者同时存在，如发包人未及时交付符合要求的施工现场，既造成承包人的经济损失，又侵犯了承包人的工期权利，因此承包人既要求经济赔偿，又要求工期延长；有时两者可单独存在，如恶劣气候条件影响、不可抗力事件等，承包人根据合同规定或惯例则只能要求工期延长，不应要求经济补偿。

3. 索赔是一种未经对方确认的单方行为

它与我们通常所说的工程签证不同，在施工过程中签证是承发包双方就额外费用补偿或工期延长等达成一致的书面证明材料和补充协议，它可以直接作为工程款结算或最终增减工程造价的依据。而索赔则是单方面行为，对对方尚未形成约束力，这种索赔要求能否得到最终实现，必须要通过双方确认(如双方协商、调解、仲裁或诉讼)后才能实现。

许多人一听到"索赔"两字，很容易联想到争议的仲裁、诉讼或双方激烈的对抗，因此往往认为应当尽可能避免索赔，担心因索赔而影响双方的合作或感情。实质上索赔是一种正当的权利或要求，是合情、合理、合法的行为，它是在正确履行合同的基础上争取合理的偿付，不是无中生有，无理争利。索赔同守约、合作并不矛盾和对立，索赔本身就是市场经济中合作的一部分，只要是符合有关规定的、合法的或者符合有关惯例的，就应该理直气壮地、主动地向对方索赔。大部分索赔都可以通过协商谈判和调解等方式获得解决，只有在双方坚持己见而无法达成一致时，才会提交仲裁或诉诸法院求得解决，即使诉诸法律程序，也应当被看成是遵法守约的正当行为。

二、施工索赔的必然性和原因分析

(一) 施工索赔的必然性

在合同履行过程中，承包人向业主提出索赔要求是不可避免的，几乎任何详细的施工合同都无法避免索赔事件的发生，其主要原因如下：

索赔的起因

1. 业主负责起草合同

每个合同专用条件内的具体条款，是由业主自己或委托工程师、咨询单位编写后列入招标文件的，编制过程中承包人没有发言权，虽然承包人在投标书的致函内和与业主进行谈判过程中，可以要求修改某些对其风险较大的条款的内容，但要求修改的条款数目不能过多，否则就构成对招标文件有实质上的背离而被业主拒绝。

2. 投标的竞争性

承包人在投标阶段是以具有竞争性的报价取得合同的。为了降低报价，一个有经验的承包人对招标文件进行认真分析后，对实施阶段有可能通过索赔获得补偿的风险部分，往往不预留风险基金，待施工阶段发生这部分损害事件时，通过索赔获得补偿。

此外，由于通过索赔而获得的费用属于合同价格之外的支付，这就必然促使承包人寻找一切索赔的机会，来减轻自己所承担的风险。

3. 不可预见事件的影响

土木工程项目在施工阶段，由于工期长、技术复杂、大型化，必然存在众多在签约阶段不可能合理预见的事件的发生。尽管合同准备工作非常细致，合同条款内容严谨、全面，业主和承包人在合同履行过程中也非常守信誉，但由于工程项目施工的复杂性和人的预见能力有限，仍然或多或少地会发生索赔。

从以上的分析中可以看出，签订一个好的合同，只能做到尽量减少索赔和有利于索赔事件发生后的处理工作，而不可能杜绝索赔。索赔属于合同履行过程中正常的风险管理。

（二）施工索赔的原因分析

引起索赔的原因是多种多样的，以下是一些主要原因：

1. 当事人违约

当事人违约常常表现为没有按照合同约定履行自己的义务。发包人违约常常表现为没有为承包人提供合同约定的施工条件、未按照合同约定的期限和数额付款等。工程师未能按照合同约定完成工作，如未能及时发出图纸、指令等也视为发包人违约。承包人违约的情况则主要是没有按照合同约定的质量、期限完成施工，或者由于不当行为给发包人造成其他损害。

2. 合同缺陷

合同缺陷常常表现为合同文件规定不严谨甚至矛盾，合同中有遗漏或错误。这不仅包括商务条款中的缺陷，也包括技术规范和图纸中的缺陷，在这种情况下，工程师有权做出解释。但如果承包人执行工程师的解释后引起成本增加或工期延长，则承包人可以为此提出索赔，工程师应给予证明，业主应给予补偿。一般情况下，业主作为合同起草人，他要对合同中的缺陷负责，除非其中有非常明显的含糊或其他缺陷，根据法律可以推定承包商有义务在投标前发现并及时向业主指出。

3. 施工条件变化

在土建工程施工中，施工现场条件的变化对工期和造价的影响很大。由于不利的自然条件及障碍常常导致涉及变更、工期延长或成本大幅度增加等事件发生。

土建工程对基础地质条件要求很高，而这些土壤地质条件，如地下水、地质断层，溶洞、地下文物遗址等等，根据业主在招标文件中所提供的材料，以及承包人的现场勘察，都不可能准确无误地发现，即使是有经验的承包人也无法事前预料。因此，基础地质方面出现的异常变化必然会引起施工索赔。

4. 工程变更

土建工程施工中，工程量的变化是不可避免的，施工时实际完成的工程量会超过或小于工程量表中所列的预计工程量。在施工过程中，工程师发现设计、质量标准和施工顺序等问题时，往往会指令增加新的工作，改换建筑材料，暂停施工或加速施工等等。这些变更指令必然引起新的施工费用，或需要延长工期。所有这些情况，都迫使承包人提出索赔要求，以弥补自己所不应承担的损失。

5. 工期拖延

大型土建工程施工中，由于受天气、水文地质等因素的影响，常常出现工期拖延。分析拖期原因、明确拖期责任时，合同双方往往产生分歧，使承包商实际支出的计划外施工费用得不到补偿，势必引起索赔。

如果工期拖延的责任在承包商方面,则承包商无权提出索赔,而应该自费采取赶工的措施抢回延误的工期;如果到合同规定的完工日期时,仍然不能按期建成,则应承担误期损害赔偿费。

6. 工程师指令

工程师指令通常表现为工程师指令承包商加速施工、进行某项工作、更换某些材料、采取某种措施或停工等。工程师是受业主委托来进行工程建设监理的,其在工程中的作用是监督所有工作都按合同规定进行,督促承包商和业主完全合理地履行合同、保证合同顺利实施。为了保证合同工程达到既定目标,工程师可以发布各种必要的现场指令。相应地,因这些指令(包括指令错误)而造成的成本增加和(或)工期延误,承包商当然可以索赔。

7. 国家政策及法律、法令变更

国家政策及法律、法令变更,通常是指直接影响到工程造价的某些政策及法律、法令的变更,比如限制进口、外汇管制或税收及其他收费标准的提高。无疑,工程所在国的政策及法律、法令是承包商投标时编制报价的重要依据之一。就国际工程而言,合同通常都规定,从投标截止日期之前的第二十八天开始,如果工程所在国法律和政策的变更导致承包商施工费用增加,则业主应该向承包商补偿其增加值;相反,如果导致费用减少,则也应由业主受益。做出这种规定的理由是很明显的,因为承包商根本无法在投标阶段预测这种变更。就国内工程而言,因国务院各有关部委、各级建设行政管理部门或其授权的工程造价管理部门公布的价格调整,比如定额、取费标准、税收、上缴的各种费用等,可以调整合同价款。如未予调整,承包商可以要求索赔。

8. 其他承包商干扰

其他承包商干扰通常是指其他承包商未能按时、按序进行并完成某项工作,各承包商之间配合协调不好而给本承包商的工作带来的干扰。大中型土木工程,往往会有几个承包商在现场施工,由于各承包商之间没有合同关系,工程师作为业主委托人有责任组织协调好各个承包商之间的工作,否则,将会给整个工程和各承包商的工作带来严重影响,引起承包商索赔。比如,某承包商不能按期完成他们那部分工作,其他承包商的相应工作也会因此延误。在这种情况下,被迫延迟的承包商就有权向业主提出索赔。在其他方面,如场地使用、现场交通等等,各承包商之间也都有可能发生相互干扰的问题。

9. 其他第三方原因

其他第三方原因通常表现为因与工程有关的其他第三方的问题而引起的对本工程的不利影响,比如:银行付款延误、邮路延误、港口压港等。由于这种原因引起的索赔往往比较难以处理。比如,业主在规定时间内依规定方式向银行寄出了要求向承包商支付款项的付款申请,但由于邮路延误,银行迟迟没有收到该付款申请,因而造成承包商没有在合同规定的期限内收到工程款。在这种情况下,由于最终表现出来的结果是承包商没有在规定时间内收到款项,所以承包商往往会向业主索赔。对于第三方原因造成的索赔,业主给予补偿后,业主应该根据其与第三方签订的合同规定或有关法律规定再向第三方追偿。

三、施工索赔的分类

(一) 按索赔的合同依据分类

1. 合同中明示的索赔

合同中明示的索赔是指承包人所提出的索赔要求,在该工程项目的合同

索赔的分类

文件中有文字依据,承包人可以据此提出索赔要求,并取得工期或经济补偿。这些在合同文件中有文字规定的合同条款,称为明示条款。

2. 合同中默示的索赔

合同中默示的索赔,即承包人的该项索赔要求,虽然在工程项目的合同条款中没有专门的文字叙述,但可以根据该合同的某些条款的含义,推论出承包人有索赔权。这种索赔要求同样有法律效力,有权得到相应的补偿。这种有补偿含义的条款,在合同管理工作中被称为"默示条款"或称为"隐含条款"。

默示条款是一个广泛的合同概念,它包含合同明示条款中没有写入、但符合双方签订合同时设想的愿望和当时环境条件的一切条款。这些默示条款,或者从明示条款所表述的设想愿望中引申出来,或者从合同双方在法律上的合同关系引申出来,经合同双方协商一致,或被法律和法规所指明,都成为合同文件的有效条款,要求合同双方遵照执行。

3. 道义索赔

这是一种罕见的索赔形式,这种补偿称为道义上的支付,或称优惠支付。这是合同双方友好信任的一种体现。

(二)按索赔有关当事人分类

1. 承包人同业主之间的索赔

这是施工承包中最普遍的索赔形式。最常见的是承包人向业主提出的工期索赔和经济索赔;有时,业主也向承包人提出赔偿的要求,即"反索赔"。

2. 总承包人和分包人之间的索赔

总承包人和分包人按照他们之间所签订的分包合同,都有向对方提出索赔的权利,以维护自己的利益,获得额外开支的经济补偿。分包人向总承包人提出的索赔要求,经过总承包人审核后,凡是属于业主方面责任范围内的事项,均由总承包人汇总编制后向业主提出;凡属总承包人责任的事项,则由总承包人同分包人协商解决。

3. 承包人同供货人之间的索赔

承包人在中标以后,根据合同规定向机械设备制造厂家或材料供应人询价订货,签订供货合同。供货合同一般规定供货商提供的机械设备的型号、数量、质量标准和供货时间等具体要求。如果供货人违反供货合同的规定,使承包人受到损失时,承包人有权向供货人提出索赔,反之亦然。

(三)按索赔目标分类

1. 工期索赔

由于非承包人责任的原因而导致施工进程延误,要求批准顺延合同工期的索赔,称之为工期索赔。工期索赔形式上是对权利的要求,以避免在原定合同竣工日不能完工时,被发包人追究拖期违约责任。一旦获得批准合同工期顺延后,承包人不仅免除了承担拖期违约赔偿费的严重风险,而且可能提前完工而得到奖励,最终仍能反映在经济效益上。

2. 经济索赔

经济索赔的目的是要求经济补偿。当施工的客观条件改变导致承包人增加开支时,承包人要求对超出计划成本的附加开支给予补偿,以挽回不应由他承担的经济损失。

(四)按索赔的处理方式分类

按索赔的处理方法和处理时间的不同,施工索赔可以分为单项索赔和一揽子索赔两类。

1. 单项索赔

单项索赔是针对某一干扰事件的发生而及时提出的索赔。索赔的处理是在合同实施的过程中,干扰事件发生时,或发生后立即执行。它由合同管理人员处理,并在合同规定的索赔有效期内提交索赔意向书和索赔报告,这是索赔有效性的保证。

单项索赔通常原因单一,责任清楚,涉及金额较小,实际损失易于计算,业主容易接受。所以承包商应尽可能采用单项索赔方式处理索赔问题。例如,工程师指令将某分项工程混凝土改为钢筋混凝土,对此只需提出与钢筋有关的费用索赔即可。

单项索赔报告必须在合同规定的索赔有效期内提交工程师,由工程师审核后交业主,由业主作答复。

2. 总索赔

总索赔又叫一揽子索赔或综合索赔。一般在工程竣工前,承包人将施工过程中未解决的单项索赔集中起来,提出一篇总索赔报告。合同双方在工程交付前后进行最终谈判,以一揽子方案解决索赔问题。

(1)通常在如下几种情况下采用一揽子索赔:

① 在施工过程中,有些单项索赔原因和影响都很复杂,不能立即解决,或双方对合同的解释有争议,而合同双方都要忙于合同实施,可协商将单项索赔留到工程后期解决。

② 业主拖延答复单项索赔,使施工过程中的单项索赔得不到及时解决。在国际工程中,有的业主就以拖的办法对待索赔,常常使索赔和索赔谈判旷日持久,导致许多索赔要求集中起来。

③ 在一些复杂的工程中,当干扰事件多,几个干扰事件同时发生,或有一定的连贯性,互相影响大,难以一一分清时,可以综合在一起提出索赔。

(2)总索赔的特点:

① 处理和解决都很复杂,由于施工过程中的许多干扰事件搅在一起,使得原因、责任和影响分析非常艰难;且索赔报告的起草、审阅、分析、评价难度较大。

由于解决费用、时间补偿的拖延,这种索赔的最终解决还会连带引起利息的支付,违约金的扣留,预期的利润补偿,工程款的最终结算等问题等,这些都会加剧索赔解决的困难程度。

② 为了索赔的成功,承包人必须保存全部的工程资料和其他作为证据的资料,这使得工程项目的文档管理任务极为繁重。

③ 索赔的集中解决使索赔额集中起来,造成谈判的困难。由于索赔额度大,双方都不愿或不敢做出让步,所以争执更加激烈。通常在最终一揽子方案中,承包商往往必须做出较大让步,有些重大的一揽子索赔谈判一拖几年,花费大量的时间和金钱。

对索赔额度大的一揽子索赔,必须成立专门的索赔小组负责处理。在国际承包工程中,通常聘请法律专家、索赔专家,或委托咨询公司、索赔公司进行索赔管理。

④ 由于合理的索赔要求得不到解决,影响承包人的资金周转和施工速度,影响承包人履行合同的能力和积极性,也必然会影响工程的顺利实施和双方的合作。

(五) 按索赔事件的性质分类

1. 工程延误索赔

因发包人未按合同要求提供施工条件,如未及时交付设计图纸、施工现场、道路等,或因发包人指令工程暂停或不可抗力事件等原因造成工期拖延的,承包人对此提出索赔。这是工程中常见的一类索赔。

2. 工程变更索赔

由于发包人或监理工程师指令增加或减少工程量或增加附加工程、修改设计、变更工程顺序等,造成工期延长和费用增加,承包人对此提出的索赔。

变更的程序

3. 合同被迫终止的索赔

由于发包人或承包人违约以及不可抗力事件等原因造成合同非正常终止,无责任的受害方因其蒙受经济损失而向对方提出的索赔。

4. 工程加速索赔

由于发包人或工程师指令承包人加快施工速度,缩短工期,引起承包人发生人、财、物的额外开支而提出的索赔。

5. 意外风险和不可预见因素索赔

在工程实施过程中,因人力不可抗拒的自然灾害、特殊风险,以及一个有经验的承包人通常不能合理预见的不利施工条件或外界障碍,如地下水、地质断层、溶洞、地下障碍物等因素引起的索赔。

6. 其他索赔

如因货币贬值,汇率变化,物价、工资上涨,政策法令变化等原因引起的索赔。

任务二　建设工程施工索赔程序

承包商在施工索赔的处理过程中,首先要善于发现和把握住索赔机会,其次必须按合同约定的程序进行索赔。

一、施工索赔的程序

(一)索赔意向通知

索赔的程序

在索赔事件发生后,承包人应抓住索赔机会,迅速做出反应。承包人应在索赔事件发生后的 28 天内向工程师递交索赔意向通知,声明将对此事件提出索赔,该意向通知是承包人就具体的索赔事件向工程师和业主表示的索赔愿望和要求。如果超过这个期限,工程师和业主有权拒绝承包人的索赔要求。

索赔事件一旦发生,承包人就应该立即进行索赔处理工作,直到正式向工程师和业主提交索赔报告。这一阶段包括以下具体的复杂的工作:

1. 事态调查

事态调查即寻找索赔机会。承包人通过对合同实施的跟踪、分析、诊断、发现了索赔机会,就应对它进行详细的调查和跟踪,了解事件经过、前因后果,掌握事件的详细情况。

2. 损害事件原因分析

原因分析即分析这些损害事件是由谁引起的,它的责任应由谁来承担。一般只有非承包人责任的损害事件才有可能提出索赔。在实际工作中,损害事件的责任常常是多方面的,故必须进行责任分解,划分责任范围,按责任大小承担损失。这一过程中特别容易引起合同双方的争执。

3. 索赔根据

索赔根据即索赔理由,主要指合同文件。必须按合同条款判明这些索赔事件是否违反合同,是否在合同规定的赔偿范围之内。只有符合合同规定的索赔要求才有合法性,才能成立。例如,某合同规定,在工程总价的 15% 范围内的工程变更属于承包人承担的风险,那么,如果业主指令增加的工程量在这个范围内,承包人则不能提出索赔。

4. 损失调查

损失调查即对索赔事件的影响分析。它主要表现为工期的延长和费用的增加。如果索赔事件不造成损失,则无索赔可言。损失调查的重点是收集、分析、对比实际和计划的施工进度、工程成本和费用方面的资料,然后在此基础上计算索赔值。

5. 收集证据

证据包括:招标文件、合同文本及附件;来往文件、签证及更改通知等;各种会谈纪要;施工进度计划和实际施工进度表;施工现场工程文件;施工日志;工程照片;气象报告;工地交接班记录;建筑材料和设备采购、订货运输使用记录等;市场行情记录;各种会计核算资料;国家法律、法令、政策文件等。索赔事件发生后,承包人就应抓紧时间收集证据,并在索赔事件持续期间一直保持有完整的当时记录。如果在索赔报告中提不出证据证明其索赔理由,索赔事件的影响,索赔值的计算等方面的详细资料,索赔要求是不能成立的。在实际工程中,许多索赔要求都因没有或缺少书面证据而得不到合理的解决。所以承包人必须对这个问题有足够的重视。通常承包人应按工程师的要求做好并保留当时记录,同时接受工程师的审查。

(二)索赔报告

索赔报告表达了承包人的索赔要求和支持这个要求的详细依据,它决定了承包人索赔的成败,是索赔要求能否获得有利因素和得到合理解决的关键。

1. 索赔报告的内容

索赔报告的具体内容,随该索赔事件的性质和特点而有所不同,但从报告的必要内容与文字结构方面而论,一个完整的索赔报告应该包括以下四个部分。

(1)总论部分。一般包括以下内容:序言,索赔事项概述,具体索赔要求,索赔报告编写及审核人员名单。

文中首先应概要地论述索赔事件的发生日期与过程;施工单位为该索赔事件所付出的努力和附加开支;施工单位的具体索赔要求;索赔报告编写组主要人员及审核人员的名单,注明有关人员的职称、职务及施工经验,以表示该索赔报告的严肃性和权威性。总论部分的阐述要简明扼要,说明问题。

(2)根据部分。本部分主要是说明自己具有的索赔权利,这是索赔能否成立的关键。根据部分的内容主要来自该工程项目的合同文件,并参照有关法律规定,应引用合同中的具体条款,说明自己理应获得经济或工期补偿。

根据部分的篇幅可能很长,其具体内容随各个索赔事件的特点而不同。一般地说,根据部分应包括以下内容:索赔事件的发生情况,已递交索赔意向书的情况,索赔事件的处理过程,索赔要求的合同根据,所附的证据资料等。

在写法结构上,按照索赔事件发生、发展、处理和最终解决的过程编写,并明确全文引用有关的合同条款,使建设单位和监理工程师能历史地、逻辑地了解索赔事件的始末,并充分认识该项索赔的合理性和合法性。

(3) 计算部分。索赔计算的目的,是以具体的计算方法和计算过程,说明自己应得的经济补偿的款额或延长的时间。如果说根据部分的任务是解决索赔能否成立,则计算部分的任务就是决定应得到多少索赔款额和工期。前者是定性的,后者是定量的。

在款额计算部分,施工单位必须阐明下列问题:索赔款的要求总额,各项索赔款的计算,各项开支的计算依据及证据资料,采用合适的计价方法。另外应注意每项开支款的合理性,并指出相应的证据资料的名称及编号,切忌采用笼统的计价方法和不实的开支款额。

(4) 证据部分。证据部分包括该索赔事件所涉及的一切证据资料,以及对这些证据的说明,证据是索赔报告的重要组成部分,没有翔实可靠的证据,索赔是不能成功的。

索赔证据资料的范围很广,它可能包括工程项目施工过程中所涉及的有关政治、经济、技术、财务资料,具体可进行如下分类。

① 政治经济资料:重大新闻报道,如罢工、动乱、地震以及其他重大灾害等;重要经济政策文件,如税收规定、海关规定、外币汇率变化、工资调整等;政府官员和工程主管部门领导视察工地时的讲话记录;权威机构发布的天气和气温预报,尤其是异常天气的报告等。

② 施工现场记录报表及来往函件:监理工程师的指令,与建设单位或监理工程师的来往函件和电话记录,现场施工日志,每日出勤的工人和设备报表,完工验收记录,施工事故详细记录,施工会议记录,施工材料使用记录本,施工质量检查记录,施工进度实况记录,施工图纸收发记录,工地风、雨、温度、湿度记录,索赔事件的详细记录本或摄像,施工效率降低的记录等。

③ 工程项目财务报表:施工进度月报表及收款记录,索赔款月报表及收款记录,工人劳动计时卡及工资历表,材料、设备及配件采购单,付款收据,收款单据,工程款及索赔款迟付记录,迟付款利息报表,向分包商付款记录,现金流动计划报表,会计日报表,会计总账,财务报告,会计来往信件及文件,通用货币汇率变化等。

在引用证据时,要注意该证据的效力或可信程度。为此,对重要的证据资料最好附以文字证明或确认件。例如,对一个重要的电话内容,仅附上自己的记录本是不够的,最好附上经过双方签字确认的电话记录;或附上发给对方要求确认该电话记录的函件,即使对方未给复函,亦可说明责任在对方,因为对方未复函确认或修改,按惯例应理解为他已默认接受。

2. 编写索赔报告的一般要求

索赔报告是具有法律效力的正规书面文件,对重大的索赔,最好在律师或索赔专家的指导下编写。编写索赔报告的一般要求有以下几方面。

(1) 索赔事件应该真实。索赔报告中所提出的干扰事件,必须有可靠的证据证明。对索赔事件的叙述必须明确、肯定,不包含任何的猜测。

(2) 责任分析应清楚、准确、有根据。索赔报告应仔细分析事件的责任,明确指出索赔所依据的合同条款或法律条文,且说明施工单位的索赔是完全按照合同规定程序进行的。

(3) 充分论证事件造成的实际损失。索赔的原则是赔偿由事件引起的施工单位所遭受的实际损失,所以索赔报告中应强调由于事件影响使施工单位在实施工程中所受到干扰的严重程度,以致工期拖延,费用增加;并充分论证事件影响与实际损失之间的直接因果关系。报告中还应说明施工单位为了减轻事件影响和损失已尽了最大的努力,采取了所能采用的一切措施。

（4）索赔计算必须合理、正确。要采用合理的计算方法，正确地计算出应取得的经济补偿款额或工期延长天数。计算中应力求避免漏项或重复，不出现计算上的错误。

（5）文字要精炼，条理要清楚，语气措辞要中肯。索赔报告必须简洁明了、条理清楚、结论明确、有逻辑性。在论述事件的责任及索赔根据时，所用词语要肯定，忌用"大概""一定程度""可能"等词汇。在提出索赔要求时，语气要恳切，忌用强硬或命令式的口气。

3. 递交索赔报告

索赔意向通知提交后的 28 天或工程师可能同意的其他合理时间内，承包人应向工程师递送补偿经济损失和(或)延长工期的索赔报告及有关资料的正式索赔报告。如果索赔事件的影响持续存在，28 天内还不能算出索赔额和工期延长天数时，承包人应按工程师合理要求的时间间隔(一般为 28 天)，定期陆续报出每一个时间段内的索赔证据资料和索赔要求。在该项索赔事件的影响结束后的 28 天内，报出最终详细索赔报告，提出索赔论证资料和累计索赔额。

（三）工程师审核索赔报告

1. 工程师审核承包人的索赔申请

接到承包人的索赔意向通知后，工程师应建立自己的索赔档案，密切关注事件的影响。检查承包商的同期纪录时，应随时就记录内容提出他的不同意见或希望应予以增加的记录项目。

工程师在接到承包人送交的正式索赔报告和有关资料以后，在不确认责任属谁的情况下，依据自己的同期纪录资料，客观分析事故发生的原因，依据有关合同条款，认真研究承包人报送的索赔资料，并于 28 天内给予答复或要求承包人进一步补充索赔理由和证据。工程师在 28 天内未予答复或未对承包人作进一步要求，则视为该项索赔已经认可。

2. 索赔成立条件

工程师判定承包人索赔成立的条件为：

（1）与合同相对照，事件已造成了承包人施工成本的额外支出，或直接工期损失；

（2）造成费用增加或工期损失的原因，按合同约定不属于承包人的行为责任或风险责任；

索赔成立的条件

（3）承包人按合同规定的时限和程序提交了索赔意向通知和索赔报告。

上述三个条件没有先后主次之分，应当同时具备。只有工程师认定索赔成立后，才按一定程序处理。

（四）工程师与承包人协商，提出处理意见

工程师核查索赔报告后初步确定应予以补偿的额度，往往与承包人的要求额度不一致，甚至差额较大。主要原因是对承担事件损害责任的界限划分不一致，索赔证据不充分，索赔计算的依据和方法分歧较大等，因此双方应就索赔的处理进行协商。通过协商达不成共识的话，承包商仅有权得到所提供的证据满足工程师认为索赔成立的那部分付款和延长工期。不论工程师通过协商与承包人达到一致，还是他单方面做出的批准给予补偿的款额和延长工期的天数如果在授权范围之内，则可将此结果通知承包商，并抄送业主。补偿款将计入下月支付工程进度款的支付证书内，延长的工期加到原合同工期中。如果批准的额度超过工程师权限，则应报请业主批准。

（五）业主审查索赔处理意见

当工程师确定的索赔额超过其权限范围时，必须报请业主批准。

业主首先根据事件发生的原因、责任范围、合同条款审核承包商的索赔申请和工程师的处理意见，再依据工程建设的目的、投资控制、竣工投产日期要求以及针对承包人在施工中的缺陷或违反合同规定等的有关情况，决定是否批准工程师的处理意见。索赔报告经业主批准后，工程师即可签发有关证书。

（六）承包人是否接受最终索赔处理

承包人同意了最终的索赔决定，这一索赔事件即告结束；若承包人不接受业主的处理决定，就会导致合同争议。

二、施工索赔争议的解决

通过谈判和协调双方达成互谅的解决方案是处理争议的理想方式。如果双方不能达成谅解就只能通过仲裁或诉讼解决争议。

1. 和解

和解即双方"私了"。合同双方在自愿互谅的基础上，按照合同规定自行协商，通过摆道理，弄清责任，共同商讨，互作让步，使争议得到解决。和解是解决任何争议首先采用的最基本的，也是最常见最有效的方法。

2. 调解

调解是指在合同争议发生后，在第三人的参加和主持下，对双方当事人进行说服、协调和疏导，使双方当事人互相谅解并按照法律的规定及合同的有关约定达成解决合同争议的协议。如果合同双方经过协商谈判不能就索赔的解决达成一致，则可以邀请中间人进行调解。

3. 仲裁

合同双方达成仲裁协议的，可以向约定的仲裁委员会申请仲裁。在我国，仲裁实行"一裁终局"制度，裁决做出后，当事人若就同一争议再申请仲裁或向人民法院起诉，则仲裁委员会或法院不再予以受理。

4. 诉讼

争议中的一方向有管辖权的人民法院起诉，通过诉讼解决争议。

任务三　建设工程施工索赔的计算

施工索赔的计算分为工期索赔和经济索赔两种计算形式。

一、工期索赔的计算

在工期索赔中首先要划清施工进度拖延的责任。因承包人的过失或应由承包商承担的风险事件发生造成的施工进度拖延，属于不可原谅的延期，是不能给予工期补偿的；因业主的过失或应由业主承担的风险事件发生造成的施工进度拖延，才是可原谅的延期，才能给予工期补偿。有时进度拖延的原因中可能包含有双方的责任，此时工程师应进行详细分析，分清责任比例，只有可原谅延期部分才能给予工期补偿。可原谅延期，又可细分为可原谅并给予补偿费用的延期和可原谅但不给予补偿费用的延期,后者是指非承包人责任的影响并未导致施工成本的额外支出,大多属于发包人应承担风险责任事件的影响,如异常恶劣的气候条件影响的停工等。

工期索赔的计算主要有网络图分析法和比例计算法两种。

1. 网络图分析法

网络图分析法是利用进度计划的网络图分析其关键线路。如果延误的工作为关键工作,则总延误的时间为批准顺延的工期;如果延误的工作为非关键工作,当该工作延误的时间大于总时差时,可以批准的延误时间是其与总时差的差值;当该工作延误的时间小于或等于总时差时,该工作延误后仍为非关键工作,则不存在工期索赔问题。需要特别说明的是,在进度计划实施过程中,如果发生多项可原谅的延期事件时,其工期索赔额并不一定等于每项事件可索赔的时间之和,要注意分析多项事件对工期综合影响的结果。

2. 比例计算法

对于已知部分工程的延期时间,工期索赔计算公式为:

(1) 对于已知部分工程的延期时间

工期索赔值=受干扰部分工程的拖延时间×受干扰部分工程的合同价/原合同价

(2) 对于已知额外增加工程量的价格

工期索赔值=原合同总工期×额外增加的工程量的价格/原合同价

在实际施工过程中,当工期拖期是由合同双方共同造成的(即发生"共同延误"),应首先判断造成拖期原因中哪一种原因最先发生,即确定"初始延误"责任者,并由其承担相应责任。

【例】 在某工程施工中基础土方开挖时,发现有一个洞穴,勘测报告中未注明,为此施工单位停工等待处理,造成该单项工程延期10周。该单项工程合同价为100万元,而整个工程合同总价为600万元。则承包商提出工期索赔为:

$$T=(100万/600万)×10周=1.7周$$

二、经济索赔的计算

(一) 经济索赔的内容

可索赔的费用一般可以包括以下几个方面:

1. 人工费

人工费包括增加工作内容的人工费、停工损失费和工作效率降低的损失费等的累计,其中增加工作内容的人工费应按照计日工费计算,而停工损失费和工作效率降低的损失费按窝工费计算,窝工费的标准双方应在合同中约定。

2. 材料费

材料实际消耗量增加费,既包括净用量,也包括损耗量;非承包商责任的工期延误导致的材料价格上涨而增加的费用等。

3. 机械设备费

可根据不同情况采用机械设备台班费、折旧费、租赁费等几种形式计算。当工作内容增加引起的机械设备费索赔时,费用标准按照机械台班费计算;因窝工引起的机械设备费索赔,当施工机械为承包商自有时,一般按照机械折旧费计算索赔费用;当施工机械是施工企业从外部租赁时,索赔费用的标准按照机械设备租赁费计算。

4. 保函手续费、贷款利息、保险费

这类费用随工程延期将相应增加;反之,取消部分工程且发包人与承包人达成提前竣工协议时,这类费用将相应减少。

5. 利润

由于工程范围的变更、文件有缺陷或技术性错误、业主未能提供现场等引起的索赔,承包商可以列入利润。对于工程延误引起的索赔,由于工期延误并未影响、消减某些项目的实施,从而导致利润减少,所以一般很难将利润加入索赔费用中。

6. 管理费

管理费可分为现场管理费和公司管理费两部分,由于二者的计算方法不一样,所以应区别对待。

在工程索赔的实践中,以下几项费用一般是不允许索赔的:

(1) 承包商对索赔事项的发生原因负有责任的有关费用;

(2) 承包商对索赔事项未采取减轻措施因而扩大的损失费用;

(3) 承包商进行索赔工作的准备费用;

(4) 索赔款在索赔处理期间的利息;

(5) 与工程有关的保险费用在索赔时不予考虑,除非在合同条款中另有规定。

(二) 经济索赔的计算方法

1. 实际费用法

实际费用法是按照各索赔事件所引起损失的费用项目分别分析计算索赔值,然后将各费用项目的索赔值汇总,即可得到总索赔费用值。这种方法以承包商为某项索赔工作所支付的实际开支为依据,但仅限于由于索赔事项引起的、超过原计划的费用,故也称额外成本法。因为实际费用法需要依据实际发生的改变记录或单据,所以承包商在施工过程中系统、准确地积累记录资料是非常重要的。该方法是计算工程索赔时最常用的一种方法。

2. 总费用法

总费用法又称总成本法,就是当发生多项索赔事件以后,重新计算该工程的实际总费用,按实际总费用减去投标报价时的估算费用计算索赔金额的一种方法,即:索赔金额=实际总费用-投标报价估算总费用。

不少人对采用该方法计算索赔费用持批评态度,因为实际发生的总费用中可能包括了承包商的原因,如施工组织不善而增加的费用;同时投标报价估算的总费用也可能为了中标而过低。所以这种方法只有在难以采用实际费用法时才应用。

3. 修正的总费用法

修正的总费用法是对总费用法的改进,即在总费用计算的原则上,去掉一些不合理因素,对总费用法进行相应修改和调整,使其更加合理。修正的内容如下:

(1) 将计算索赔款的时段局限于受到外界影响的时间,而不是整个施工期;

(2) 只计算受影响时段内的某项工作所受影响的损失,而不是计算该时段内所有施工工作所受的损失;

（3）与该项工作无关的费用不列入总费用中；

（4）对投标报价费用重新进行核算：按受影响时段内该项工作的实际单价进行核算，乘以实际完成的该项工作的工程量，得出调整后的报价费用。

按修正后的总费用计算索赔金额的公式如下：

索赔金额＝某项工作调整后的实际总费用－该项工作的报价费用

修正的总费用法与总费用法相比，有了实质性的改进，它的准确程度已接近于实际费用法。

任务四　建设工程施工索赔的管理

一、工程师的索赔管理

（一）工程师对施工索赔的影响

在业主与承包人之间的索赔事件发生、处理和解决过程中，工程师是核心人物。在整个合同的形成和实施过程中，工程师对施工索赔有如下影响：

1. 工程师受业主委托进行工程项目管理

如果工程师在工作中出现问题、失误或行使施工合同赋予的权利时造成承包人的损失，业主必须承担相应合同规定的赔偿责任。承包人索赔有相当一部分原因是由工程师引起的。

2. 工程师有处理索赔问题的权利

（1）在承包人提出索赔意向通知以后，工程师有权检查承包人的原始记录。

（2）对承包人的索赔报告进行审查分析，反驳承包人不合理的索赔要求，或索赔要求中费用不合理的部分。工程师可指令承包人做出进一步解释，或进一步补充资料，提出审查意见或审查报告。

（3）在与承包人共同协商确定给承包人的工期和费用的补偿量达不成一致时，工程师有权单方面做出处理决定。

（4）对合理的索赔要求，工程师有权将其纳入工程进度付款中，出具付款证书，业主应在合同规定的期限内支付。

3. 作为索赔争议的调解人

如果业主和承包人就索赔的解决达不成一致，一方或双方不满意工程师的决定，且双方都不在索赔争议让步，双方都可以将争议再次提交工程师，请求做出调解，工程师应在合同规定的期限内做出调解决定。

4. 在争议的仲裁或诉讼过程中作为见证人

如果合同一方或双方对工程师的调解不满意，则可以按合同规定提交仲裁，也可以按法律程序提出诉讼。在仲裁或诉讼过程中，工程师作为工程全过程的参与者和管理者，可以作为见证人提供证据，做出答辩。

所以，在一个工程中，索赔的频率、索赔要求和索赔解决结果等与工程师的工作能力、经验、工作的完备性、立场的公正性等有直接的关系。所以在工程项目施工过程中，工程师也必须具有"风险意识",重视索赔问题。

(二)工程师的索赔管理任务

索赔管理是工程师进行工程项目管理的主要任务之一,其基本目标是:尽量减少索赔事件的发生,公平合理地解决索赔问题。具体地说,索赔管理任务包括以下几方面:

1. 预测和分析导致索赔的原因和可能性

在施工合同的形成和实施过程中,工程师为业主承担大量的具体的技术、组织和管理工作。如果在这些工作中出现疏漏,给承包人施工造成干扰,就可能引起索赔。承包人的合同管理人员常常在寻找这些疏漏,寻找索赔机会。所以,工程师在工作中应能预测到自己行为的后果,要事先堵塞漏洞。在起草文件、下达指令、做出决定、答复请示时都应注意到文字、条款的完备性和严密性;在颁发图纸、编制计划和实施方案时都应考虑其正确性和周密性。

2. 通过有效的合同管理减少索赔事件发生

工程师应以积极的态度和主动的精神管理好工程,为业主和承包人提供良好的服务。在施工中,工程师作为双方的纽带,应做好协调、缓冲工作,为双方建立一个良好的合作气氛。通常合同实施越顺利,双方合作得越好,索赔事件就越少,即使产生了索赔事件也容易解决。

工程师的主要工作之一是对合同的实施进行有效的控制。通过对合同实施的监督和跟踪,不仅可以及早发现干扰事件,也可以及早采取措施降低干扰事件的影响,减少双方损失,还可以及早了解情况,为合理地解决索赔提供条件。

3. 公正地处理和解决索赔

索赔的合理解决,是指承包商得到按合同规定的合理补偿,而业主又不多支付款项,合同双方都心悦诚服,对解决结果满意,继续保持友好的合作关系。业主和承包商之间的索赔合理解决不但符合工程师的工作目标,而且符合工程总目标。

(三)工程师的索赔管理原则

要使索赔得到公正合理的解决,工程师在工作中必须遵守以下原则:

1. 公正原则

工程师作为施工合同的中介人,处理索赔时应恪守职业道德,以事实为依据,以合同为准绳,做出公正的决定。由于施工合同双方的利益和立场存在不一致,常常会出现矛盾,甚至冲突,这时工程师应该充当调解人的角色,发挥缓冲、协调作用。

(1)工程师必须从工程整体效益、工程总目标的角度出发做出判断或采取行动,如使合同风险分配,干扰事件责任分担,索赔的处理和解决不损害工程整体效益和不违背工程总目标。在这个基本点上,发、承包人双方目的常常是一致的,例如使工程顺利进行,尽早使工程竣工,投入生产,保证工程质量,按合同施工等。

(2)按照法律规定和合同约定行事。合同是施工过程中的最高行为准则,作为工程师更应该按合同办事,准确理解,正确执行合同。遇到索赔事件时,工程师必须以完全独立的裁判人的身份,站在客观公正的立场上审查索赔要求的正当性;必须详细了解合同条件、协议条款,以合同为依据来公正处理合同双方的利益纠纷。

(3)从事实出发,实事求是。按照合同的实际实施过程、干扰事件的实情、承包商的实际损失和所提供的证据做出判断。

2. 及时履行职责的原则

在工程施工中,工程师必须及时地(有的合同规定具体的时间或"在合理的时间内")行使权利,做出决定,下达通知、指令,表示认可或满意等。这样做的积极作用是:

(1)可以减少承包人的索赔机会。因为如果工程师不能及时行事会造成承包人的损失,必须给予承包人工期或经济补偿。

(2)防止索赔事件的影响扩大。若不及时处理索赔事件,就意味着默认索赔事件,或承包人继续施工,造成更大范围的影响和损失。

(3)在收到承包人的索赔意向通知后应迅速做出反应,认真研究、密切注意干扰事件的发展。一方面可以及时采取措施降低损失;另一方面可以掌握干扰事件发生和发展的过程,掌握第一手资料,为分析、评价、反驳承包人的索赔做准备。所以工程师也应鼓励并要求承包人及时向他通报情况和提出索赔要求。

(4)不及时解决索赔问题将会加深双方的矛盾。由于不及时解决索赔问题,会挫伤承包人的积极性,导致承包人对工程师和业主缺乏信任感,从而拖延工期,甚至影响合同的履行。

(5)不及时处理索赔会加大索赔解决的困难。多个单项索赔集中起来,会使索赔额度很大,不仅给分析评价带来困难,而且会使问题复杂化。

3. 协商一致原则

工程师在处理和解决索赔问题时,应认真研究索赔报告,及时与业主和承包人沟通,保持经常性的联系。在做出决定,特别是调整价格、决定工期和费用补偿,及做调解决定时,应充分地与合同双方协商,最好达成一致,取得共识。这样做不仅能圆满处理好索赔事件,也有利于顺利地履行合同,这是避免索赔争议的最有效办法。工程师切不可凭借他的地位和权力武断行事,滥用权力,特别是不能对承包人随便以合同处罚相威胁,或盛气凌人。工程师应充分认识到,如果他的调解不成功,使索赔争议升级,对合同双方都是损失,将会严重影响工程项目的整体效益。

4. 诚实信用原则

工程师有很大的工程管理权力,对工程的整体效益起关键性的作用。业主依赖他,将工程管理任务交给他;承包人希望他公正行事。但他的经济责任较小,缺少对他的制约机制。所以工程师的工作在很大程度上依靠自身的工作积极性和责任心、诚实和信用、高尚的职业道德来维持。

(四)工程师对索赔的审查

1. 审查索赔证据

工程师对索赔报告的审查,首先是判断承包人的索赔要求是否有理有据。所谓有理,是指索赔要求与合同条款或有关法律法规是否一致,受到的损失应属于非承包人责任原因所造成的;有据是指提供的证据满足证明索赔要求成立。承包人可以提供的证据包括下列证明材料:

索赔的依据、
证据

(1)合同文件;

(2)经工程师批准的施工进度计划;

(3)合同履行过程中的来往函件;

(4)施工现场记录;

（5）施工会议记录；

（6）工程照片；

（7）工程师发布的各种书面指令；

（8）中期支付工程进度款的单证；

（9）检查和试验记录；

（10）汇率变化表；

（11）各类财务凭证；

（12）其他有关资料。

2. 审查工期延展要求

对索赔报告中要求延展的工期，在审核中应注意以下几点：

（1）划清施工进度拖延的责任。因承包人的原因造成的工期延误，属于不可原谅的延期；只有承包人不应承担任何责任的延误，才是可原谅的延期。

（2）被延误的工作应该是影响施工总进度的施工内容。

（3）无权要求承包人缩短合同工期。工程师有审核、批准承包人延长工期的权力，但他不可以扣减合同工期。也就是说，工程师有权指示承包人删减掉某些合同内规定的工作内容，但不能要求他相应缩短合同工期。如果要求提前竣工的话，这项工作属于合同的变更。

3. 审查经济索赔要求

工程师在审核经济索赔的过程中，除了划清合同责任以外，还应该注意到索赔计算取费的合理性和计算的正确性。

（1）承包人可索赔的费用内容一般包括以下方面：人工费、材料费、机械设备费、保函手续费、贷款利息、保险费、利润、管理费等。

（2）审核索赔取费的合理性。经济索赔涉及的款项较多，内容庞杂。承包人都是从维护自身利益的角度解释合同条款，进而申请索赔款额。工程师应做到公正地审核索赔报告，挑出不合理的取费项目或费率，检查取费项目的合理性。

（3）审核索赔计算的正确性。主要注意以下问题：

① 在索赔计算中不应有重复取费。

② 停工损失中，不应以计日工费计算人工闲置费，不应计算在此期间的奖金、福利等报酬，通常采取人工单价乘以折算系数计算。

③ 正确区分停工损失与因工程师临时改变工作内容或作业方法的功效降低损失的区别。凡可改做其他工作的，不应按停工损失计算，但可以适当补偿降效损失。

（五）工程师对索赔的反驳

索赔反驳仅仅指的是反驳承包人不合理索赔或者索赔中的不合理部分，而绝对不是把承包人当作对立面，偏袒业主，设法不给或尽量少给承包人补偿。索赔反驳的措施是指工程师针对一些可能发生索赔的领域，为了今后有充分证据反驳承包人的不合理要求而采取的监督管理措施。索赔反驳措施实际上是包括在工程师的日常监理工作中的。能否有力地索赔反驳，是衡量工程师工作成效的重要尺度。

对承包人的施工活动进行日常现场检查是工程师执行监理工作的基础。这种检查工作由工程师授权的现场检查员来进行，其目的是监督现场施工按合同要求进行。检查员应具有一定的实践经验,且工作态度认真,合作精神良好。检查员能力的高低很大程度上决定工程师监理工作的成效。检查员应该善于发现问题,他必须始终留在现场,随时独立做好有关情况记录,绝对不能简单照抄承包人的记录。必要时应对某些施工情况拍摄工程照片。每天下班前还必须把一天的施工情况和自己的观察结果简明扼要地写成《工程检查日志》,其中特别要指出承包人在哪些方面没有达到合同或计划要求。这种日志应该逐级加以汇总分析,最后由工程师代表或其他授权代表把承包人施工中存在的问题连同处理建议书面通知承包人,为今后索赔反驳提供依据。

合同中通常都会规定承包人应该在多长时间内或什么时间以前向工程师提交什么资料供工程师批准、同意或参考。工程师应该事先编制一份承包人应提交的资料清单,其内容包括资料名称、合同依据、时间要求、格式要求及工程师处理时间要求等,以便随时核对。如果到时承包人没有提交或提交资料的格式等不符合要求,则应该及时记录在案,并通知承包人。承包人的这种问题,可能是今后用来说明某项索赔或索赔中的某部分应由承包人自己负责的重要依据。

工程师要了解承包人施工材料和设备到货情况,包括材料质量、数量和存储方式,以及设备种类、型号和数量。毫无疑问,材料设备情况会直接影响工程施工的进度和质量,影响工程成本。如果承包人的到货情况不符合合同要求或双方同意的计划要求,工程师应该及时记录在案,并通知承包人。这些也可能是今后反驳索赔的重要依据。

与承包人一样,对工程师来说,做好资料档案管理工作也是非常重要的。如果自己的资料档案不全,在索赔处理过程中会处于被动,只能是人云亦云。即便是明知某些要求不合理,也无法予以反驳,当然更谈不上在万一情况下与承包人打官司了。工程师必须保存好与工程有关的全部文件资料,特别是应该有自己独立采集的工程监理资料。

工程师通常可以对承包人的索赔提出质疑的情况有:

(1) 索赔事项不属于业主或工程师的责任,而是与承包人有关的其他第三方的责任;

(2) 业主和承包人共同负有责任,承包人必须划分和证明双方责任大小;

(3) 事实依据不足;

(4) 合同依据不足;

(5) 承包人未遵守意向通知要求;

(6) 合同中的开脱责任条款已经免除了业主的补偿责任;

(7) 承包人以前已经放弃(明示或暗示)了索赔要求;

(8) 承包人没有采取适当措施避免或减少损失;

(9) 承包人必须提供进一步的证据;

(10) 损失计算夸大等。

(六) 工程师对索赔的预防和减少

索赔虽然不可能完全避免,但通过努力可以减少发生。

1. 正确理解合同规定

合同是规定当事人双方权利义务关系的文件。正确理解合同规定,是双方协调一致地合理、完全履行合同的前提条件。由于施工合同通常比较复杂,因而"理解合同规定"就有一定的困难。双方站在各自立场上对合同规定的理解往往不可能完全一致,总会或多或少地存在某些分歧。这种分歧经常是产生索赔的重要原因之一,所以业主、工程师和承包人都应该认真研究合同文件,以便尽可能在诚信的基础上正确、一致地理解合同的规定,减少索赔的发生。

2. 做好日常监理工作,随时与承包人保持协调

毫无疑问,做好日常监理工作是减少索赔的重要手段。工程师应善于预见、发现和解决问题。如果能够在某些问题对工程产生额外成本或其他不良影响以前,就把它们纠正过来,就可以避免发生与此有关的索赔。对此,现场检查作为工程师监理工作的第一个环节,应该发挥应有的作用。对工程质量、完全工作量等,工程师应该尽可能在日常工作中与承包人随时保持协调,每天或每周对当天或本周的情况进行会签,取得一致意见,而不要等到需要付款时再一次性处理。这样就比较容易取得一致意见,可以避免不必要的分歧。

3. 尽量为承包人提供力所能及的帮助

承包人在施工过程中肯定会遇到各种各样的困难。虽然从合同上讲,业主(工程师)没有义务向其提供帮助,但从共同努力建设好工程这一点来讲,还是应该尽可能地提供一些帮助。从工程建设的大局来说,业主帮助承包人也就是帮助自己。这样,不仅可以免遭或少遭损失,从而避免或减少索赔;而且承包人对某些似是而非、模棱两可的索赔机会,还可能基于与业主的友好合作考虑而主动放弃。

4. 建立和维护工程师处理合同事务的威信

工程师自身必须有公正的立场、良好合作精神和处理问题的能力,这是建立和维护其威信的基础;业主应该积极支持工程师独立、公正地处理合同事务,不予无理干涉;承包人应充分尊重工程师,主动接受工程师的协调和监督,与工程师保持良好的关系。如果承包人认为工程师明显偏袒业主或处理问题能力较差甚至是非不分,他就会更多地提出索赔,而不管是否有足够的依据,以求"以量取胜"或"蒙混过关"。如果工程师处理合同事务立场公正、有丰富的经验、有较高的威信,就会促使承包人在提出索赔前认真做好准备工作,只提出那些有充足依据的索赔,"以质取胜",从而减少提出索赔的数量。业主、工程师和承包人应该从一开始就努力建立和维持相互关系的良性循环,这对合同顺利实施是非常重要的。

二、承包商的施工索赔管理

(一)承包商索赔管理的任务

1. 预测、分析索赔事件发生的可能性

承包商从投标之日起就应对合同进行分析,预测索赔事件发生的可能性,根据索赔事件的原因及早采取对策,并避免因自己的过失而不能获取索赔。

2. 认真分析合同,以便使用保护自己正当权利的条款

承包商必须熟悉合同,以便发生索赔事件后能及时找到保护自己的合同条款,避免因合同不熟悉而失去索赔机会或索赔失败。

3. 寻找索赔机会

承包商的合同管理人员应每天把实施合同的情况与合同的约定进行对照,查找由工程师或业主的疏漏形成的干扰事件及其给承包商带来的损失,发现索赔的机会。

4. 做好索赔工作

（1）由合同管理人员及时处理日常的单项索赔。

（2）对于业主坚持的一揽子索赔，合同管理人员必须积累日常的工程资料，准备好索赔的证据。

5. 加强内部联系

承包商的工程技术、施工管理、物资供应和财务等部门之间应建立密切联系制度，定期共同研究索赔和额外费用补偿问题。

6. 处理好与分包商的关系

对于分包商，除要求他们提交相应保函、保单外，还应在分包合同中写明主承包合同对分包合同的约束力，写明违约责任等各种责任条款。

（二）确定正确的索赔策略

对于承包商的索赔，切忌孤立地处理索赔问题，而应从整个企业的经营出发，确定正确的索赔策略，用来指导具体的索赔工作。

1. 确定索赔目标

确定索赔目标是指承包商确定索赔的基本要求，方法如下：

（1）对要达到的目标进行分解，按难易程度排队，确定最低、最高目标；

（2）分析实现目标的风险，要抓住索赔机会；

（3）按期完成合同约定的工程内容，保证工程质量，按期交付工程，全面履行合同义务，防范业主的反索赔。

2. 根据企业的经营状况确定承包商的索赔策略

承包商应根据以下经营方面的因素，决定索赔的要求和解决的办法：

（1）承包商有无可能与业主进行新的合作；

（2）承包商是否在当地继续扩展业务；

（3）承包商与业主之间的关系对在当地开展业务的影响等。

3. 对被索赔方进行分析，确定每次索赔的对策

（1）分析被索赔方的兴趣和利益所在；

（2）对于理由充分的重要索赔要争取尽早解决，尽可能避免采用一揽子索赔方式；

（3）适当让步，为了取得索赔成功，承包商可在不过多损害自己利益的情况下，为对方的利益考虑，做出适当的让步。

4. 相关关系分析

承包商应主动与监理工程师、设计单位、业主的上级主管部门等对业主有影响力的单位和个人建立良好的合作关系，必要时可以请他们进行调解，争取索赔的成功。

（三）承包商的索赔策略

1. 建立和健全合同管理机构，专人负责索赔工作

（1）企业设立强有力的稳健的合同管理部门，每项工程设立专职的合同管理人员。

（2）任用高素质的索赔人员。索赔工作涉及面广，要求索赔人员通晓法律法规、合同、商务、施工技术等知识和具有工程承包的实际经验。索赔人员的个性、品质、才能等对工作中索赔的成败影响极大。索赔人员应当头脑冷静、思维敏捷、处事公正、性格刚毅且有耐心，工作中能坚持以理服人。

2. 签订好合同

合同是索赔和反索赔的第一依据，按照合同规定提出的索赔容易获得成功。合同当事人签订合同时的各项承诺，在履行合同中必须信守。

(1) 承包商在投标报价时就应考虑索赔问题。例如在单价分析中列入生产效率、工程成本与投入资源的效率的关系等，可作为生产效率降低等索赔的合同依据。

(2) 应对明显地把重大风险转移给承包商的条款，提出修改的要求，并将达成的修改协议，以"谈判纪要"的书面形式，作为合同文件的组成部分。

(3) 对于开脱业主责任的合同内容，要通过谈判予以纠正。如果在谈判时不予修正，将来就很难进行索赔。开脱业主责任的合同内容主要有：

① 合同中没有索赔条款；

② 工程款支付或拖期付款无时限、无利息；

③ 没有调价条款；

④ 业主认为某部分工程不满意，就有权决定扣减工程款；

⑤ 业主对不可预见的工程施工条件不承担责任等。

3. 及早发现索赔机会，把握好提出索赔的时机

(1) 指派专人收集和整理由各职能部门提供的有关合同履行的信息资料。

(2) 做好施工记录作为效率降低论证的证据。记录每天使用的设备台班、材料和人工数量、完成的工程量和施工中遇到的问题等。

(3) 在索赔时效期限内择时提出索赔。提出索赔过早，对方有充足的时间寻找理由反驳；过迟提出容易导致超过有效期而遭到拒绝。

4. 及时办理口头变更指令的确认手续

工程师的指令常常是口头的，很难作为索赔的证据，但承包商又必须执行。最好的对策是承包商的有关人员即时记录工程师的口头变更指令，提请工程师当场签字确认。

5. 索赔计价方法和款额要适当

索赔的基本原则是权利人向责任人追回已经发生但不应由自己承担的损失，施工索赔时采用附加成本法，只计算索赔事件引起的合同外的附加支出和额外损失，容易为业主所接受。另外，索赔计价项目要具体合理，索赔计价不能过高。

6. 力争采用单项索赔方式解决索赔问题

单项索赔解决问题及时，事件和责任容易分析清楚。索赔事件如能得到及时解决，可以减少或避免对后续工程的影响。

7. 索赔处理中要防止发生对立局面

承发包双方关系融洽，友好合作，有利合同的顺利履行，合情合理的索赔一般都能得到解决。反之，一旦产生对立情绪，将使一些本来可以解决的问题也悬而不决，索赔难以获得成功。

8. 同工程师建立融洽信任的工作关系

施工合同履行过程中，承包商应积极配合工程师的监理工作，建立起融洽信任的工作关系。尽力争取工程师对索赔做出公正裁决，避免通过仲裁或诉讼解决。

三、业主的反索赔

反索赔的目的是维护业主方面的经济利益。为了实现这一目的，需要进行两方面的工作。首先要对承包商的索赔报告进行评论和反驳,否定其索赔要求,或者削减索赔款额;其次对承包商的违约,提出经济赔偿要求。

1. 对承包商履约中的违约责任进行索赔

主要是针对承包商在工期、质量、材料应用、施工管理等方面对违反合同条款的有关内容进行索赔。

2. 对承包商所提出的索赔要求进行评审、反驳与修正

一方面是对无理的索赔要求进行有理有据的驳斥与拒绝;另一方面在肯定承包商具有索赔权的前提下,业主和工程师要对承包商提出的索赔报告进行详细审核,对索赔款的各个部分逐项审核、查对单据和证明文件,确定哪些不能列入索赔款额,哪些款额偏高,哪些在计算上有错误和重复。通过检查,削减承包商提出的索赔款额,使其更加准确。

任务五　建设工程施工索赔案例

建设工程施工索赔是一项涉及面较广泛的细致工作,包括建设工程项目施工过程中的各个环节和各个方面。承包商的任何索赔要求,只有准确地计算要求赔偿的额度,并证明此数额是正确的和合情合理的,索赔才能获得成功。现将实际施工过程中常见的索赔介绍如下。

 案例一

某土方工程业主与施工单位签订了土方施工合同,合同约定的土方工程量为 8 000 m^3,合同工期为 16 天,合同约定:工程量增加 20% 以内为施工方应承担的工期风险。挖运过程中,因出现了较深的软弱下卧层,致使土方量增加了 10 200 m^3,则施工方可提出的工期索赔为多少天?

【解答】 挖运过程中出现较深的软弱下卧层,致使土方量增加,是业主应该承担的风险,施工方可以提出工期索赔。

不索赔的土方工程量为 8 000 × 1.2 = 9 600 m^3,

工期索赔为:[(8 000 + 10 200 − 9 600)/9 600] × 16 = 14(天)。

 **案例二**

某建设项目业主与承包商签订了工程施工承包合同,根据合同及其附件的有关条文,对索赔有如下规定:

(1) 因窝工发生的人工费以 25 元/工日计算,建设方提前 1 周通知承包方时不以窝工处理,以补偿费支付 4 元/工日。

(2) 机械台班费:塔吊 300 元/台班,混凝土搅拌机 70 元/台班,砂浆搅拌机 30 元/台班。因窝工而闲置时,只考虑折旧费,按台班费 70% 计算。

(3) 临时停工一般不补偿管理费和利润。

在施工过程中发生了以下事件:

(1) 6月8日至6月21日,施工到第7层时,因业主提供的钢筋未到,使1台塔吊、1台混凝土搅拌机和35名钢筋工停工(业主已于5月30日通知承包方)。

(2) 6月10日至6月21日,因场外停电停水使第4层砌砖工作的1台砂浆搅拌机和30名砌砖工停工。

(3) 6月23日至6月25日,因1台砂浆搅拌机故障而使在第2层抹灰的35名抹灰工停工。

承包商及时提出了索赔要求。

【问题】　合理的索赔费用为多少?

【解答】　合理的索赔金额如下:

(1) 机械闲置费。塔吊1台:$300 \times 70\% \times 14 = 2\,940$元,

混凝土搅拌机1台:$70 \times 70\% \times 14 = 686$元,

窝工人工费。因业主已提前通知承包方,所以只能从补偿费支付。

钢筋工:$4 \times 35 \times 14 = 1\,960$元,

事件(1)合理的索赔费用为:$2\,940 + 686 + 1\,960 = 5\,586$元。

(2) 机械闲置费。砂浆搅拌机1台:$30 \times 70\% \times 12 = 252$元,

窝工人工费。砌砖工:$25 \times 30 \times 12 = 9\,000$元,

事件(2)合理的索赔费用为:$252 + 9\,000 = 9\,252$元。

(3) 承包商原因造成砂浆搅拌机故障,不能给予补偿。

该建设项目合理的索赔费用为:$5\,586$元$+9\,252$元$=14\,838$元。

 案例三

某工程项目施工采用了包工包全部材料的合同。工程招标文件参考资料中提供的用砂地点距工地4公里。但是开工后,检查该砂质量不符合要求,承包商只得从另一距工地20公里的供砂地点采购。而在一个关键工作面上又发生了几种原因造成的临时停工:

5月20日至5月26日承包商的施工设备出现了从未出现过的故障;应于5月24日交给承包商的后续图纸直到6月10日才交给承包商;6月7日到6月12日施工现场下了罕见的特大暴雨,造成了6月13日到6月14日地区供电全面中断。

【问题】

(1) 承包商的索赔要求成立的条件是什么?

(2) 由于供砂距离的增大,必然引起费用的增加,承包商经过仔细认真计算后,在业主指令下达的第3天,向业主的造价工程师提交了将原用砂单价每吨提高5元人民币的索赔要求。作为一名造价工程师,你批准该索赔要求吗? 为什么?

(3) 由于几种情况的暂时停工,承包商在6月25日向业主的造价工程师提出延长工期26天,成本损失费人民币2万元/天(此费率已经造价工程师核准)和利润损失费人民币2千元/天的索赔要求,共计索赔款57.2万元。作为一名造价工程师,你批准延长工期多少天? 索赔款额多少万元?

【解答】(1) 承包商的索赔要求成立必须同时具备如下四个条件:

① 与合同相比较,已造成了实际的额外费用或工期损失;

② 造成费用增加或工期损失的原因不是由于承包商的过失;

③ 造成的费用增加或工期损失不该是由承包商承担的风险;

④ 承包商在事件发生后的规定时间内提出了索赔书面意向通知和索赔报告。

(2) 因砂场地点的变化提出的索赔不能被批准,原因是:

① 承包商应对自己就招标文件的解释负责;

② 承包商应对自己报价的正确性与完备性负责;

③ 作为一个有经验的承包商可以通过现场踏勘确认招标文件参考资料中提供的用砂质量是否合格,若承包商没有通过现场踏勘发现用砂质量问题,其相关风险应由承包商承担。

(3) 可以批准的延长工期为 19 天,经济索赔额为 32 万元人民币。

① 5 月 20 日至 5 月 26 日出现的设备故障,属于承包商应承担的风险,不应考虑承包商的延长工期和费用索赔要求。

② 5 月 27 日至 6 月 9 日是由于业主迟交图纸引起的,为业主应承担的风险,应延长工期 14 天。成本损失索赔额为 14 天×2 万/天＝28 万元,但不应考虑承包商的利润要求。

③ 6 月 7 至 6 月 12 的特大暴雨属于双方共同的风险,应延长工期为 3 天,但无承包商的费用索赔。

④ 6 月 13 日至 6 月 14 日的停电属于有经验的承包商无法预见的自然条件变化,为业主应承担的风险,应延长工期为 2 天,索赔额为 2 天×2 万/天＝4 万元,但不应考虑承包商的利润要求。

 案例四

某厂(甲方)与某建筑公司(乙方)订立了某工程项目施工合同,同时与某降水公司(丙方)订立了工程降水合同。建筑公司编制了施工网络计划,工作 B、E、G 为关键线路上的关键工作,工作 D 有总时差 8 天。工程施工中发生如下事件:

① 降水方案错误,致使工作 D 推迟 2 天,乙方人员配合用工 5 个工日,窝工 6 个工日。

② 因供电中断,停工 2 天,造成人员窝工 16 个工日。

③ 因设计变更,工作 E 工程量由招标文件中的 300 m³ 增至 350 m³,原计划工期为 6 天。

④ 为保证施工质量,乙方在施工中将工作 B 原设计尺寸扩大,增加工程量 15 m³。

⑤ 在工作 D、E 均完成后,甲方指令增加一项临时工作 K,经核准,完成该工作需要 1 天时间,机械 1 台班,人工 10 个工日。

【问题】

(1) 上述哪些事件乙方可以提出索赔要求? 哪些事件不能提出索赔要求? 为什么?

(2) 每项事件工期索赔各是多少? 总工期索赔多少天?

(3) 若合同约定每一分项工程实际工程量增加超过招标文件的 10% 以上调整单价,工作 E 原全费用单价为 110 元/m³,经协商调整后的全费用单价为 100 元/m³,则 E 工作结算价为多少?

(4) 假设人工工日单价为 50 元/工日,人工费补贴为 25 元/工日,因增加用工所需管理费为增加人工费的 20%,工作 K 的综合取费为人工费的 80%,台班费为 400 元/台班,台班折旧费为 240 元/台班。计算除事件③外合理的费用索赔总额。

【解答】

(1) 事件①可提出索赔要求,因为降水工程由甲方另外发包,是甲方的风险。

事件②可提出索赔要求,因为外部停电、停水属不可抗力。

事件③可提出索赔要求,因为设计变更是甲方的责任。

事件④不应提出索赔要求,因为保证施工质量的技术措施费应由乙方承担。

事件⑤可提出索赔要求,因为甲方指令增加工作是甲方的责任。

(2) 事件①工作 D 有总时差 8 天,现推迟 2 天,不影响工期,因此可索赔工期 0 天。

事件②供电中断 2 天,可索赔工期 2 天。

事件③因为 E 工作为关键工作,可索赔工期 $\dfrac{350-300}{300/6}=1$(天)。

事件⑤因为 E、G 均为关键工作,在该两项工作之间增加工作 K,K 工作也必为关键工作,所以索赔工期 1 天。

总计索赔工期:0+2+1+1=4(天)。

(3) E 工作结算价:

按原单价结算的工程量:300×(1+10%)=330 m³,

按新单价结算的工程量:350-330=20 m³,

总结算价:330×110+20×100=38 300(元)。

(4) 事件①人工费:6×25+5×50×(1+20%)=450(元),

事件②人工费:16×25=400(元),

机械费:2×240=480(元)。

事件⑤人工费:10×50×(1+80%)=900(元),

机械费:1×400=400(元),

合理的索赔费用总额:450+400+480+900+400=2 630(元)。

项目回顾

索赔是一种合法的正当的权利要求,是权利人依据合同和法律的规定,向责任人追回不应该由自己承担的损失的合法行为。实际工作中的施工索赔是指承包商向业主的索赔。引起施工索赔的原因很多,最多的是业主方面的原因。施工索赔的分类方法有很多,最重要的是按索赔事件的性质分类,如工程延误索赔、工程变更索赔、合同被迫终止的索赔、工程加速索赔、意外风险和不可预见因素的索赔等。发生索赔的原因是确定索赔项目费用的主要依据。

承包商的施工索赔,第一要善于发现和把握住索赔的机会,第二必须遵守合同约定的索赔程序。索赔程序有两个要点:一是索赔时效,承包商必须遵守;二是索赔的步骤。如果承包商不能接受业主的索赔处理决定,可以通过施工索赔争议的解决方式解决。

施工索赔的计算分为工期索赔和经济索赔两种形式。工期索赔必须满足两个条件:一是确实发生了非承包商自身原因的索赔事件,二是索赔事件造成了总工期的延误。工期索赔计算方法有网络图分析法和比例计算法两种,使用网络图分析法的工期索赔容易获得成功。经济索赔值的计算方法有实际费用法、总费用法和修正的总费用法。

施工索赔是合同管理的重要内容。工程师虽然受聘于业主,但法律法规规定工程师应是合同管理和索赔处理的公正的第三方。工程师索赔管理的基本目标是：尽可能减少索赔事件的发生，公平合理地解决索赔问题。施工索赔是承包商改善合同地位、维护合同权益的重要手段，必须管理好。对于业主来说，反索赔的目的是维护业主方面的经济利益。

建设工程施工索赔是一项涉及面较广泛的细致工作，包括建设工程项目施工过程中的各个环节和各个方面。承包商的任何索赔要求，只有准确地计算要求赔偿的额度，并证明此数额是正确的，合情合理的，索赔才能获得成功。

思考题

1. 建设单位将一热电厂工程建设项目的土建工程和设备安装工程施工任务分别发包给某土建施工单位和某设备安装单位。经业主方审核批准，土建施工单位又将桩基础施工分包给一专业基础工程公司。建设单位与土建施工单位和设备安装单位分别签订了施工合同和设备安装合同。在工程延期方面，合同中约定，因业主原因总工期延误 1 天应补偿承包方 5 000 元人民币，承包方施工总工期延误 1 天应罚款 5 000 元人民币。该工程所用的预制桩由建设单位供应。按施工总进度计划的安排，规定桩基础施工应从 8 月 10 日开工至 8 月 20 日完工。但在施工过程中，由于建设单位供应预制桩不及时，使桩基础施工推迟至 8 月 13 日才开工；8 月 13 日至 8 月 18 日基础工程公司的打桩设备出现故障不能施工；8 月 19 日至 8 月 22 日又出现了属于不可抗力的恶劣天气而无法施工。

问题：(1) 土建施工单位应获得的工期补偿和费用补偿各为多少？

(2) 设备安装单位的损失应由谁承担责任，应补偿的工期和费用是多少？

2. 某建筑公司于 2003 年 3 月 8 日与某建设单位签订了修建建筑面积 3 000 m² 的工业厂房(带地下室)的施工合同。该建筑公司编制的施工方案和进度计划已获监理工程师批准。施工进度计划已经达成一致意见。合同规定由于建设单位责任造成施工窝工时，窝工费用按原人工费、机械台班费的 60% 计算。工程师应在收到索赔报告之日起 28 天内予以确认，工程师无正当理由不确认时，自索赔报告送达之日起 28 天后视为索赔已经被确认。根据双方商定，人工费定额为 30 元/工日，机械台班费为 1 000 元/台班。建筑公司在履行施工合同的过程中发生以下事件：

事件一：基坑开挖后发现地下情况和发包商提供的地质资料不符，有古河道，须将河道中的淤泥清除并对地基进行二次处理。为此业主以书面形式通知施工单位停工 10 天，窝工费用合计为 3 000 元。

事件二：2003 年 5 月 18 日下罕见大暴雨，一直到 5 月 21 日开始施工，造成 20 名工人窝工。

事件三：5 月 21 日用 30 个工日修复因大雨冲坏的永久道路，5 月 22 日恢复正常挖掘工作。

事件四：5 月 27 日因租赁的挖掘机大修，挖掘工作停工 2 天，造成人员窝工 10 个工日。

事件五：5 月 29 日因外部供电故障，使工期延误 2 天，造成共计 20 人和 2 台班施工机械窝工。

事件六：在施工过程中，发现因业主提供的图纸存在问题，停工 3 天进行设计变更，造成窝工 60 个工日，机械窝工 9 个台班。

问题：(1)分别说明事件一至事件六的工期延误和费用增加应由谁承担，并说明理由。

如果是建设单位的责任,应向承包单位补偿工期和费用分别为多少?

(2) 建设单位应给予承包单位补偿工期多少天? 补偿费用多少元?

习题

一、单项选择题

1. 下列承包人的施工索赔,按索赔目的分类的是( )。

A. 工期索赔　　　　　　　　　　　B. 工程变更索赔

C. 合同中默示的索赔　　　　　　　D. 意外风险索赔

2. 根据《建设工程施工合同(示范文本)》,下列关于承包人提交索赔意向通知的说法中,正确的是( )。

A. 承包人应向业主提交索赔意向通知

B. 承包人应向工程师提交索赔意向通知

C. 承包人提交索赔意向通知没有期限限制

D. 承包人不提交索赔意向通知不会导致索赔权利的损失

3. 某项目分项工程的施工具备隐蔽条件,经工程师检查认可后承包人继续施工,后工程师又发出重新剥露检查的指示,承包人执行了该指示。重新检查表明该分项工程存在质量缺陷,承包人修复后再次隐蔽,下列关于承包人的经济损失和工期延误的责任承担的说法中,正确的是( )。

A. 工期和经济损失由承包人承担　　B. 给予经济损失补偿,不顺延合同工期

C. 顺延合同工期,不补偿经济损失　　D. 补偿经济损失并顺延合同工期

4. 根据施工索赔的规定,可以认为索赔是指( )。

A.只限承包商向业主索赔　　　　　B. 业主无权向承包商索赔

C. 业主与承包商之间的双向索赔　　D. 不包括承包商与分包商之间的索赔

5. 发包人应在发出索赔意向通知书后( )天内,通过监理人向承包人正式递交索赔报告。

A. 7　　　　　　　B. 14　　　　　　　C. 28　　　　　　　D. 30

二、多选题

1. 根据《建设工程施工合同(示范文本)》的规定,导致现场发生暂停施工的下列情形中,承包商在执行工程师暂停施工的指示后,可以要求发包人追加合同价款并顺延工期的包括( )。

A. 施工作业方法可能危及邻近建筑物的安全

B. 施工中遇到了有考古价值的文物

C. 发包人订购的设备不能按时到货

D. 施工作业危及人身安全

E. 发包人未能按时移交后续施工的现场

2. 索赔按目的划分包括( )。

A. 综合索赔　　　B. 单项索赔　　　C. 工期索赔　　　D. 合同内索赔

E. 费用索赔

(注:扫描前言二维码获取全书习题答案)

思政园地

索赔的意识与成功因素

索赔成功不仅在于事件的实际情况,而且在于能否找到有利于自己的书面证据,能否找到为自己辩护的法律条款或合同条款。但是对于干扰事件造成的损失,承包商只有"索"才可能"赔",不"索"则一定不"赔"。如果承包商自己不会索赔,没有索赔意识,不重视索赔,不懂索赔或不敢索赔,怕得罪业主,失去合作的机会和影响以后的合作等,业主是不会主动提出赔偿的。因此,索赔完全在于承包商自己的主动性和积极性。

索赔成功的主要因素有:①合同对索赔的补偿范围、条件和办法都有具体约定;②业主、工程师的公平性和管理水平;③承包商的合同管理水平高低情况;④合同双方的关系是否密切等。

项目八 FIDIC 土木工程施工合同条件

 **学习目标**

　　知识目标：了解国际工程合同条件。
　　技能目标：能够区分国内国际合同条件的不同。
　　思政目标：培养国际法治意识和契约精神，树立国际工程风险意识。

任务一 FIDIC 土木工程施工合同条件简介

一、FIDIC 简介

　　FIDIC 是国际咨询工程师联合会法文名称的缩写。该联合会是被世界银行认可的咨询服务机构，总部设在瑞士洛桑。它的成员在每个国家只有一个，中国于 1996 年 10 月正式加入该组织。

2015 年度 FIDIC
获奖工程中国三
连冠/2021 年度
FIDIC 奖中国
连续八年获
奖世界第一

　　FIDIC 是欧洲三个国家的咨询工程师协会于 1913 年成立的，经过一个多世纪的发展，现已有全球各地 80 多个国家和地区的成员加入。可以说 FIDIC 代表了世界上大多数独立的咨询工程师，是国际上最具有权威性的咨询工程师的组织之一，其目标是共同促进各成员协会的专业影响，它推动了全球范围内的高质量的工程咨询服务业的发展。

　　FIDIC 下设五个长期性的专业委员会：业主－咨询工程师关系委员会（CCRC）、合同委员会（CECC）、风险管理委员会（RMC）、质量管理委员会（QMC）和环境委员会（ENVC）。FIDIC 的各专业委员会编制了许多规范性的文件，这些文件被许多国际组织和国家采用，世界银行、亚洲开发银行、非洲开发银行的招标样本也常常采用其中最常用的《土木工程施工合同条件》（FIDIC"红皮书"）、《电气和机械工程合同条件》（FIDIC"黄皮书"）、《业主/咨询工程师标准服务协议书》（FIDIC"白皮书"）、《设计——建造与交钥匙工程合同条件》（FIDIC"橘皮书"）和《土木工程施工分包合同条件》等。为了适应国际工程市场的需要，1999 年 FIDIC 又出版了《施工合同条件》《生产设备和设计——建造合同条件》《设计采购施工（EPC）/交钥匙项目合同条件》和《简明合同格式》等四本新的合同条件，旨在逐步取代以前的合同条件。

二、FIDIC 合同条件的发展历程

　　由于全球一体化进程快速推进，国际工程建设的快速发展，工程建设规模不断扩大、风险增加，这给当事人签订合同时再作约定带来一定的困难，需要对当事人的权利和义务有更明确详细的约定。在客观上，国际工程界需要一种标准合同文本，能在工程项目建设中普遍使用或稍加修改即可使用。而标准合同文本在工程的费用、进度、质量、当事人的权利义务

等方面都有明确而详细的规定。FIDIC 合同条件正是顺应这一要求而产生的。

1957 年 FIDIC 与欧洲建筑工程联合会（FIEIC）一起在英国土木工程师协会（ICE）编写的《标准合同》基础上，制定了 FIDIC 合同条件第一版。该版主要沿用英国的传统做法和法律体系，包括一般条件和特殊条件两部分。1969 年修订的第二版 FIDIC 合同条件，没有修改第一版的内容，只是增加了适用疏浚工程的特殊条件。1977 年修订的第三版 FIDIC 合同条件，则对第二版做了较大修改，同时还出版了《土木工程合同文件注释》。1987 年 FIDIC 合同条件第四版出版，此后又于 1988 年出版了第四版修订版。第四版出版后，为指导应用，FIDIC 又于 1989 年出版了一本更加详细的《土木工程施工合同条件应用指南》。1999 年 FIDIC 又出版了新的合同条件，这是目前正在使用的合同条件版本。

我国是接受世界银行和亚洲开发银行贷款最多的国家之一，自 20 世纪 80 年代初以来利用世行和亚行贷款开发的基础设施项目几乎全部采用 FIDIC 施工合同条件。不仅如此，我国建设部和国家工商管理局联合颁布的 1992 和 1999 年施工合同示范文本也是在参考 FIDIC 的基础上编纂的。

三、FIDIC 合同条件的应用及特征

1. FIDIC 合同条件的应用条件

（1）通过竞争性招标确定承包商的工程项目。

（2）由咨询工程师进行施工管理的工程项目。

（3）按照固定单价方式编制招标文件：指在合同规定的施工条件下单价

FIDIC 合同条件在国际工程中的应用误区及对策

固定不变。若发生施工条件变化，或在工程变更、额外工程、加速施工等条件下，将重新议定单价，进行合理地索赔补偿。

2. FIDIC 合同条件特征

FIDIC 系列合同条件的合同条款公正合理，职责分明，程序严谨，易于操作，即有如下特征：

（1）通用性，即在国际上大多数国家和地区通用。

（2）稳定性，即不受政策调整和经济波动的影响。

（3）效益性，即被国际交往活动所验证是成功的。

（4）重复性，即被多次重复地应用。

（5）准强制性，即虽不是法律，但受各国法律的保护，具有一定的法律约束力。

（6）效力是任意和准强制性的混合。

3. FIDIC 合同条件的应用

（1）我国建设工程施工合同（示范文本）参照、等效甚至等同采用 FDIC 条款的模式。

（2）我国引用的"世行""亚行""非行"贷款项目及某些外资贷款项目直接全部或部分引用 FIDIC 条款。

（3）我国诸多重大工程大量引用 FIDIC 条款订立合同。

（4）它是我国某些法律与国际惯例接轨的需要。

四、FIDIC 合同条件的构成

FIDIC 合同条件由通用合同条件和专用合同条件两部分构成。

1. FIDIC 通用合同条件

FIDIC 通用条件是指对某一类工程具有普遍适用性质的条款,通常是固定不变的。以土木工程施工合同条件为例,工程建设项目只要是属于房屋建筑或工程的施工,如工业与民用建筑工程、水电工程、路桥工程、港口工程等建设项目均可适用。通用条件对合同中多方面的问题给予全面的论述,大致可划分为涉及权利义务的条款、费用管理条款、工程进度控制条款、质量控制条款和涉及法律法规性的条款等五大部分。这种划分只能是大致的,有些条款同时涉及费用管理、工程进度控制等几方面的问题,因此很难将其准确地划入某范畴。

通用条件的条款非常具体而且明确。但不少条款还需要前后联系、对照才能最终明确其全部含义,或与其专用条件相应序号的条款联系起来,才能构成一条完整的内容。FIDIC条款属于双方合同,即施工合同的签约双方(业主和承包商)都承担风险,又各自分享一定的权益。因此其大量的条款明确地规定了在工程实施某一具体问题上双方的权利和义务。

2. FIDIC 专用合同条件

FIDIC 专用条件的作用是将特定的工程合同具体化,对通用条件进行修改或补充。而这样做的好处是:对招标方而言,可节省编制招标文件的工作量;对投标方而言,无须担心不熟悉的合同条件导致的报价风险,只需重点研究专用条件以确定报价策略。

针对某一特定的工程项目,考虑到国家和地区的法律法规的不同,项目的特点和业主对合同实施的要求不同,通过对通用条件的修改和补充来实现对特定合同的具体化。在FIDIC 专用合同条件中有很多建议性的措辞和范例,业主及工程师可酌情采用这些措辞范例或另行编制更能反映发包方意愿的措辞对通用条件进行修改或补充。凡合同条件第二部分与第一部分的不同之处均以第二部分为准。第二部分的条款号与第一部分相同。这样合同条件的第一部分和第二部分就共同构成一套完整的合同条件。

五、FIDIC 合同条件下的建设项目工作程序

在 FIDIC 合同条件下,建设项目的工作大致按以下程序进行:

(1) 进行项目立项,筹措资金。

(2) 通过工程监理招投标选择工程师,签订工程监理委托合同。

(3) 通过竞争性勘察设计招标确定或直接委托勘察设计单位对工程项目进行勘察设计,也可委任工程师对此进行监理。

(4) 通过竞争性招标,确定承包商。

(5) 业主与承包商签订施工承包合同,作为 FIDIC 合同文件的组成部分。

(6) 承包商按合同要求的履约担保、预付款保函、保险等事项,并取得业主的批准。

(7) 业主支付预付款。在国际工程中,一般情况下,业主在合同签订后、施工前支付给承包商一定数额的资金(无息),以供承包商进行施工人员的组织、材料设备的购置及进入现场、完成临时工程等准备工作,这笔资金称工程预付款。预付款的有关事项,如数量、支付时间和方式、支付条件、扣还方式等,应在专用合同条件或投标书附件中明确。一般为合同价款的 $10\%\sim15\%$。

(8) 承包商提交工程师所需的施工组织设计、施工技术方案、施工进度计划和现金流估算。

(9) 准备工作就绪后,由工程师下达开工令,业主同时移交工地占有权。

（10）承包商根据合同的要求进行施工，而工程师则进行日常的监理工作。这一阶段是承包商与工程师的主要工作阶段，也是 FIDIC 合同条件要规范的主要内容。

（11）根据承包商的申请，工程师进行竣工检验。若工程合格，颁发接收证书，业主归还部分保留金。

（12）承包商提交竣工报表，工程师签发支付证书。

（13）在缺陷通知期内，承包商应完成剩余工作并修补工程缺陷。

（14）缺陷期满后，经工程师检验，证明承包商已根据合同履行了施工、竣工以及修补所有的工程缺陷的义务，工程质量达到了工程师满意的程度，则由工程师颁发履约证书，业主应归还履约保证金及剩余保留金。

（15）承包商提出最终报表，工程师签发最终支付证书，业主与承包商结清余款。随后，业主与承包商的权利、义务关系即告终结。

六、FIDIC 合同条件下合同文件的组成及优先次序

在 FIDIC 合同条件下，合同文件除合同条件外，还包括其他对业主、承包商都有约束力的文件，如中标函、投标书、各种规范、施工图纸和标准图集、资料表和构成合同组成部分的其他文件。构成合同的这些文件应该是互相补充、互相说明的，但是这些文件有时会产生冲突或含义不清。此时，应由工程师进行解释，其解释应根据合同文件的内容按以下先后顺序进行：合同协议书、中标通知书或称中标函、投标书、专用合同条件、通用合同条件、各种规范、施工图纸及标准图集、资料表和构成合同组成部分的其他文件。例如劳务费、材料供应协议，补遗，招标期间业主和承包商的来往信件，澄清会议纪要，现场条件资料，水文地质及气候资料等。

1. 合同协议书

合同协议书有业主和承包商的签字，有对合同文件组成的约定，是使合同文件对业主和承包商产生约束力的法律形式和手续。

2. 中标函（中标通知书）

中标函是由业主签署的正式接受投标函的文件，即业主向中标的承包商发出的中标通知书。它的内容很简单，应明确中标的承包商，完整的合同文件清单，还应明确项目名称、中标标价、工期、质量等事项。

投标函是由承包商填写的，提交给业主的对其具有法律约束力的文件。其主要内容是工程报价，同时保证按合同条件规范、图纸工程量表、其他资料表、所附的附录及补充文件的要求，实施并完成招标工程并修补其任何缺陷；保证中标后，在规定的开工日期后尽早地开工，并在规定的竣工日期内完成合同中规定的全部工作。

3. 合同条件的专用部分条款

这部分条款的效力高于通用条款，有可能对通用条款进行修改。

4. 合同条件的通用条款

合同条件的通用条款若与专用条款冲突，应以专用条款为准。

5. 规范

规范包括强制性标准和一般性规范。它是指对工程范围、特征、功能和质量的要求和施工方法、技术要求的说明书，对承包商提供的材料的质量和工艺标准，样品和试验，施工顺序

和时间安排等都要做出明确规定。一般技术规范还包括计量、支付方法的规定。

规范是招标文件中的重要组成部分。编写规范时可引用某一通用外国规范，但一定要结合本工程的具体环境和要求来选用，同时还包括按照合同根据具体工程的要求对选用规范的补充和修改内容。

6. 图纸

图纸是指合同中规定的工程图纸、标准图集，也包括在工程实施过程中对图纸进行的修改和补充。这些修改补充的图纸均须经工程师签字后正式下达，才能作为施工及结算的依据。另外，招标时提供的地质钻孔柱状图、探坑展示图等地质、水文图纸也是投标人的参考资料。

7. 资料表

资料表包括工程量表、数据、表册、费率或价格表等。标价的工程量表是由招标人和投标人共同完成的。作为招标文件的工程量表中有工程的每一类目或分项工程的名称、估计数量以及计量单位，但须留出单价和合价的空格，这些空格由投标人填写。投标人填入单价和合价后的工程量表称为"标价的工程量表"，是投标文件的重要组成部分。

任务二　1999 年版 FIDIC 合同范本系列构成

1999 年版 FIDIC 合同范本包括以下四种：《施工合同条件》《生产设备和设计、建造合同条件》《设计采购施工（EPC）/ 交钥匙工程合同条件》和《简明合同格式》。这套合同范本的组合是认真汲取过去的经验，加入新的理念，为适应各类工程和各种承包管理模式而重新编写的。各合同范本的通用条件均为 20 章，专用条件分别适用不同的承包方式，业主在发包时可根据需要灵活地"拼装"，从而最大限度地满足自己的要求。这种做法为各类工程普遍利用国际经验创造了条件。

一、施工合同条件

该条件简称新红皮书，是 1987 年版红皮书《土木工程施工合同条件》的最新修订版，主要适用于业主或其代表——工程师设计的建筑工程或土木工程项目，其特点是承包商按照业主提供的设计施工。但业主可要求承包商做少量的设计工作，这些设计可以包含土木、机械、电气或构筑物的某些部分。这些部分的范围和设计标准必须在规范中做出明确规定，如果大部分工程都要求承包商设计，很显然红皮书就不适用了。

其第一部分通用条件包括 20 章，163 款，论述了 20 个方面的问题，其中包括一般规定，业主，工程师，承包商，指定分包商，职员和劳工，工程设备、材料和工艺，开工、误期和暂停，竣工检验，业主的接收，缺陷责任，测量和估价，变更和调整，合同价格和支付，业主提出终止，承包商提出暂停和终止，风险和责任，保险，不可抗力，索赔、争端和仲裁。

在通用条件后面是"专用条件编写指南"，仍旧以上述 20 个方面为顺序，FIDIC 就最有可能进行修改的措辞以范例的形式给出推荐的表述方式。

随后是 7 个保函格式范本，包括：母公司保函范例格式、投标保函范例格式、履约担保函—即付保函范例格式、担保保证范例格式、预付款保函范例格式、保留金保函范例格式和业主支付保函范例格式。其中除履约保函和履约担保范例格式外，其余 5 种范例格式都是1988 年版 FIDIC 红皮书未曾包括的内容。

最后是投标函、合同协议书和争端裁决协议书等的格式。

二、生产设备和设计—建造合同条件

该条件简称新黄皮书(简称 P&DB)，是 1987 年版黄皮书《电气与机械工程合同条件》的最新修订版。主要适用于电气或机械设备的供货及建筑或工程的设计与施工。其特点是具有设计—建造资质的承包商按照业主的要求设计并建造该项目，可能包括土木、机械、电气或构筑物的任何组合。采用这种模式时由于设计是承包商的职责，承包商则有可能会以牺牲质量来降低成本。因此业主应考虑雇佣专业技术顾问来保证其要求在招标文件中得以体现。

三、设计采购施工(EPC)/ 交钥匙工程合同条件

该条件简称新橘皮书，是 1995 年版橘皮书《设计—建造和交钥匙工程合同条件》的最新修订版。主要适用于以交钥匙方式提供的生产线或发电厂等工厂或类似设施、基础设施项目或其他类型的开发项目。采用这种采购方式的项目的最终价格和要求的工期有更大程度的确定性，由承包商承担项目的设计和施工并提供配备完善的全部设施，业主介入较少。欲达到上述目的，只有采用总价合同并要求承包商承担更大的风险。此外，业主还希望项目以纯两方的方式展开，即不雇佣工程师指导施工和负责合同管理。在这种模式下，业主愿意承受比 P&DB 模式更多的付款，作为对承包商承担固定价格和固定工期风险的回报。

四、简明合同格式

该合同格式在 FIDIC 合同范本系列中首次出现。适用于合同额较小的建筑或工程项目。根据工程的类型和具体情况，该合同格式也可用于较大金额的合同，特别适用于简单的或重复性的或工期较短的工程。一般情况下由承包商按照业主方提供的设计进行施工，它也适用于部分或全部由承包商设计的土木、机械、电气或构筑物的合同。

上述四种合同范本由 FIDIC 推荐广泛用于国际招标。在某些司法权限方面，特别是用于国内合同的情况下，可能需要做某些修改。需要提及的是《业主—咨询工程师标准服务协议书》未在 1999 年再版之列，需要者可继续采用 1990 年的版本。

项目回顾

FIDIC 土木工程施工合同条件是国际工程承发包中最常用的合同条件，由通用合同条件和专用合同条件两部分构成。FIDIC 通用条件是指对某一类工程具有普遍适用性质的条款，通常是固定不变的，以土木工程施工合同条件为例，工程建设项目只要是属于房屋建筑或工程的施工，如工业与民用建筑工程、水电工程、路桥工程、港口工程等建设项目均可适用。FIDIC 专用条件的作用是将特定的工程合同具体化，对通用条件进行修改或补充。这样共同构成一套完整的合同条件。

FIDIC 合同条件下的建设项目工作程序、合同文件的组成及优先次序与我国现行的合同实施情况既有相同又有不同之处，学习时要注意区分。

1999 年版 FIDIC 合同范本系列是在认真汲取过去经验的基础上，加入新的理念，为适应各类工程和各种承包管理模式而重新编写的。使用时应注意与老版本的区别和联系。

思考题

1. FIDIC 合同条件的应用条件有哪些？
2. FIDIC 合同条件特征有哪些？
3. 简述 FIDIC 合同条件下的建设项目工作程序。
4. 在 FIDIC 合同条件下，工程合同文件有哪些？其解释次序是什么？
5. 1999 年版 FIDIC 合同范本系列构成有哪些？

习题

一、单项选择题

1. 根据 FIDIC《施工合同条件》规定，业主选择的指定分包商应当与（　　）签订分包合同。

  A. 业主　　　　　　　B. 工程师　　　　　　C. 承包商　　　　　　D. 承包商代表

2. 采用 FIDIC《施工合同条件》的建设工程合同，最终解决合同争议的方式应是（　　）。

  A. 提交工程师决定　　　　　　　　B. 提交争端裁决委员会决定

  C. 诉讼　　　　　　　　　　　　　D. 仲裁

3. 根据 FIDIC《施工合同条件》，业主与承包商划分合同风险的"基准日"为（　　）。

  A. 发布招标公告之日　　　　　　　B. 承包商提交投标文件之日

  C. 投标截止日前第 28 天　　　　　D. 签订施工合同后第 28 天

4. 根据 FIDIC《施工合同条件》，保留金的性质属于（　　）。

  A. 合同实施期的暂列金额　　　　　B. 承包商部分工程的预付款

  C. 业主的履约保证金　　　　　　　D. 作为承包商严格履行合同义务的措施

（注：扫描前言二维码获取全书习题答案）

思政园地

墨西哥"拉黑"涉腐巴西建筑商并罚款 5 000 万美元

  拉丁美洲多个国家的政界人士牵涉巴西大建筑商奥德布雷希特公司行贿丑闻、受到司法追究。墨西哥政府"防患于未然"，下令 3 年内不准这家企业承接墨西哥联邦政府工程。

  根据墨西哥公共行政部日前发布的禁令，奥德布雷希特公司 3 年内不得与任何墨西哥公共机构、国有企业有生意往来。公共行政部声明说，奥德布雷希特公司在墨西哥的子公司有"合同信息造假"问题。

  这家巴西最大建筑企业的业务原本遍及拉美。巴西司法界 2014 年发起"洗车行动"反腐败调查，牵出它为获取政府工程合同而行贿秘鲁、巴西、厄瓜多尔、巴拿马、多米尼加共和国等 12 个国家政界要人的丑闻，贿赂金额合计将近 8 亿美元。这家企业认罪并支付数十亿美元罚款，以和解方式了结各国诉讼。

　　秘鲁5名前总统卷入这类丑闻,受到调查、起诉乃至判刑。其中,曾任两届总统的阿兰·加西亚4月17日在秘鲁警方人员上门逮捕他时自杀身亡。

　　时至2019年,墨西哥没有政府高级官员因为牵连这类腐败丑闻而下台。不过,检察机关2016年底启动对墨西哥石油公司的调查,而这家国有能源企业的前总经理埃米利奥·洛索亚被指认在出任前总统涅托竞选经理期间接受奥德布雷希特公司超过100万美元"赞助"。涅托于2012年至2018年任墨西哥总统。

　　墨西哥2018年先行对各州政府下令,两年半内不得将政府工程交由奥德布雷希特公司承包,同时以涉嫌腐败为由对这家企业罚款5 000万美元。后者2018年10月提出缴纳1 800万美元、以换取继续承接政府工程资格,遭到拒绝。

中华人民共和国招标投标法（2017 年修正）

（1999 年 8 月 30 日第九届全国人民代表大会常务委员会第十一次会议通过，根据 2017 年 12 月 27 日第十二届全国人民代表大会常务委员会第三十一次会议《关于修改〈中华人民共和国招标投标法〉、〈中华人民共和国计量法〉的决定》修正）

目 录

第一章 总 则

第一条 为了规范招标投标活动，保护国家利益、社会公共利益和招标投标活动当事人的合法权益，提高经济效益，保证项目质量，制定本法。

第二条 在中华人民共和国境内进行招标投标活动，适用本法。

第三条 在中华人民共和国境内进行下列工程建设项目包括项目的勘察、设计、施工、监理以及与工程建设有关的重要设备、材料等的采购，必须进行招标：

（一）大型基础设施、公用事业等关系社会公共利益、公众安全的项目；

（二）全部或者部分使用国有资金投资或者国家融资的项目；

（三）使用国际组织或者外国政府贷款、援助资金的项目。

前款所列项目的具体范围和规模标准，由国务院发展计划部门会同国务院有关部门制订，报国务院批准。

法律或者国务院对必须进行招标的其他项目的范围有规定的，依照其规定。

第四条 任何单位和个人不得将依法必须进行招标的项目化整为零或者以其他任何方式规避招标。

第五条 招标投标活动应当遵循公开、公平、公正和诚实信用的原则。

第六条 依法必须进行招标的项目，其招标投标活动不受地区或者部门的限制。任何单位和个人不得违法限制或者排斥本地区、本系统以外的法人或者其他组织参加投标，不得以任何方式非法干涉招标投标活动。

第七条 招标投标活动及其当事人应当接受依法实施的监督。

有关行政监督部门依法对招标投标活动实施监督,依法查处招标投标活动中的违法行为。

对招标投标活动的行政监督及有关部门的具体职权划分,由国务院规定。

第二章　招　标

第八条　招标人是依照本法规定提出招标项目、进行招标的法人或者其他组织。

第九条　招标项目按照国家有关规定需要履行项目审批手续的,应当先履行审批手续,取得批准。

招标人应当有进行招标项目的相应资金或者资金来源已经落实,并应当在招标文件中如实载明。

第十条　招标分为公开招标和邀请招标。

公开招标,是指招标人以招标公告的方式邀请不特定的法人或者其他组织投标。

邀请招标,是指招标人以投标邀请书的方式邀请特定的法人或者其他组织投标。

第十一条　国务院发展计划部门确定的国家重点项目和省、自治区、直辖市人民政府确定的地方重点项目不适宜公开招标的,经国务院发展计划部门或者省、自治区、直辖市人民政府批准,可以进行邀请招标。

第十二条　招标人有权自行选择招标代理机构,委托其办理招标事宜。任何单位和个人不得以任何方式为招标人指定招标代理机构。

招标人具有编制招标文件和组织评标能力的,可以自行办理招标事宜。任何单位和个人不得强制其委托招标代理机构办理招标事宜。依法必须进行招标的项目,招标人自行办理招标事宜的,应当向有关行政监督部门备案。

第十三条　招标代理机构是依法设立、从事招标代理业务并提供相关服务的社会中介组织。

招标代理机构应当具备下列条件:

(一) 有从事招标代理业务的营业场所和相应资金;

(二) 有能够编制招标文件和组织评标的相应专业力量。

第十四条　招标代理机构与行政机关和其他国家机关不得存在隶属关系或者其他利益关系。

第十五条　招标代理机构应当在招标人委托的范围内办理招标事宜,并遵守本法关于招标人的规定。

第十六条　招标人采用公开招标方式的,应当发布招标公告。依法必须进行招标的项目的招标公告,应当通过国家指定的报刊、信息网络或者其他媒介发布。

招标公告应当载明招标人的名称和地址、招标项目的性质、数量、实施地点和时间以及获取招标文件的办法等事项。

第十七条　招标人采用邀请招标方式的,应当向三个以上具备承担招标项目的能力、资信良好的特定的法人或者其他组织发出投标邀请书。投标邀请书应当载明本法第十六条第二款规定的事项。

第十八条　招标人可以根据招标项目本身的要求,在招标公告或者投标邀请书中,要求潜在投标人提供有关资质证明文件和业绩情况,并对潜在投标人进行资格审查;国家对投标人的资格条件有规定的,依照其规定。

招标人不得以不合理的条件限制或者排斥潜在投标人,不得对潜在投标人实行歧视待遇。

第十九条 招标人应当根据招标项目的特点和需要编制招标文件。招标文件应当包括招标项目的技术要求、对投标人资格审查的标准、投标报价要求和评标标准等所有实质性要求和条件以及拟签订合同的主要条款。

国家对招标项目的技术、标准有规定的,招标人应当按照其规定在招标文件中提出相应要求。

招标项目需要划分标段、确定工期的,招标人应当合理划分标段、确定工期,并在招标文件中载明。

第二十条 招标文件不得要求或者标明特定的生产供应者以及含有倾向或者排斥潜在投标人的其他内容。

第二十一条 招标人根据招标项目的具体情况,可以组织潜在投标人踏勘项目现场。

第二十二条 招标人不得向他人透露已获取招标文件的潜在投标人的名称、数量以及可能影响公平竞争的有关招标投标的其他情况。

招标人设有标底的,标底必须保密。

第二十三条 招标人对已发出的招标文件进行必要的澄清或者修改的,应当在招标文件要求提交投标文件截止时间至少十五日前,以书面形式通知所有招标文件收受人。该澄清或者修改的内容为招标文件的组成部分。

第二十四条 招标人应当确定投标人编制投标文件所需要的合理时间;但是,依法必须进行招标的项目,自招标文件开始发出之日起至投标人提交投标文件截止之日止,最短不得少于二十日。

第三章 投 标

第二十五条 投标人是响应招标、参加投标竞争的法人或者其他组织。

依法招标的科研项目允许个人参加投标的,投标的个人适用本法有关投标人的规定。

第二十六条 投标人应当具备承担招标项目的能力;国家有关规定对投标人资格条件或者招标文件对投标人资格条件有规定的,投标人应当具备规定的资格条件。

第二十七条 投标人应当按照招标文件的要求编制投标文件。投标文件应当对招标文件提出的实质性要求和条件作出响应。

招标项目属于建设施工的,投标文件的内容应当包括拟派出的项目负责人与主要技术人员的简历、业绩和拟用于完成招标项目的机械设备等。

第二十八条 投标人应当在招标文件要求提交投标文件的截止时间前,将投标文件送达投标地点。招标人收到投标文件后,应当签收保存,不得开启。投标人少于三个的,招标人应当依照本法重新招标。

在招标文件要求提交投标文件的截止时间后送达的投标文件,招标人应当拒收。

第二十九条 投标人在招标文件要求提交投标文件的截止时间前,可以补充、修改或者撤回已提交的投标文件,并书面通知招标人。补充、修改的内容为投标文件的组成部分。

第三十条　投标人根据招标文件载明的项目实际情况,拟在中标后将中标项目的部分非主体、非关键性工作进行分包的,应当在投标文件中载明。

第三十一条　两个以上法人或者其他组织可以组成一个联合体,以一个投标人的身份共同投标。

联合体各方均应当具备承担招标项目的相应能力;国家有关规定或者招标文件对投标人资格条件有规定的,联合体各方均应当具备规定的相应资格条件。由同一专业的单位组成的联合体,按照资质等级较低的单位确定资质等级。

联合体各方应当签订共同投标协议,明确约定各方拟承担的工作和责任,并将共同投标协议连同投标文件一并提交招标人。联合体中标的,联合体各方应当共同与招标人签订合同,就中标项目向招标人承担连带责任招标人不得强制投标人组成联合体共同投标,不得限制投标人之间的竞争。

第三十二条　投标人不得相互串通投标报价,不得排挤其他投标人的公平竞争,损害招标人或者其他投标人的合法权益。

投标人不得与招标人串通投标,损害国家利益、社会公共利益或者他人的合法权益。

禁止投标人以向招标人或者评标委员会成员行贿的手段谋取中标。

第三十三条　投标人不得以低于成本的报价竞标,也不得以他人名义投标或者以其他方式弄虚作假,骗取中标。

第四章　开标、评标和中标

第三十四条　开标应当在招标文件确定的提交投标文件截止时间的同一时间公开进行;开标地点应当为招标文件中预先确定的地点。

第三十五条　开标由招标人主持,邀请所有投标人参加。

第三十六条　开标时,由投标人或者其推选的代表检查投标文件的密封情况,也可以由招标人委托的公证机构检查并公证;经确认无误后,由工作人员当众拆封,宣读投标人名称、投标价格和投标文件的其他主要内容。

招标人在招标文件要求提交投标文件的截止时间前收到的所有投标文件,开标时都应当当众予以拆封、宣读。

开标过程应当记录,并存档备查。

第三十七条　评标由招标人依法组建的评标委员会负责。依法必须进行招标的项目,其评标委员会由招标人的代表和有关技术、经济等方面的专家组成,成员人数为五人以上单数,其中技术、经济等方面的专家不得少于成员总数的三分之二。

前款专家应当从事相关领域工作满八年并具有高级职称或者具有同等专业水平,由招标人从国务院有关部门或者省、自治区、直辖市人民政府有关部门提供的专家名册或者招标代理机构的专家库内的相关专业的专家名单中确定;一般招标项目可以采取随机抽取方式,特殊招标项目可以由招标人直接确定。

与投标人有利害关系的人不得进入相关项目的评标委员会;已经进入的应当更换。

评标委员会成员的名单在中标结果确定前应当保密。

第三十八条　招标人应当采取必要的措施,保证评标在严格保密的情况下进行。

任何单位和个人不得非法干预、影响评标的过程和结果。

第三十九条　评标委员会可以要求投标人对投标文件中含义不明确的内容作必要的澄清或者说明，但是澄清或者说明不得超出投标文件的范围或者改变投标文件的实质性内容。

第四十条　评标委员会应当按照招标文件确定的评标标准和方法，对投标文件进行评审和比较；设有标底的，应当参考标底。评标委员会完成评标后，应当向招标人提出书面评标报告，并推荐合格的中标候选人。

招标人根据评标委员会提出的书面评标报告和推荐的中标候选人确定中标人。招标人也可以授权评标委员会直接确定中标人。

国务院对特定招标项目的评标有特别规定的，从其规定。

第四十一条　中标人的投标应当符合下列条件之一：

（一）能够最大限度地满足招标文件中规定的各项综合评价标准；

（二）能够满足招标文件的实质性要求，并且经评审的投标价格最低；但是投标价格低于成本的除外。

第四十二条　评标委员会经评审，认为所有投标都不符合招标文件要求的，可以否决所有投标。

依法必须进行招标的项目的所有投标被否决的，招标人应当依照本法重新招标。

第四十三条　在确定中标人前，招标人不得与投标人就投标价格、投标方案等实质性内容进行谈判。

第四十四条　评标委员会成员应当客观、公正地履行职务，遵守职业道德，对所提出的评审意见承担个人责任。

评标委员会成员不得私下接触投标人，不得收受投标人的财物或者其他好处。

评标委员会成员和参与评标的有关工作人员不得透露对投标文件的评审和比较、中标候选人的推荐情况以及与评标有关的其他情况。

第四十五条　中标人确定后，招标人应当向中标人发出中标通知书，并同时将中标结果通知所有未中标的投标人。

中标通知书对招标人和中标人具有法律效力。中标通知书发出后，招标人改变中标结果的，或者中标人放弃中标项目的，应当依法承担法律责任。

第四十六条　招标人和中标人应当自中标通知书发出之日起三十日内，按照招标文件和中标人的投标文件订立书面合同。招标人和中标人不得再行订立背离合同实质性内容的其他协议。

招标文件要求中标人提交履约保证金的，中标人应当提交。

第四十七条　依法必须进行招标的项目，招标人应当自确定中标人之日起十五日内，向有关行政监督部门提交招标投标情况的书面报告。

第四十八条　中标人应当按照合同约定履行义务，完成中标项目。中标人不得向他人转让中标项目，也不得将中标项目肢解后分别向他人转让。

中标人按照合同约定或者经招标人同意，可以将中标项目的部分非主体、非关键性工作分包给他人完成。接受分包的人应当具备相应的资格条件，并不得再次分包。

中标人应当就分包项目向招标人负责，接受分包的人就分包项目承担连带责任。

第五章　法律责任

第四十九条　违反本法规定,必须进行招标的项目而不招标的,将必须进行招标的项目化整为零或者以其他任何方式规避招标的,责令限期改正,可以处项目合同金额千分之五以上千分之十以下的罚款;对全部或者部分使用国有资金的项目,可以暂停项目执行或者暂停资金拨付;对单位直接负责的主管人员和其他直接责任人员依法给予处分。

第五十条　招标代理机构违反本法规定,泄露应当保密的与招标投标活动有关的情况和资料的,或者与招标人、投标人串通损害国家利益、社会公共利益或者他人合法权益的,处五万元以上二十五万元以下的罚款,对单位直接负责的主管人员和其他直接责任人员处单位罚款数额百分之五以上百分之十以下的罚款;有违法所得的,并处没收违法所得;情节严重的,禁止其一年至二年内代理依法必须进行招标的项目并予以公告,直至由工商行政管理机关吊销营业执照;构成犯罪的,依法追究刑事责任。给他人造成损失的,依法承担赔偿责任。

前款所列行为影响中标结果的,中标无效。

第五十一条　招标人以不合理的条件限制或者排斥潜在投标人的,对潜在投标人实行歧视待遇的,强制要求投标人组成联合体共同投标的,或者限制投标人之间竞争的,责令改正,可以处一万元以上五万元以下的罚款。

第五十二条　依法必须进行招标的项目的招标人向他人透露已获取招标文件的潜在投标人的名称、数量或者可能影响公平竞争的有关招标投标的其他情况的,或者泄露标底的,给予警告,可以并处一万元以上十万元以下的罚款;对单位直接负责的主管人员和其他直接责任人员依法给予处分;构成犯罪的,依法追究刑事责任。

前款所列行为影响中标结果的,中标无效。

第五十三条　投标人相互串通投标或者与招标人串通投标的,投标人以向招标人或者评标委员会成员行贿的手段谋取中标的,中标无效,处中标项目金额千分之五以上千分之十以下的罚款,对单位直接负责的主管人员和其他直接责任人员处单位罚款数额百分之五以上百分之十以下的罚款;有违法所得的,并处没收违法所得;情节严重的,取消其一年至二年内参加依法必须进行招标的项目的投标资格并予以公告,直至由工商行政管理机关吊销营业执照;构成犯罪的,依法追究刑事责任。给他人造成损失的,依法承担赔偿责任。

第五十四条　投标人以他人名义投标或者以其他方式弄虚作假,骗取中标的,中标无效,给招标人造成损失的,依法承担赔偿责任;构成犯罪的,依法追究刑事责任。

依法必须进行招标的项目的投标人有前款所列行为尚未构成犯罪的,处中标项目金额千分之五以上千分之十以下的罚款,对单位直接负责的主管人员和其他直接责任人员处单位罚款数额百分之五以上百分之十以下的罚款;有违法所得的,并处没收违法所得;情节严重的,取消其一年至三年内参加依法必须进行招标的项目的投标资格并予以公告,直至由工商行政管理机关吊销营业执照。

第五十五条　依法必须进行招标的项目,招标人违反本法规定,与投标人就投标价格、投标方案等实质性内容进行谈判的,给予警告,对单位直接负责的主管人员和其他直接责任人员依法给予处分。

前款所列行为影响中标结果的，中标无效。

第五十六条 评标委员会成员收受投标人的财物或者其他好处的，评标委员会成员或者参加评标的有关工作人员向他人透露对投标文件的评审和比较、中标候选人的推荐以及与评标有关的其他情况的，给予警告，没收收受的财物，可以并处三千元以上五万元以下的罚款，对有所列违法行为的评标委员会成员取消担任评标委员会成员的资格，不得再参加任何依法必须进行招标的项目的评标；构成犯罪的，依法追究刑事责任。

第五十七条 招标人在评标委员会依法推荐的中标候选人以外确定中标人的，依法必须进行招标的项目在所有投标被评标委员会否决后自行确定中标人的，中标无效。责令改正，可以处中标项目金额千分之五以上千分之十以下的罚款；对单位直接负责的主管人员和其他直接责任人员依法给予处分。

第五十八条 中标人将中标项目转让给他人的，将中标项目肢解后分别转让给他人的，违反本法规定将中标项目的部分主体、关键性工作分包给他人的，或者分包人再次分包的，转让、分包无效，处转让、分包项目金额千分之五以上千分之十以下的罚款；有违法所得的，并处没收违法所得；可以责令停业整顿；情节严重的，由工商行政管理机关吊销营业执照。

第五十九条 招标人与中标人不按照招标文件和中标人的投标文件订立合同的，或者招标人、中标人订立背离合同实质性内容的协议的，责令改正；可以处中标项目金额千分之五以上千分之十以下的罚款。

第六十条 中标人不履行与招标人订立的合同的，履约保证金不予退还，给招标人造成的损失超过履约保证金数额的，还应当对超过部分予以赔偿；没有提交履约保证金的，应当对招标人的损失承担赔偿责任。

中标人不按照与招标人订立的合同履行义务，情节严重的，取消其二年至五年内参加依法必须进行招标的项目的投标资格并予以公告，直至由工商行政管理机关吊销营业执照。

因不可抗力不能履行合同的，不适用前两款规定。

第六十一条 本章规定的行政处罚，由国务院规定的有关行政监督部门决定。本法已对实施行政处罚的机关作出规定的除外。

第六十二条 任何单位违反本法规定，限制或者排斥本地区、本系统以外的法人或者其他组织参加投标的，为招标人指定招标代理机构的，强制招标人委托招标代理机构办理招标事宜的，或者以其他方式干涉招标投标活动的，责令改正；对单位直接负责的主管人员和其他直接责任人员依法给予警告、记过、记大过的处分，情节较重的，依法给予降级、撤职、开除的处分。

个人利用职权进行前款违法行为的，依照前款规定追究责任。

第六十三条 对招标投标活动依法负有行政监督职责的国家机关工作人员徇私舞弊、滥用职权或者玩忽职守，构成犯罪的，依法追究刑事责任；不构成犯罪的，依法给予行政处分。

第六十四条 依法必须进行招标的项目违反本法规定，中标无效的，应当依照本法规定的中标条件从其余投标人中重新确定中标人或者依照本法重新进行招标。

第六章　附　则

第六十五条　投标人和其他利害关系人认为招标投标活动不符合本法有关规定的,有权向招标人提出异议或者依法向有关行政监督部门投诉。

第六十六条　涉及国家安全、国家秘密、抢险救灾或者属于利用扶贫资金实行以工代赈、需要使用农民工等特殊情况,不适宜进行招标的项目,按照国家有关规定可以不进行招标。

第六十七条　使用国际组织或者外国政府贷款、援助资金的项目进行招标,贷款方、资金提供方对招标投标的具体条件和程序有不同规定的,可以适用其规定,但违背中华人民共和国的社会公共利益的除外。

第六十八条　本法自 2000 年 1 月 1 日起施行。

附录二　建设工程施工合同（示范文本）

（GF—2017—0201）

建 设 工 程 施 工 合 同

（示 范 文 本）

扫码阅读"说明"

住房城乡建设部
国家工商行政管理总局　　制定

目　录

第一部分　合同协议书

发包人(全称)：_____

承包人(全称)：_____

根据《中华人民共和国合同法》、《中华人民共和国建筑法》及有关法律规定,遵循平等、自愿、公平和诚实信用的原则,双方就_____工程施工及有关事项协商一致,共同达成如下协议：

一、工程概况

1. 工程名称：_____。

2. 工程地点：_____。

3. 工程立项批准文号：_____。

4. 资金来源：_____。

5. 工程内容：_____。

群体工程应附《承包人承揽工程项目一览表》(附件 1)。

6. 工程承包范围：

_____

_____。

二、合同工期

计划开工日期：_____年_____月_____日。

计划竣工日期：_____年_____月_____日。

工期总日历天数：_____天。工期总日历天数与根据前述计划开竣工日期计算的工期天数不一致的,以工期总日历天数为准。

三、质量标准

工程质量符合_____标准。

四、签约合同价与合同价格形式

1. 签约合同价为：

人民币(大写)_____(¥_____元)；

其中：

(1) 安全文明施工费：

人民币(大写)_____ (¥_____元)；

(2) 材料和工程设备暂估价金额：

人民币(大写)_____ (¥_____元)；

(3) 专业工程暂估价金额：

人民币(大写)_____ (¥_____元)；

(4) 暂列金额：

人民币(大写)_____ (¥_____元)。

2. 合同价格形式：_____。

五、项目经理

承包人项目经理：_____。

六、合同文件构成

本协议书与下列文件一起构成合同文件：

（1）中标通知书（如果有）；

（2）投标函及其附录（如果有）；

（3）专用合同条款及其附件；

（4）通用合同条款；

（5）技术标准和要求；

（6）图纸；

（7）已标价工程量清单或预算书；

（8）其他合同文件。

在合同订立及履行过程中形成的与合同有关的文件均构成合同文件组成部分。

上述各项合同文件包括合同当事人就该项合同文件所作出的补充和修改，属于同一类内容的文件，应以最新签署的为准。专用合同条款及其附件须经合同当事人签字或盖章。

七、承诺

1. 发包人承诺按照法律规定履行项目审批手续、筹集工程建设资金并按照合同约定的期限和方式支付合同价款。

2. 承包人承诺按照法律规定及合同约定组织完成工程施工，确保工程质量和安全，不进行转包及违法分包，并在缺陷责任期及保修期内承担相应的工程维修责任。

3. 发包人和承包人通过招投标形式签订合同的，双方理解并承诺不再就同一工程另行签订与合同实质性内容相背离的协议。

八、词语含义

本协议书中词语含义与第二部分通用合同条款中赋予的含义相同。

九、签订时间

本合同于_____年____月____日签订。

十、签订地点

本合同在_____签订。

十一、补充协议

合同未尽事宜，合同当事人另行签订补充协议，补充协议是合同的组成部分。

十二、合同生效

本合同自_____生效。

十三、合同份数

本合同一式____份，均具有同等法律效力，发包人执____份，承包人执____份。

发　包　人：(公章)　　　　　　　承　包　人：(公章)

法定代表人或其委托代理人：　　　法定代表人或其委托代理人：
(签字)　　　　　　　　　　　　　(签字)

组织机构代码：＿＿＿＿＿＿＿＿　　　组织机构代码：＿＿＿＿＿＿＿＿

地　　　　址：＿＿＿＿＿＿＿＿　　　地　　　　址：＿＿＿＿＿＿＿＿

邮 政 编 码：＿＿＿＿＿＿＿＿　　　邮 政 编 码：＿＿＿＿＿＿＿＿

法 定 代 表 人：＿＿＿＿＿＿＿＿　　　法 定 代 表 人：＿＿＿＿＿＿＿＿

委 托 代 理 人：＿＿＿＿＿＿＿＿　　　委 托 代 理 人：＿＿＿＿＿＿＿＿

电　　　　话：＿＿＿＿＿＿＿＿　　　电　　　　话：＿＿＿＿＿＿＿＿

传　　　　真：＿＿＿＿＿＿＿＿　　　传　　　　真：＿＿＿＿＿＿＿＿

电 子 信 箱：＿＿＿＿＿＿＿＿　　　电 子 信 箱：＿＿＿＿＿＿＿＿

开 户 银 行：＿＿＿＿＿＿＿＿　　　开 户 银 行：＿＿＿＿＿＿＿＿

账　　　　号：＿＿＿＿＿＿＿＿　　　账　　　　号：＿＿＿＿＿＿＿＿

第二部分　通用合同条款

扫码阅读
"通用合同条款"

第三部分　专用合同条款

1. 一般约定

1.1　词语定义

1.1.1　合同

1.1.1.10　其他合同文件包括：＿＿＿＿＿＿＿＿＿＿＿＿＿＿＿。

1.1.2　合同当事人及其他相关方

1.1.2.4　监理人：

名　　　称：＿＿＿＿＿＿＿＿＿＿＿＿＿＿＿；

资质类别和等级：＿＿＿＿＿＿＿＿＿＿＿＿＿＿＿；

联系电话：＿＿＿＿＿＿＿＿＿＿＿＿＿＿＿；

电子信箱：＿＿＿＿＿＿＿＿＿＿＿＿＿＿＿；

通信地址：＿＿＿＿＿＿＿＿＿＿＿＿＿＿＿。

1.1.2.5　设计人：

名　　称：_____；

资质类别和等级：_____；

联系电话：_____；

电子信箱：_____；

通信地址：_____。

1.1.3　工程和设备

1.1.3.7　作为施工现场组成部分的其他场所包括：_____

_____。

1.1.3.9　永久占地包括：_____。

1.1.3.10　临时占地包括：_____。

1.3　法律

适用于合同的其他规范性文件：_____

_____。

1.4　标准和规范

1.4.1　适用于工程的标准规范包括：_____

_____。

1.4.2　发包人提供国外标准、规范的名称：_____；

发包人提供国外标准、规范的份数：_____；

发包人提供国外标准、规范的名称：_____。

1.4.3　发包人对工程的技术标准和功能要求的特殊要求：_____

_____。

1.5　合同文件的优先顺序

合同文件组成及优先顺序为：_____

_____。

1.6　图纸和承包人文件

1.6.1　图纸的提供

发包人向承包人提供图纸的期限：_____；

发包人向承包人提供图纸的数量：_____；

发包人向承包人提供图纸的内容：_____。

1.6.4　承包人文件

需要由承包人提供的文件，包括：_____

_____；

承包人提供的文件的期限为：_____；

承包人提供的文件的数量为：_____；

承包人提供的文件的形式为：_____；

发包人审批承包人文件的期限：_____。

1.6.5　现场图纸准备

关于现场图纸准备的约定：_____

_____。

1.7　联络

1.7.1　发包人和承包人应当在_____天内将与合同有关的通知、批准、证明、证书、指示、指令、要求、请求、同意、意见、确定和决定等书面函件送达对方当事人。

1.7.2　发包人接收文件的地点：_____；

发包人指定的接收人为：_____。

承包人接收文件的地点：_____；

承包人指定的接收人为：_____。

监理人接收文件的地点：_____；

监理人指定的接收人为：_____。

1.10　交通运输

1.10.1　出入现场的权利

关于出入现场的权利的约定：_____

_____。

1.10.3　场内交通

关于场外交通和场内交通的边界的约定：_____。

关于发包人向承包人免费提供满足工程施工需要的场内道路和交通设施的约定：_____

_____。

1.10.4　超大件和超重件的运输

运输超大件或超重件所需的道路和桥梁临时加固改造费用和其他有关费用由_____

_____承担。

1.11　知识产权

1.11.1　关于发包人提供给承包人的图纸、发包人为实施工程自行编制或委托编制的技术规范以及反映发包人关于合同要求或其他类似性质的文件的著作权的归属：_____

_____。

关于发包人提供的上述文件的使用限制的要求：_____

_____。

1.11.2　关于承包人为实施工程所编制文件的著作权的归属：_____

_____。

关于承包人提供的上述文件的使用限制的要求：_____

_____。

1.11.4　承包人在施工过程中所采用的专利、专有技术、技术秘密的使用费的承担方式：_____。

1.13　工程量清单错误的修正

出现工程量清单错误时，是否调整合同价格：_____。

允许调整合同价格的工程量偏差范围：_____。

2.　发包人

2.2　发包人代表

发包人代表：

姓　　名：_____；

身份证号：_____；

职　　务：_____；

联系电话：_____；

电子信箱：_____；

通信地址：_____。

发包人对发包人代表的授权范围如下：_____。

2.4　施工现场、施工条件和基础资料的提供

2.4.1　提供施工现场

关于发包人移交施工现场的期限要求：_____
_____。

2.4.2 提供施工条件

关于发包人应负责提供施工所需要的条件，包括：_____
_____。

2.5　资金来源证明及支付担保

发包人提供资金来源证明的期限要求：_____。

发包人是否提供支付担保：_____。

发包人提供支付担保的形式：_____。

3.　承包人

3.1　承包人的一般义务

(9) 承包人提交的竣工资料的内容：_____
_____。

承包人需要提交的竣工资料套数：_____。

承包人提交的竣工资料的费用承担：_____。

承包人提交的竣工资料移交时间：_____。

承包人提交的竣工资料形式要求：_____。

(10) 承包人应履行的其他义务：_____
_____。

3.2　项目经理

3.2.1　项目经理：

姓　　名：_____；

身份证号：_____；

建造师执业资格等级：_____；

建造师注册证书号：_____；

建造师执业印章号：_____；

安全生产考核合格证书号：_____；

联系电话：_____；

电子信箱：_____；

通信地址：_____；

承包人对项目经理的授权范围如下：_____

_____。

关于项目经理每月在施工现场的时间要求：_____

_____。

承包人未提交劳动合同，以及没有为项目经理缴纳社会保险证明的违约责任：_____

_____。

项目经理未经批准，擅自离开施工现场的违约责任：_____

_____。

3.2.3　承包人擅自更换项目经理的违约责任：_____

_____。

3.2.4　承包人无正当理由拒绝更换项目经理的违约责任：_____

_____。

3.3　承包人人员

3.3.1　承包人提交项目管理机构及施工现场管理人员安排报告的期限：_____。

3.3.3　承包人无正当理由拒绝撤换主要施工管理人员的违约责任：_____。

3.3.4　承包人主要施工管理人员离开施工现场的批准要求：_____。

3.3.5　承包人擅自更换主要施工管理人员的违约责任：_____。

承包人主要施工管理人员擅自离开施工现场的违约责任：_____。

3.5　分包

3.5.1　分包的一般约定

禁止分包的工程包括：_____。

主体结构、关键性工作的范围：_____。

3.5.2　分包的确定

允许分包的专业工程包括：_____。

其他关于分包的约定：_____

_____。

3.5.4　分包合同价款

关于分包合同价款支付的约定：_____。

3.6　工程照管与成品、半成品保护

承包人负责照管工程及工程相关的材料、工程设备的起始时间：_____。

3.7　履约担保

承包人是否提供履约担保：_____。

承包人提供履约担保的形式、金额及期限的：_____

_____。

4. 监理人

4.1　监理人的一般规定

关于监理人的监理内容：_____。

关于监理人的监理权限：_____。

关于监理人在施工现场的办公场所、生活场所的提供和费用承担的约定：_____

_____。

4.2　监理人员

总监理工程师：

姓　　名：_____；

职　　务：_____；

监理工程师执业资格证书号：_____；

联系电话：_____；

电子信箱：_____；

通信地址：_____；

关于监理人的其他约定：_____。

4.4　商定或确定

在发包人和承包人不能通过协商达成一致意见时，发包人授权监理人对以下事项进行确定：

(1)_____；

(2)_____；

(3)_____。

5.　工程质量

5.1　质量要求

5.1.1　特殊质量标准和要求：_____
_____。

关于工程奖项的约定：_____
_____。

5.3　隐蔽工程检查

5.3.2　承包人提前通知监理人隐蔽工程检查的期限的约定：_____
_____。

监理人不能按时进行检查时，应提前_____小时提交书面延期要求。

关于延期最长不得超过：_____小时。

6.　安全文明施工与环境保护

6.1　安全文明施工

6.1.1　项目安全生产的达标目标及相应事项的约定：_____
_____。

6.1.4　关于治安保卫的特别约定：_____
_____。

关于编制施工场地治安管理计划的约定：_____
_____。

6.1.5　文明施工

合同当事人对文明施工的要求：_____
_____。

6.1.6　关于安全文明施工费支付比例和支付期限的约定：_____
_____。

7. 工期和进度

7.1 施工组织设计

7.1.1 合同当事人约定的施工组织设计应包括的其他内容：＿＿＿＿＿＿＿＿＿＿
＿＿＿＿＿＿＿＿＿＿＿＿＿＿＿＿＿＿＿＿＿＿＿＿＿＿＿＿＿＿＿＿＿＿＿＿＿。

7.1.2 施工组织设计的提交和修改

承包人提交详细施工组织设计的期限的约定：＿＿＿＿＿＿＿＿＿＿＿＿＿＿＿＿
＿＿＿＿＿＿＿＿＿＿＿＿＿＿＿＿＿＿＿＿＿＿＿＿＿＿＿＿＿＿＿＿＿＿＿＿＿。

发包人和监理人在收到详细的施工组织设计后确认或提出修改意见的期限：＿＿＿＿＿＿
＿＿＿＿＿＿＿＿＿＿＿＿＿＿＿＿＿＿＿＿＿＿＿＿＿＿＿＿＿＿＿＿＿＿＿＿＿。

7.2 施工进度计划

7.2.2 施工进度计划的修订

发包人和监理人在收到修订的施工进度计划后确认或提出修改意见的期限：＿＿＿＿
＿＿＿＿＿＿＿＿＿＿＿＿＿＿＿＿＿＿＿＿＿＿＿＿＿＿＿＿＿＿＿＿＿＿＿＿＿。

7.3 开工

7.3.1 开工准备

关于承包人提交工程开工报审表的期限：＿＿＿＿＿＿＿＿＿＿＿＿＿＿＿＿＿＿＿
＿＿＿＿＿＿＿＿＿＿＿＿＿＿＿＿＿＿＿＿＿＿＿＿＿＿＿＿＿＿＿＿＿＿＿＿＿。

关于发包人应完成的其他开工准备工作及期限：＿＿＿＿＿＿＿＿＿＿＿＿＿＿＿＿
＿＿＿＿＿＿＿＿＿＿＿＿＿＿＿＿＿＿＿＿＿＿＿＿＿＿＿＿＿＿＿＿＿＿＿＿＿。

关于承包人应完成的其他开工准备工作及期限：＿＿＿＿＿＿＿＿＿＿＿＿＿＿＿＿
＿＿＿＿＿＿＿＿＿＿＿＿＿＿＿＿＿＿＿＿＿＿＿＿＿＿＿＿＿＿＿＿＿＿＿＿＿。

7.3.2 开工通知

因发包人原因造成监理人未能在计划开工日期之日起＿＿＿＿＿＿＿天内发出开工通知的，
承包人有权提出价格调整要求，或者解除合同。

7.4 测量放线

7.4.1 发包人通过监理人向承包人提供测量基准点、基准线和水准点及其书面资料的
期限：＿＿＿＿＿＿＿＿＿＿＿＿＿＿＿＿＿＿＿＿＿＿＿＿＿＿＿＿＿＿＿＿＿＿＿。

7.5 工期延误

7.5.1 因发包人原因导致工期延误

(7) 因发包人原因导致工期延误的其他情形：＿＿＿＿＿＿＿＿＿＿＿＿＿＿＿＿＿
＿＿＿＿＿＿＿＿＿＿＿＿＿＿＿＿＿＿＿＿＿＿＿＿＿＿＿＿＿＿＿＿＿＿＿＿＿。

7.5.2 因承包人原因导致工期延误

因承包人原因造成工期延误，逾期竣工违约金的计算方法为：＿＿＿＿＿＿＿＿＿
＿＿＿＿＿＿＿＿＿＿＿＿＿＿＿＿＿＿＿＿＿＿＿＿＿＿＿＿＿＿＿＿＿＿＿＿＿。

因承包人原因造成工期延误，逾期竣工违约金的上限：＿＿＿＿＿＿＿＿＿＿＿＿
＿＿＿＿＿＿＿＿＿＿＿＿＿＿＿＿＿＿＿＿＿＿＿＿＿＿＿＿＿＿＿＿＿＿＿＿＿。

7.6 不利物质条件

不利物质条件的其他情形和有关约定：＿＿＿＿＿＿＿＿＿＿＿＿＿＿＿＿＿＿＿＿
＿＿＿＿＿＿＿＿＿＿＿＿＿＿＿＿＿＿＿＿＿＿＿＿＿＿＿＿＿＿＿＿＿＿＿＿＿。

7.7　异常恶劣的气候条件

发包人和承包人同意以下情形视为异常恶劣的气候条件：

(1) _____；

(2) _____；

(3) _____。

7.9　提前竣工的奖励

7.9.2　提前竣工的奖励：_____。

8.　材料与设备

8.4　材料与工程设备的保管与使用

8.4.1　发包人供应的材料设备的保管费用的承担：_____。

8.6　样品

8.6.1　样品的报送与封存

需要承包人报送样品的材料或工程设备，样品的种类、名称、规格、数量要求：_____

_____。

8.8　施工设备和临时设施

8.8.1　承包人提供的施工设备和临时设施

关于修建临时设施费用承担的约定：_____

_____。

9.　试验与检验

9.1　试验设备与试验人员

9.1.2　试验设备

施工现场需要配置的试验场所：_____

_____。

施工现场需要配备的试验设备：_____

_____。

施工现场需要具备的其他试验条件：_____

_____。

9.4　现场工艺试验

现场工艺试验的有关约定：_____

_____。

10.　变更

10.1　变更的范围

关于变更的范围的约定：_____

_____。

10.4　变更估价

10.4.1　变更估价原则

关于变更估价的约定：_____

_____。

10.5 承包人的合理化建议

监理人审查承包人合理化建议的期限：_____。

发包人审批承包人合理化建议的期限：_____。

承包人提出的合理化建议降低了合同价格或者提高了工程经济效益的奖励的方法和金额为：_____

_____。

10.7 暂估价

暂估价材料和工程设备的明细详见附件11:《暂估价一览表》。

10.7.1 依法必须招标的暂估价项目

对于依法必须招标的暂估价项目的确认和批准采取第_____种方式确定。

10.7.2 不属于依法必须招标的暂估价项目

对于不属于依法必须招标的暂估价项目的确认和批准采取第_____ 种方式确定。

第3种方式:承包人直接实施的暂估价项目

承包人直接实施的暂估价项目的约定：_____

_____。

10.8 暂列金额

合同当事人关于暂列金额使用的约定：_____

_____。

11. 价格调整

11.1 市场价格波动引起的调整

市场价格波动是否调整合同价格的约定：_____。

因市场价格波动调整合同价格,采用以下第_____种方式对合同价格进行调整:

第1种方式:采用价格指数进行价格调整。

关于各可调因子、定值和变值权重,以及基本价格指数及其来源的约定：_____

_____;

第2种方式:采用造价信息进行价格调整。

(2) 关于基准价格的约定：_____。

专用合同条款① 承包人在已标价工程量清单或预算书中载明的材料单价低于基准价格的:专用合同条款合同履行期间材料单价涨幅以基准价格为基础超过_____%时,或材料单价跌幅以已标价工程量清单或预算书中载明材料单价为基础超过_____%时,其超过部分据实调整。

② 承包人在已标价工程量清单或预算书中载明的材料单价高于基准价格的:专用合同条款合同履行期间材料单价跌幅以基准价格为基础超过_____%时,材料单价涨幅以已标价工程量清单或预算书中载明材料单价为基础超过_____%时,其超过部分据实调整。

③ 承包人在已标价工程量清单或预算书中载明的材料单价等于基准单价的:专用合同条款合同履行期间材料单价涨跌幅以基准单价为基础超过±_____%时,其超过部分据实调整。

第3种方式:其他价格调整方式：_____

_____。

12. 合同价格、计量与支付

12.1　合同价格形式

12.1.1　单价合同。

综合单价包含的风险范围：_____

_____。

风险费用的计算方法：_____

_____。

风险范围以外合同价格的调整方法：_____

_____。

12.1.2　总价合同。

总价包含的风险范围：_____

_____。

风险费用的计算方法：_____

_____。

风险范围以外合同价格的调整方法：_____

_____。

12.1.3　其他价格方式：_____

_____。

12.2　预付款

12.2.1　预付款的支付

预付款支付比例或金额：_____。

预付款支付期限：_____。

预付款扣回的方式：_____。

12.2.2　预付款担保

承包人提交预付款担保的期限：_____。

预付款担保的形式为：_____。

12.3　计量

12.3.1　计量原则

工程量计算规则：_____。

12.3.2　计量周期

关于计量周期的约定：_____。

12.3.3　单价合同的计量

关于单价合同计量的约定：_____。

12.3.4　总价合同的计量

关于总价合同计量的约定：_____。

12.3.5　总价合同采用支付分解表计量支付的，是否适用第 12.3.4 项〔总价合同的计量〕约定进行计量：_____。

12.3.6　其他价格形式合同的计量

其他价格形式的计量方式和程序：_____

　　　　　　　　　　　　　　　　　　　　　　　　　　　　　　　　　　。

12.4　工程进度款支付

12.4.1　付款周期

关于付款周期的约定：＿＿＿＿＿＿＿＿＿＿＿＿＿＿＿＿＿＿＿＿＿＿。

12.4.2　进度付款申请单的编制

关于进度付款申请单编制的约定：＿＿＿＿＿＿＿＿＿＿＿＿＿＿＿＿＿

＿＿＿＿＿＿＿＿＿＿＿＿＿＿＿＿＿＿＿＿＿＿＿＿＿＿＿＿＿＿＿＿。

12.4.3　进度付款申请单的提交

(1)单价合同进度付款申请单提交的约定：＿＿＿＿＿＿＿＿＿＿＿＿。

(2)总价合同进度付款申请单提交的约定：＿＿＿＿＿＿＿＿＿＿＿＿。

(3)其他价格形式合同进度付款申请单提交的约定：＿＿＿＿＿＿＿＿。

12.4.4　进度款审核和支付

(1)监理人审查并报送发包人的期限：＿＿＿＿＿＿＿＿＿＿＿＿＿＿。

发包人完成审批并签发进度款支付证书的期限：＿＿＿＿＿＿＿＿＿＿＿

＿＿＿＿＿＿＿＿＿＿＿＿＿＿＿＿＿＿＿＿＿＿＿＿＿＿＿＿＿＿＿＿。

(2)发包人支付进度款的期限：＿＿＿＿＿＿＿＿＿＿＿＿＿＿＿＿＿。

发包人逾期支付进度款的违约金的计算方式：＿＿＿＿＿＿＿＿＿＿＿＿

＿＿＿＿＿＿＿＿＿＿＿＿＿＿＿＿＿＿＿＿＿＿＿＿＿＿＿＿＿＿＿＿。

12.4.6　支付分解表的编制

(1)总价合同支付分解表的编制与审批：＿＿＿＿＿＿＿＿＿＿＿＿＿＿

＿＿＿＿＿＿＿＿＿＿＿＿＿＿＿＿＿＿＿＿＿＿＿＿＿＿＿＿＿＿＿＿。

(2)单价合同的总价项目支付分解表的编制与审批：＿＿＿＿＿＿＿＿＿

＿＿＿＿＿＿＿＿＿＿＿＿＿＿＿＿＿＿＿＿＿＿＿＿＿＿＿＿＿＿＿＿。

13. 验收和工程试车

13.1　分部分项工程验收

13.1.2　监理人不能按时进行验收时，应提前＿＿＿＿＿＿小时提交书面延期要求。

关于延期最长不得超过：＿＿＿＿＿＿小时。

13.2　竣工验收

13.2.2　竣工验收程序

关于竣工验收程序的约定：＿＿＿＿＿＿＿＿＿＿＿＿＿＿＿＿＿＿＿＿＿

＿＿＿＿＿＿＿＿＿＿＿＿＿＿＿＿＿＿＿＿＿＿＿＿＿＿＿＿＿＿＿＿。

发包人不按照本项约定组织竣工验收、颁发工程接收证书的违约金的计算方法：＿＿＿＿＿

＿＿＿＿＿＿＿＿＿＿＿＿＿＿＿＿＿＿＿＿＿＿＿＿＿＿＿＿＿＿＿＿。

13.2.5　移交、接收全部与部分工程

承包人向发包人移交工程的期限：＿＿＿＿＿＿＿＿＿＿＿＿＿＿＿＿＿。

发包人未按本合同约定接收全部或部分工程的，违约金的计算方法为：＿＿＿＿＿＿＿。

承包人未按时移交工程的，违约金的计算方法为：＿＿＿＿＿＿＿＿＿＿＿

＿＿＿＿＿＿＿＿＿＿＿＿＿＿＿＿＿＿＿＿＿＿＿＿＿＿＿＿＿＿＿＿。

13.3　工程试车

13.3.1　试车程序

工程试车内容：＿＿＿＿＿＿＿＿＿＿＿＿＿＿＿＿＿＿＿＿＿＿＿＿＿＿＿＿

＿＿＿＿＿＿＿＿＿＿＿＿＿＿＿＿＿＿＿＿＿＿＿＿＿＿＿＿＿＿＿＿＿＿＿＿。

(1) 单机无负荷试车费用由＿＿＿＿＿＿＿＿＿＿＿＿承担；

(2) 无负荷联动试车费用由＿＿＿＿＿＿＿＿＿＿＿＿承担。

13.3.3　投料试车

关于投料试车相关事项的约定：＿＿＿＿＿＿＿＿＿＿＿＿＿＿＿＿＿＿＿＿＿＿

＿＿＿＿＿＿＿＿＿＿＿＿＿＿＿＿＿＿＿＿＿＿＿＿＿＿＿＿＿＿＿＿＿＿＿＿。

13.6　竣工退场

13.6.1　竣工退场

承包人完成竣工退场的期限：＿＿＿＿＿＿＿＿＿＿＿＿＿＿＿＿＿＿＿＿＿＿。

14.　竣工结算

14.1　竣工结算申请

承包人提交竣工结算申请单的期限：＿＿＿＿＿＿＿＿＿＿＿＿＿＿＿＿＿＿＿。

竣工结算申请单应包括的内容：＿＿＿＿＿＿＿＿＿＿＿＿＿＿＿＿＿＿＿＿＿＿

＿＿＿＿＿＿＿＿＿＿＿＿＿＿＿＿＿＿＿＿＿＿＿＿＿＿＿＿＿＿＿＿＿＿＿＿。

14.2　竣工结算审核

发包人审批竣工付款申请单的期限：＿＿＿＿＿＿＿＿＿＿＿＿＿＿＿＿＿＿＿。

发包人完成竣工付款的期限：＿＿＿＿＿＿＿＿＿＿＿＿＿＿＿＿＿＿＿＿＿＿。

关于竣工付款证书异议部分复核的方式和程序：＿＿＿＿＿＿＿＿＿＿＿＿＿＿。

14.4　最终结清

14.4.1　最终结清申请单

承包人提交最终结清申请单的份数：＿＿＿＿＿＿＿＿＿＿＿＿＿＿＿＿＿＿＿。

承包人提交最终结算申请单的期限：＿＿＿＿＿＿＿＿＿＿＿＿＿＿＿＿＿＿＿。

14.4.2　最终结清证书和支付

(1) 发包人完成最终结清申请单的审批并颁发最终结清证书的期限：＿＿＿＿＿＿

＿＿＿＿＿＿＿＿＿＿＿＿＿＿＿＿＿＿＿＿＿＿＿＿＿＿＿＿＿＿＿＿＿＿＿＿。

(2) 发包人完成支付的期限：＿＿＿＿＿＿＿＿＿＿＿＿＿＿＿＿＿＿＿＿＿＿。

15.　缺陷责任期与保修

15.2　缺陷责任期

缺陷责任期的具体期限：＿＿＿＿＿＿＿＿＿＿＿＿＿＿＿＿＿＿＿＿＿＿＿＿。

15.3　质量保证金

关于是否扣留质量保证金的约定：＿＿＿＿＿＿＿＿＿＿＿。在工程项目竣工前,承包人按专用合同条款第3.7条提供履约担保的,发包人不得同时预留工程质量保证金。

15.3.1　承包人提供质量保证金的方式

质量保证金采用以下第＿＿＿＿种方式：

(1) 质量保证金保函,保证金额为：＿＿＿＿＿＿＿＿＿＿＿＿＿＿＿＿＿＿＿＿；

(2) ＿＿＿＿%的工程款；

（3）其他方式：_____。

15.3.2　质量保证金的扣留

质量保证金的扣留采取以下第_____种方式：

（1）在支付工程进度款时逐次扣留，在此情形下，质量保证金的计算基数不包括预付款的支付、扣回以及价格调整的金额；

（2）工程竣工结算时一次性扣留质量保证金；

（3）其他扣留方式：_____。

关于质量保证金的补充约定：_____

_____。

15.4　保修

15.4.1　保修责任

工程保修期为：_____

_____。

15.4.3　修复通知

承包人收到保修通知并到达工程现场的合理时间：_____

_____。

16. 违约

16.1　发包人违约

16.1.1　发包人违约的情形

发包人违约的其他情形：_____

_____。

16.1.2　发包人违约的责任

发包人违约责任的承担方式和计算方法：

（1）因发包人原因未能在计划开工日期前 7 天内下达开工通知的违约责任：_____

_____。

（2）因发包人原因未能按合同约定支付合同价款的违约责任：_____。

（3）发包人违反第 10.1 款〔变更的范围〕第（2）项约定，自行实施被取消的工作或转由他人实施的违约责任：_____

_____。

（4）发包人提供的材料、工程设备的规格、数量或质量不符合合同约定，或因发包人原因导致交货日期延误或交货地点变更等情况的违约责任：_____

_____。

（5）因发包人违反合同约定造成暂停施工的违约责任：_____

_____。

（6）发包人无正当理由没有在约定期限内发出复工指示，导致承包人无法复工的违约责任：_____。

（7）其他：_____。

16.1.3　因发包人违约解除合同

承包人按 16.1.1 项〔发包人违约的情形〕约定暂停施工满_____天后发包人仍不纠

正其违约行为并致使合同目的不能实现的,承包人有权解除合同。

16.2　承包人违约

16.2.1　承包人违约的情形

承包人违约的其他情形:_____
_____。

16.2.2　承包人违约的责任

承包人违约责任的承担方式和计算方法:_____
_____。

16.2.3　因承包人违约解除合同

关于承包人违约解除合同的特别约定:_____
_____。

发包人继续使用承包人在施工现场的材料、设备、临时工程、承包人文件和由承包人或以其名义编制的其他文件的费用承担方式:_____
_____。

17. 不可抗力

17.1　不可抗力的确认

除通用合同条款约定的不可抗力事件之外,视为不可抗力的其他情形:_____
_____。

17.4　因不可抗力解除合同

合同解除后,发包人应在商定或确定发包人应支付款项后_____天内完成款项的支付。

18. 保险

18.1　工程保险

关于工程保险的特别约定:_____。

18.3　其他保险

关于其他保险的约定:_____。

承包人是否应为其施工设备等办理财产保险:_____。

18.7　通知义务

关于变更保险合同时的通知义务的约定:_____。

20. 争议解决

20.3　争议评审

合同当事人是否同意将工程争议提交争议评审小组决定:_____。

20.3.1　争议评审小组的确定

争议评审小组成员的确定:_____。

选定争议评审员的期限:_____。

争议评审小组成员的报酬承担方式:_____。

其他事项的约定:_____。

20.3.2　争议评审小组的决定

合同当事人关于本项的约定:_____。

20.4　仲裁或诉讼

因合同及合同有关事项发生的争议，按下列第＿＿＿＿＿＿＿种方式解决：

（1）向＿＿＿＿＿＿＿＿＿＿＿＿仲裁委员会申请仲裁；

（2）向＿＿＿＿＿＿＿＿＿＿＿人民法院起诉。

附 件

协议书附件：

附件 1:承包人承揽工程项目一览表

专用合同条款附件：

附件 2:发包人供应材料设备一览表

附件 3:工程质量保修书

附件 4:主要建设工程文件目录

附件 5:承包人用于本工程施工的机械设备表

附件 6:承包人主要施工管理人员表

附件 7:分包人主要施工管理人员表

附件 8:履约担保格式

附件 9:预付款担保格式

附件 10:支付担保格式

附件 11:暂估价一览表

附件(11个)

扫码阅读

电子招标投标办法

第一章　总　则

第一条　为了规范电子招标投标活动,促进电子招标投标健康发展,根据《中华人民共和国招标投标法》、《中华人民共和国招标投标法实施条例》(以下分别简称招标投标法、招标投标法实施条例),制定本办法。

第二条　在中华人民共和国境内进行电子招标投标活动,适用本办法。

本办法所称电子招标投标活动是指以数据电文形式,依托电子招标投标系统完成的全部或者部分招标投标交易、公共服务和行政监督活动。

数据电文形式与纸质形式的招标投标活动具有同等法律效力。

第三条　电子招标投标系统根据功能的不同,分为交易平台、公共服务平台和行政监督平台。

交易平台是以数据电文形式完成招标投标交易活动的信息平台。公共服务平台是满足交易平台之间信息交换、资源共享需要,并为市场主体、行政监督部门和社会公众提供信息服务的信息平台。行政监督平台是行政监督部门和监察机关在线监督电子招标投标活动的信息平台。

电子招标投标系统的开发、检测、认证、运营应当遵守本办法及所附《电子招标投标系统技术规范》(以下简称技术规范)。

第四条　国务院发展改革部门负责指导协调全国电子招标投标活动,各级地方人民政府发展改革部门负责指导协调本行政区域内电子招标投标活动。各级人民政府发展改革、工业和信息化、住房城乡建设、交通运输、铁道、水利、商务等部门,按照规定的职责分工,对电子招标投标活动实施监督,依法查处电子招标投标活动中的违法行为。

依法设立的招标投标交易场所的监管机构负责督促、指导招标投标交易场所推进电子招标投标工作,配合有关部门对电子招标投标活动实施监督。

省级以上人民政府有关部门对本行政区域内电子招标投标系统的建设、运营,以及相关检测、认证活动实施监督。

监察机关依法对与电子招标投标活动有关的监察对象实施监察。

第二章　电子招标投标交易平台

第五条　电子招标投标交易平台按照标准统一、互联互通、公开透明、安全高效的原则以及市场化、专业化、集约化方向建设和运营。

第六条　依法设立的招标投标交易场所、招标人、招标代理机构以及其他依法设立的法人组织可以按行业、专业类别,建设和运营电子招标投标交易平台。国家鼓励电子招标投标交易平台平等竞争。

第七条　电子招标投标交易平台应当按照本办法和技术规范规定，具备下列主要功能：

（一）在线完成招标投标全部交易过程；

（二）编辑、生成、对接、交换和发布有关招标投标数据信息；

（三）提供行政监督部门和监察机关依法实施监督和受理投诉所需的监督通道；

（四）本办法和技术规范规定的其他功能。

第八条　电子招标投标交易平台应当按照技术规范规定，执行统一的信息分类和编码标准，为各类电子招标投标信息的互联互通和交换共享开放数据接口、公布接口要求。

电子招标投标交易平台接口应当保持技术中立，与各类需要分离开发的工具软件相兼容对接，不得限制或者排斥符合技术规范规定的工具软件与其对接。

第九条　电子招标投标交易平台应当允许社会公众、市场主体免费注册登录和获取依法公开的招标投标信息，为招标投标活动当事人、行政监督部门和监察机关按各自职责和注册权限登录使用交易平台提供必要条件。

第十条　电子招标投标交易平台应当依照《中华人民共和国认证认可条例》等有关规定进行检测、认证，通过检测、认证的电子招标投标交易平台应当在省级以上电子招标投标公共服务平台上公布。

电子招标投标交易平台服务器应当设在中华人民共和国境内。

第十一条　电子招标投标交易平台运营机构应当是依法成立的法人，拥有一定数量的专职信息技术、招标专业人员。

第十二条　电子招标投标交易平台运营机构应当根据国家有关法律法规及技术规范，建立健全电子招标投标交易平台规范运行和安全管理制度，加强监控、检测，及时发现和排除隐患。

第十三条　电子招标投标交易平台运营机构应当采用可靠的身份识别、权限控制、加密、病毒防范等技术，防范非授权操作，保证交易平台的安全、稳定、可靠。

第十四条　电子招标投标交易平台运营机构应当采取有效措施，验证初始录入信息的真实性，并确保数据电文不被篡改、不遗漏和可追溯。

第十五条　电子招标投标交易平台运营机构不得以任何手段限制或者排斥潜在投标人，不得泄露依法应当保密的信息，不得弄虚作假、串通投标或者为弄虚作假、串通投标提供便利。

第三章　电子招标

第十六条　招标人或者其委托的招标代理机构应当在其使用的电子招标投标交易平台注册登记，选择使用除招标人或招标代理机构之外第三方运营的电子招标投标交易平台的，还应当与电子招标投标交易平台运营机构签订使用合同，明确服务内容、服务质量、服务费用等权利和义务，并对服务过程中相关信息的产权归属、保密责任、存档等依法作出约定。

电子招标投标交易平台运营机构不得以技术和数据接口配套为由，要求潜在投标人购买指定的工具软件。

第十七条　招标人或者其委托的招标代理机构应当在资格预审公告、招标公告或者投标邀请书中载明潜在投标人访问电子招标投标交易平台的网络地址和方法。依法必须进行公开招标项目的上述相关公告应当在电子招标投标交易平台和国家指定的招标公告媒介同步发布。

第十八条　招标人或者其委托的招标代理机构应当及时将数据电文形式的资格预审文件、招标文件加载至电子招标投标交易平台,供潜在投标人下载或者查阅。

第十九条　数据电文形式的资格预审公告、招标公告、资格预审文件、招标文件等应当标准化、格式化,并符合有关法律法规以及国家有关部门颁发的标准文本的要求。

第二十条　除本办法和技术规范规定的注册登记外,任何单位和个人不得在招标投标活动中设置注册登记、投标报名等前置条件限制潜在投标人下载资格预审文件或者招标文件。

第二十一条　在投标截止时间前,电子招标投标交易平台运营机构不得向招标人或者其委托的招标代理机构以外的任何单位和个人泄露下载资格预审文件、招标文件的潜在投标人名称、数量以及可能影响公平竞争的其他信息。

第二十二条　招标人对资格预审文件、招标文件进行澄清或者修改的,应当通过电子招标投标交易平台以醒目的方式公告澄清或者修改的内容,并以有效方式通知所有已下载资格预审文件或者招标文件的潜在投标人。

第四章　电子投标

第二十三条　电子招标投标交易平台的运营机构,以及与该机构有控股或者管理关系可能影响招标公正性的任何单位和个人,不得在该交易平台进行的招标项目中投标和代理投标。

第二十四条　投标人应当在资格预审公告、招标公告或者投标邀请书载明的电子招标投标交易平台注册登记,如实递交有关信息,并经电子招标投标交易平台运营机构验证。

第二十五条　投标人应当通过资格预审公告、招标公告或者投标邀请书载明的电子招标投标交易平台递交数据电文形式的资格预审申请文件或者投标文件。

第二十六条　电子招标投标交易平台应当允许投标人离线编制投标文件,并且具备分段或者整体加密、解密功能。

投标人应当按照招标文件和电子招标投标交易平台的要求编制并加密投标文件。

投标人未按规定加密的投标文件,电子招标投标交易平台应当拒收并提示。

第二十七条　投标人应当在投标截止时间前完成投标文件的传输递交,并可以补充、修改或者撤回投标文件。投标截止时间前未完成投标文件传输的,视为撤回投标文件。投标截止时间后送达的投标文件,电子招标投标交易平台应当拒收。

电子招标投标交易平台收到投标人送达的投标文件,应当即时向投标人发出确认回执通知,并妥善保存投标文件。在投标截止时间前,除投标人补充、修改或者撤回投标文件外,任何单位和个人不得解密、提取投标文件。

第二十八条　资格预审申请文件的编制、加密、递交、传输、接收确认等,适用本办法关于投标文件的规定。

第五章　电子开标、评标和中标

第二十九条　电子开标应当按照招标文件确定的时间,在电子招标投标交易平台上公开进行,所有投标人均应当准时在线参加开标。

第三十条　开标时,电子招标投标交易平台自动提取所有投标文件,提示招标人和投标人按招标文件规定方式按时在线解密。解密全部完成后,应当向所有投标人公布投标人名称、投标价格和招标文件规定的其他内容。

第三十一条　因投标人原因造成投标文件未解密的,视为撤销其投标文件;因投标人之外的原因造成投标文件未解密的,视为撤回其投标文件,投标人有权要求责任方赔偿因此遭受的直接损失。部分投标文件未解密的,其他投标文件的开标可以继续进行。

招标人可以在招标文件中明确投标文件解密失败的补救方案,投标文件应按照招标文件的要求作出响应。

第三十二条　电子招标投标交易平台应当生成开标记录并向社会公众公布,但依法应当保密的除外。

第三十三条　电子评标应当在有效监控和保密的环境下在线进行。

根据国家规定应当进入依法设立的招标投标交易场所的招标项目,评标委员会成员应当在依法设立的招标投标交易场所登录招标项目所使用的电子招标投标交易平台进行评标。

评标中需要投标人对投标文件澄清或者说明的,招标人和投标人应当通过电子招标投标交易平台交换数据电文。

第三十四条　评标委员会完成评标后,应当通过电子招标投标交易平台向招标人提交数据电文形式的评标报告。

第三十五条　依法必须进行招标的项目中标候选人和中标结果应当在电子招标投标交易平台进行公示和公布。

第三十六条　招标人确定中标人后,应当通过电子招标投标交易平台以数据电文形式向中标人发出中标通知书,并向未中标人发出中标结果通知书。

招标人应当通过电子招标投标交易平台,以数据电文形式与中标人签订合同。

第三十七条　鼓励招标人、中标人等相关主体及时通过电子招标投标交易平台递交和公布中标合同履行情况的信息。

第三十八条　资格预审申请文件的解密、开启、评审、发出结果通知书等,适用本办法关于投标文件的规定。

第三十九条　投标人或者其他利害关系人依法对资格预审文件、招标文件、开标和评标结果提出异议,以及招标人答复,均应当通过电子招标投标交易平台进行。

第四十条　招标投标活动中的下列数据电文应当按照《中华人民共和国电子签名法》和招标文件的要求进行电子签名并进行电子存档:

(一)资格预审公告、招标公告或者投标邀请书;

(二)资格预审文件、招标文件及其澄清、补充和修改;

(三)资格预审申请文件、投标文件及其澄清和说明;

(四)资格审查报告、评标报告;

(五)资格预审结果通知书和中标通知书;

(六)合同;

(七)国家规定的其他文件。

第六章　信息共享与公共服务

第四十一条　电子招标投标交易平台应当依法及时公布下列主要信息：

（一）招标人名称、地址、联系人及联系方式；

（二）招标项目名称、内容范围、规模、资金来源和主要技术要求；

（三）招标代理机构名称、资格、项目负责人及联系方式；

（四）投标人名称、资质和许可范围、项目负责人；

（五）中标人名称、中标金额、签约时间、合同期限；

（六）国家规定的公告、公示和技术规范规定公布和交换的其他信息。

鼓励招标投标活动当事人通过电子招标投标交易平台公布项目完成质量、期限、结算金额等合同履行情况。

第四十二条　各级人民政府有关部门应当按照《中华人民共和国政府信息公开条例》等规定，在本部门网站及时公布并允许下载下列信息：

（一）有关法律法规规章及规范性文件；

（二）取得相关工程、服务资质证书或货物生产、经营许可证的单位名称、营业范围及年检情况；

（三）取得有关职称、职业资格的从业人员的姓名、电子证书编号；

（四）对有关违法行为作出的行政处理决定和招标投标活动的投诉处理情况；

（五）依法公开的工商、税务、海关、金融等相关信息。

第四十三条　设区的市级以上人民政府发展改革部门会同有关部门，按照政府主导、共建共享、公益服务的原则，推动建立本地区统一的电子招标投标公共服务平台，为电子招标投标交易平台、招标投标活动当事人、社会公众和行政监督部门、监察机关提供信息服务。

第四十四条　电子招标投标公共服务平台应当按照本办法和技术规范规定，具备下列主要功能：

（一）链接各级人民政府及其部门网站，收集、整合和发布有关法律法规规章及规范性文件、行政许可、行政处理决定、市场监管和服务的相关信息；

（二）连接电子招标投标交易平台、国家规定的公告媒介，交换、整合和发布本办法第四十一条规定的信息；

（三）连接依法设立的评标专家库，实现专家资源共享；

（四）支持不同电子认证服务机构数字证书的兼容互认；

（五）提供行政监督部门和监察机关依法实施监督、监察所需的监督通道；

（六）整合分析相关数据信息，动态反映招标投标市场运行状况、相关市场主体业绩和信用情况。

属于依法必须公开的信息，公共服务平台应当无偿提供。

公共服务平台应同时遵守本办法第八条至第十五条规定。

第四十五条　电子招标投标交易平台应当按照本办法和技术规范规定，在任一电子招标投标公共服务平台注册登记，并向电子招标投标公共服务平台及时提供本办法第四十一条规定的信息，以及双方协商确定的其他信息。

电子招标投标公共服务平台应当按照本办法和技术规范规定，开放数据接口、公布接口要求，与电子招标投标交易平台及时交换招标投标活动所必需的信息，以及双方协商确定的其他信息。

电子招标投标公共服务平台应当按照本办法和技术规范规定，开放数据接口、公布接口要求，与上一层级电子招标投标公共服务平台连接并注册登记，及时交换本办法第四十四条规定的信息，以及双方协商确定的其他信息。

电子招标投标公共服务平台应当允许社会公众、市场主体免费注册登录和获取依法公开的招标投标信息，为招标人、投标人、行政监督部门和监察机关按各自职责和注册权限登录使用公共服务平台提供必要条件。

第七章　监督管理

第四十六条　电子招标投标活动及相关主体应当自觉接受行政监督部门、监察机关依法实施的监督、监察。

第四十七条　行政监督部门、监察机关结合电子政务建设，提升电子招标投标监督能力，依法设置并公布有关法律法规规章、行政监督的依据、职责权限、监督环节、程序和时限、信息交换要求和联系方式等相关内容。

第四十八条　电子招标投标交易平台和公共服务平台应当按照本办法和技术规范规定，向行政监督平台开放数据接口、公布接口要求，按有关规定及时对接交换和公布有关招标投标信息。

行政监督平台应当开放数据接口，公布数据接口要求，不得限制和排斥已通过检测认证的电子招标投标交易平台和公共服务平台与其对接交换信息，并参照执行本办法第八条至第十五条的有关规定。

第四十九条　电子招标投标交易平台应当依法设置电子招标投标工作人员的职责权限，如实记录招标投标过程、数据信息来源，以及每一操作环节的时间、网络地址和工作人员，并具备电子归档功能。

电子招标投标公共服务平台应当记录和公布相关交换数据信息的来源、时间并进行电子归档备份。

任何单位和个人不得伪造、篡改或者损毁电子招标投标活动信息。

第五十条　行政监督部门、监察机关及其工作人员，除依法履行职责外，不得干预电子招标投标活动，并遵守有关信息保密的规定。

第五十一条　投标人或者其他利害关系人认为电子招标投标活动不符合有关规定的，通过相关行政监督平台进行投诉。

第五十二条　行政监督部门和监察机关在依法监督检查招标投标活动或者处理投诉时，通过其平台发出的行政监督或者行政监察指令，招标投标活动当事人和电子招标投标交易平台、公共服务平台的运营机构应当执行，并如实提供相关信息，协助调查处理。

第八章　法律责任

第五十三条　电子招标投标系统有下列情形的,责令改正;拒不改正的,不得交付使用,已经运营的应当停止运营。

（一）不具备本办法及技术规范规定的主要功能;

（二）不向行政监督部门和监察机关提供监督通道;

（三）不执行统一的信息分类和编码标准;

（四）不开放数据接口、不公布接口要求;

（五）不按照规定注册登记、对接、交换、公布信息;

（六）不满足规定的技术和安全保障要求;

（七）未按照规定通过检测和认证。

第五十四条　招标人或者电子招标投标系统运营机构存在以下情形的,视为限制或者排斥潜在投标人,依照招标投标法第五十一条规定处罚。

（一）利用技术手段对享有相同权限的市场主体提供有差别的信息;

（二）拒绝或者限制社会公众、市场主体免费注册并获取依法必须公开的招标投标信息;

（三）违规设置注册登记、投标报名等前置条件;

（四）故意与各类需要分离开发并符合技术规范规定的工具软件不兼容对接;

（五）故意对递交或者解密投标文件设置障碍。

第五十五条　电子招标投标交易平台运营机构有下列情形的,责令改正,并按照有关规定处罚。

（一）违反规定要求投标人注册登记、收取费用;

（二）要求投标人购买指定的工具软件;

（三）其他侵犯招标投标活动当事人合法权益的情形。

第五十六条　电子招标投标系统运营机构向他人透露已获取招标文件的潜在投标人的名称、数量、投标文件内容或者对投标文件的评审和比较以及其他可能影响公平竞争的招标投标信息,参照招标投标法第五十二条关于招标人泄密的规定予以处罚。

第五十七条　招标投标活动当事人和电子招标投标系统运营机构协助招标人、投标人串通投标的,依照招标投标法第五十三条和招标投标法实施条例第六十七条规定处罚。

第五十八条　招标投标活动当事人和电子招标投标系统运营机构伪造、篡改、损毁招标投标信息,或者以其他方式弄虚作假的,依照招标投标法第五十四条和招标投标法实施条例第六十八条规定处罚。

第五十九条　电子招标投标系统运营机构未按照本办法和技术规范规定履行初始录入信息验证义务,造成招标投标活动当事人损失的,应当承担相应的赔偿责任。

第六十条　有关行政监督部门及其工作人员不履行职责,或者利用职务便利非法干涉电子招标投标活动的,依照有关法律法规处理。

第九章 附 则

第六十一条 招标投标协会应当按照有关规定,加强电子招标投标活动的自律管理和服务。

第六十二条 电子招标投标某些环节需要同时使用纸质文件的,应当在招标文件中明确约定;当纸质文件与数据电文不一致时,除招标文件特别约定外,以数据电文为准。

第六十三条 本办法未尽事宜,按照有关法律、法规、规章执行。

第六十四条 本办法由国家发展和改革委员会会同有关部门负责解释。

第六十五条 技术规范作为本办法的附件,与本办法具有同等效力。

第六十六条 本办法自 2013 年 5 月 1 日起施行。

参考文献

[1] 何伯森.国际工程承包[M].北京:中国建筑工业出版社,2000.

[2] 汤礼智.国际工程承包总论[M].北京:中国建筑工业出版社,1997.

[3] 中华人民共和国住房和城乡建设部.建设工程施工合同(示范文本)(GF—2017—2021)[S].北京:中国建筑工业出版社,2017.

[4] 刘钦.工程招投标与合同管理[M].北京:高等教育出版社,2007.

[5] 杨志中.建设工程招投标与合同管理[M].北京:机械工业出版社,2009.

[6] 宋春岩.建设工程招投标与合同管理[M].北京:北京大学出版社,2011.

[7] 刘伊生.建设工程招投标与合同管理[M].北京:北京交通大学出版社,2014.

[8] 卢谦.建设工程招标投标与合同管理[M].北京:中国水利水电出版社,2003.

[9] 徐崇禄,任燕增,刘新峰.建设工程施工合同示范文本应用指南[M].北京:中国物价出版社,2000.

[10] 杨锐,王兆.工程招投标与合同管理[M].北京:中国建筑工业出版社,2010.

[11] 蔡伟庆.建设工程招投标与合同管理[M].北京:机械工业出版社,2011.

[12] 张国兴.工程项目招标投标[M].北京:中国建筑工业出版社,2007.

[13] 斯庆.工程造价确定与控制[M].北京:北京大学出版社,2009.

[14] 建设工程项目管理全国一级建造师执业资格考试用书编写委员会.建设工程项目管理全国一级建造师执业资格考试用书[M].北京:中国建筑工业出版社,2007.

[15] 刘晓勤.建设工程招投标与合同管理[M].上海:同济大学出版社,2009.

[16] 杨庆丰.建筑工程招投标与合同管理[M].北京:机械工业出版社,2009.

[17] 全国一级建造师职业资格考试用书编写委员会.建设工程法规及相关知识[M].北京:中国建筑工业出版社,2008.

[18] 朱永祥等.工程招投标与合同管理[M].武汉:武汉理工大学出版社,2009.

[19] 项建国.建筑工程项目管理[M].北京:中国建筑工业出版社,2011.

[20] 李燕等.工程招投标与合同管理[M].北京:中国建筑工业出版社,2010.

[21] 武育秦.工程招投标与合同管理[M].重庆:重庆大学出版社,2011.

[22] 李洪军.工程项目招投标与合同管理[M].北京:北京大学出版社,2009.

[23]《标准文件》编写组.中华人民共和国标准施工招标资格预审文件2007版[M].北京:中国计划出版社,2007.